21世纪高等教育土木工程系列规划教材

岩体力学

主　编　阳生权　阳军生
参　编　祝方才　刘星晔　任建喜
　　　　王　斌　徐望国
主　审　张家生

机械工业出版社

本书依据全国高等学校土木工程专业指导委员会推荐的土木工程专业地下、岩土、矿山类专业课群组核心课程“岩石力学”教学大纲编写。全书共8章，主要内容包括绪论，岩石的物理、水理性质，岩石的力学特性，岩体的力学特性，地应力及其测量，地下岩体工程，岩体边坡工程与岩石地基工程。

本书可作为土木工程、交通运输工程、水利工程、采矿工程、石油工程以及地质工程等专业的本科生教材，也可作为高等院校、科研院所和工程部门的教师、科研人员以及工程技术人员的参考书。

图书在版编目（CIP）数据

岩体力学/阳生权，阳军生主编. —北京：机械工业出版社，2008.9（2025.7重印）
（21世纪高等教育土木工程系列规划教材）
ISBN 978-7-111-24922-1

Ⅰ. 岩…　Ⅱ. ①阳…②阳…　Ⅲ. 岩石力学-高等学校-教材　Ⅳ. TU45

中国版本图书馆CIP数据核字（2008）第125372号

机械工业出版社（北京市百万庄大街22号　邮政编码100037）
责任编辑：马军平　版式设计：霍永明　责任校对：程俊巧
封面设计：张　静　责任印制：单爱军
北京盛通数码印刷有限公司印刷
2025年7月第1版 · 第8次印刷
169mm×239mm · 15.5印张 · 301千字
标准书号：ISBN 978-7-111-24922-1
定价：39.00元

电话服务	网络服务
客服电话：010-88361066	机 工 官 网：www.cmpbook.com
010-88379833	机 工 官 博：weibo.com/cmp1952
010-68326294	金 书 网：www.golden-book.com
封底无防伪标均为盗版	机工教育服务网：www.cmpedu.com

序

随着21世纪国家建设对专业人才的需求，我国工程专门人才培养模式正在向宽口径方向转变，现行的土木工程专业包括建筑工程、交通土建工程、矿井建设、城镇建设等8个专业的内容。经过几年的教学改革和教学实践，组织编写一套能真正体现专业大融合、大土木的教材的时机已日臻成熟。

迄今为止，我国高等教育已为经济战线培养了数百万专门人才，为经济的发展作出了巨大贡献。但据IMD1998年的调查，我国“人才市场上是否有充足的合格工程师”指标世界排名在第36位，与我国科技人员总数排名第一的现状形成了极大的反差。这说明符合企业需要的工程技术人员，特别是工程应用型技术人才供给不足。

科学在于探索客观世界中存在的客观规律，它强调分析，强调结论的惟一性。工程是人们综合应用科学理论和技术手段去改造客观世界的客观活动，所以它强调综合，强调实用性，强调方案的优选。这就要求我们对工程应用型人才和科学研究型人才的培养实施不同的方案，采用不同的教学模式，使用不同的教材。

机械工业出版社为适应高素质、强能力的工程应用型人才培养的需要而组织编写了本套系列教材，目的在于改革传统的高等工程教育教材，结合大土木的专业建设需要，富有特色、有利于应用型人才的培养。本套系列教材的编写原则是：

1）加强基础，确保后劲。在内容安排上，保证学生有较厚实的基础，满足本科教学的基本要求，使学生日后发展具有较强的后劲。

2）突出特色，强化应用。本套系列教材的内容、结构遵循“知识新、结构新、重应用”的方针。教材内容的要求概括为“精”、“新”、“广”、“用”。“精”指在融会贯通“大土木”教学内容的基础上，挑选出最基本的内容、方法及典型应用实例；“新”指在将本学科前沿的新技术、新成果、新应用、新标准、新规范纳入教学内容；“广”指在保证本学科教学基本要求前提下，引入与相邻及交叉学科的有关基础知识；“用”指注重基础理论与工程实践的融会贯通，特别是注重对工程实例的分析能力的培养。

3）抓住重点，合理配套。以土木工程教育的专业基础课、专业课为重点，做好实践教材的同步建设，做好与之配套的电子课件的建设。

我们相信，本套系列教材的出版，对我国土木工程专业教学质量的提高和应用型人才的培养，必将产生积极作用，为我国经济建设和社会发展作出一定的贡献。

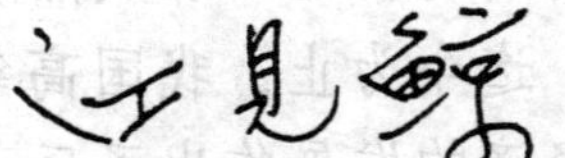

前　言

岩体力学是一门十分年轻的、与有关学科相互交叉的工程学科，其形成和发展要比土力学晚得多，需要应用土力学、固体力学、地质学、流体力学、数学等知识，并与这些学科相互渗透，是一门应用型基础学科。岩体力学的研究对象是岩石与岩体，主要研究岩石与岩体在外界因素（如荷载、水、温度变化等）作用下的应力、应变、破坏、稳定性及加固，并服务于各种岩体工程。

本书依据全国高等学校土木工程专业指导委员会推荐的土木工程专业地下、岩土、矿山类专业课群组核心课程“岩石力学”教学大纲编写。全书分为8章，主要内容包括绪论，岩石的物理、水理性质，岩石的力学特性，岩体的力学特性，地应力及其测量，地下岩体工程，岩体边坡工程与岩石地基工程。

本书可作为土木工程、交通运输工程、水利工程、采矿工程、石油工程以及地质工程等专业的本科生教材。也可作为高等院校、科研院所和工程部门的教师、科研人员以及工程技术人员的参考书。

本书由湖南科技大学阳生权教授、中南大学阳军生教授主编，中南大学张家生教授主审，阳生权教授统稿。编写具体分工如下：第1章　绪论（阳生权）；第2章　岩石的物理、水理性质（湖南工业大学祝方才，湖南科技大学刘星晔）；第3章　岩石的力学特性（阳生权，西安科技大学任建喜）；第4章　岩体的力学特性（阳生权，阳军生）；第5章　地应力及其测量技术（阳军生，阳生权）；第6章　地下岩体工程（湖南科技大学王斌，阳生权）；第7章　岩石边坡工程（阳军生，阳生权，湖南科技大学徐望国）；第8章　岩石地基工程（阳生权，刘星晔）；附录　岩体力学室内常规试验指导书（刘星晔，阳生权）。

参加编写工作的还有中南大学王树英、周峰、南康以及湖南科技大学杨期君、吕中玉、周卫等，湖南科技大学高文华教授、钟新谷教授对本书的编写工作给予了大力支持，在此表示衷心感谢！同时，还非常感谢曾提供帮助与支持的湖南科技大学任伯帜教授、陈秋南教授、万文教授等人。在此不能一一列举所有曾提供帮助与支持的同行，深表歉意！

需要特别指出的是，本书编写过程中得到了中国工程院院士刘宝琛教授的关怀和帮助，刘教授提出了宝贵的意见和建议，在此表示衷心感谢！同时，还非常感谢本书所有参考文献与专著的著作者以及工程实例所涉及的相关工程技术人员。

由于时间仓促，加之编者水平所限，书中难免有不当与错漏之处，恳请读者批评指正。

编　者

目　录

第1章 绪论

1.1 岩体力学与工程实践

1.1.1 岩体力学及其研究对象

岩体力学（Rockmass Mechanics），又称岩石力学（Rock Mechanics），属于力学的一个分支。岩体力学是研究岩石与岩体在外界因素（如荷载、水、温度变化等）作用下的应力、应变、破坏、稳定性及加固的学科。换句话说，岩体力学是研究岩石与岩体的力学性能与力学行为的学科，其研究目的在于，通过认识岩体、利用岩体、保护岩体以及有效地破碎岩体，解决水利水电、土木、矿山、能源、交通、国防、海洋等工程中的岩体工程问题。

陈宗基院士对岩石力学曾作过如下定义：“岩石力学是研究岩石过去的历史，现在的状况，将来的行为的一门应用性很强的学科。”过去的历史是指岩石的地质成因和演变，包括地应力场的变化；现在的状况是工程建造前和建造过程中对岩石性状改造前后的认识；将来的行为是预测工程建成以后可能发生的变化，以便研究预防或加固措施。

美国地质协会（Geologic Society of America，GSA）岩石力学委员会对岩石力学也有类似的定义：“岩石力学是关于岩石的力学性态理论和应用的科学，是与岩石性态对物理环境的力场反应有关的力学分支。”

岩体力学是一门十分年轻的、与有关学科相互交叉的工程学科，其形成和发展要比土力学晚得多，需要应用土力学、固体力学、地质学、流体力学、数学等知识，并与这些学科相互渗透，是一门应用型基础学科。

岩体力学的研究对象是岩石与岩体。岩石是矿物、岩屑的集合体，是组成地壳的基本物质，通常所指的岩石是岩块。岩块是指不含显著结构面的岩石块体，是构成岩体的最小岩石单元体。结构面指地质历史发展过程中，在岩体内形成的具有一定的延伸方向和长度，厚度相对较小的地质界面或带。岩块又称为结构体、岩石材料或完整岩石。岩体是在地质历史过程中形成的、由岩块和结构面组成的、具有一定的结构并赋存于一定的天然应力状态和地下水等地质环境中的地质体。岩体通常是指一定工程范围内的自然地质体，它具有一定的赋存条件。岩石与岩体的重要区别就是后者包含若干结构面。岩（石）体工程是以岩石与岩体为对象的工程活动的总称，大体上可分为岩石地下工程、岩石边坡工程、岩石基础工程三类。

不同的领域和学科对岩体力学的要求和研究重点不同。人们通常接触最多的是，为道路交通、水利水电、能源、国防工程以及采矿工程等服务的岩体力学，即工程岩体力学，其重点研究工程活动引起的岩体重分布应力及其作用下的工程岩体（如地下工程围岩、边坡岩体、地基岩体等）的变形破坏和稳定性；另一大类则是岩石动力学及其相关技术，主要是研究岩石的切割和破碎理论、岩体动力学特性以及深层岩体的变形与断裂机理，涉及地震、岩爆、原岩应力及应力场、岩石爆破、岩石切割与钻孔方面，主要服务于爆破工程、开拓掘进、钻井、探矿、地震预报等。

1.1.2 岩体力学工程实践

人类在岩石上修建工程的历史，可追溯到几千年以前。公元前2700年左右，古埃及人修建了金字塔。公元前6世纪，巴比伦人在山区修建了“空中花园”。公元前613~公元前591年，中国人在安徽淠河上修建了历史上第一座拦河坝；公元前256~公元前251年，在四川岷江修建了都江堰水利工程；公元前254年左右开始出现钻探技术；公元前218年，在广西开凿了沟通长江和珠江水系的灵渠，筑有砌石分水堰；公元前221~公元前206年，在中国北部山区修建了万里长城；20世纪初，中国杰出的土木工程师詹天佑先生主持建成了北京至张家口铁路上一座长约1km的八达岭隧道。在修建这些工程的过程中，不可避免地要运用一些岩体力学方面的基本知识。20世纪50年代前后，世界各国正处于二战后的经济恢复时期，大规模的基本建设有力地促进了岩体力学的研究与实践，岩体力学逐渐发展成为一门独立的学科，并日益受到重视。

岩体力学发展初期，受岩体工程数量与规模等方面的限制，人们只能凭经验来解决工程中遇到的岩体力学问题。随着生产力水平及社会经济迅速发展，工程规模与数量不断增大，工程中的岩体力学问题日渐增多，岩体力学作为一门力学分支也日趋成熟。从小规模慢慢发展到大规模甚至超大规模岩体工程，从地面岩体工程到地下岩体工程，从地下浅层岩体工程到地下深层岩体工程，从单一功能岩体工程到大型综合性岩体工程，诸如，高等级公路高陡岩石边坡、大型露天矿边坡、水利水电库岸边坡及船闸、溢洪道等边坡的施工与维护；大型坝基岩体与拱坝拱座岩体的变形和稳定性问题；地下工程围岩变形及地表沉陷控制；高层建筑、核电站等重大建筑地基岩体的变形和控制；以及岩体性质的改善与岩体加固技术等，对这些问题作出正确分析、评价，将对工程建设、安全与质量、工程全寿命以及后期运营与维护等产生显著影响。

在人类工程活动的历史中，由于岩体变形和失稳造成重大工程事故的工程实例很多。

例如，美国 St. Francis 重力坝溃坝事件（St. Francis Dam Disaster, on March 12th, 1928, America），它是继洛杉矶大地震（San Francisco Earthquake and Fire, 1906）后弗吉尼亚州的又一大灾难，共造成近 470 人死亡或失踪，直接经济损失五百万美元，间接损失更大。St. Francis 重力坝始建于 1924 年 8 月，建成两个月后即 1926 年 3 月蓄水发电，水库库容 125 亿 UKgal（约 4372 万 m^3），坝体宽 600ft（约 183m），高 185ft（约 56.4m），1928 年 3 月 12 日午夜大坝半个坝体突然溃决，180ft（约 55m）高水体沿 San Francis Quito 峡谷以 18ft/h（约 29km/h）的速度倾泻而下，五个半小时后在加利福尼亚州南部的 Ventura 市南部汇入太平洋，事故分析专家组最后分析结果认为，坝溃决是由于坝基软弱、岩层崩解、遭受冲刷和滑动引起的。

法国 Malpasset 拱坝溃决事件（Malpasset Dam Failure, on December 2nd, 1959, France），Malpasset 大坝属双曲拱坝，坝高 60m，水库总库容 5100 万 m^3，1954 年底大坝建成并蓄水。1959 年 11 月中旬库水位达 95.2m 时，坝址下游 20m 高程 80m 处有水自岩石中流出。1959 年 12 月 2 日因大雨库水位猛增，开闸放水过程中大坝突然溃决，大坝大部分被冲走，仅右岸靠基础部分有残留拱坝，一些坝块被冲到下游 1.5km 处，左岸坝基岩体被冲出深槽。洪水出峡谷后流速仍达 20km/h，下游 12km 处 Frejus 城镇部分被毁，死亡失踪 421 人，财产损失达 300 亿法郎。Malpasset 拱坝溃坝并造成重大灾难震惊了工程界，此前尚未有拱坝溃坝的先例，这一惨痛教训大大促进了岩石力学，特别是岩石水力学的发展。Malpasset 拱坝事故调查委员会通过大坝应力复核和坝拱的独立工作工况校核，最后判断拱坝失事是由坝基岩石引发。大多数专家认为坝基内过大的孔隙水压力是造成失事的主要原因。

意大利 Vajont 拱坝近坝岸库岩体大滑坡（The Vajont Reservoir Landslide, on December 9th, 1963, Italy）。意大利 Vajont 拱坝坝高 262m，是当时最高的拱坝。1963 年 10 月 9 日夜，Vajont 水库水位高程达 700m，大坝上游近坝库左岸约 2.5 亿 m^3 巨大岩体突然发生高速滑坡，以 25m/s 的速度冲入水库，使 5500 万 m^3 的库水产生巨大涌浪，约 3000 万 m^3 的水翻越坝顶泄入下游，造成 2500 人死亡失踪（Jaeger, 1979）。由于拱坝设计合理，拱座岩石坚固且经锚索加固，在如此巨大超载（估计超过设计荷载 8 倍）作用下，拱坝基本完好。但大滑坡的石碴掩埋了水库，堆石高度超过坝顶百余米，使大坝和水库完全报废。调查认为，库岸边坡底卧的一条几米厚的滑动带是滑坡的根本原因，滑动带在长期的流变下形成不连续的粘滞-塑性滑动，横切岩层转变为脆性破坏，造成大滑坡。

类似的例子在我国也不少。1980 年湖北远安盐池河磷矿大体积山崩，摧毁了矿务局和坑口全部建筑物，死亡 280 人。经分析，山崩是采矿引起的岩体变形使上部岩体顺着坡向节理被拉开，造成 100 万 m^3 左右的岩体迅猛崩落所致。2001 年 5 月 1 日重庆武隆山体滑坡，发生在武隆县县城江北西段，滑坡体垂直高度 46.8m，前沿宽 55.2m，后沿宽 25 ~ 30m，滑坡体约 1.6 万 m^3，致使一幢建筑面积为 4061m^2 的 9 层楼房被滑坡体摧毁掩埋，造成 79 人死亡、7 人受伤。经调查认定，这起地质灾害事故的发生，有地质原因，也有诸多人为因素。

对工程地区岩体的力学特性研究不够深入，以及对相关工程岩体的变形和稳定性估计不足，容易造成重大事故。但是，在工程设计中对工程岩体的变形和稳定性评估与判断过于谨慎与估计过分严重，或是盲目加大岩体工程的安全系数，也会使工程建设成本陡增，工程投资随之加大，施工工期延长，造成不应有的浪费。

长江三峡链子崖危岩体治理工程就是一个非常成功的岩体工程。

链子崖位于湖北秭归县境内长江南岸西陵峡的兵书宝剑峡出口，距三峡工程大坝 26km。由于链子崖危岩体活动加剧，到 20 世纪 90 年代初，岸顶上已出现三十多条大裂缝，长度最长的有 170 米，宽度在 2m 左右，深度达数十米，危岩体总方量达 330 万 m^3。如果链子崖一旦失稳崩塌，将直接造成长江断航。1992 年，国务院决定由地质矿产部组织实施链子崖危岩体工程治理。危岩体治理的主要目标，是改善和提高其稳定性，防止大规模崩塌和整体滑移入江造成阻航和严重碍航等灾害。

链子岸危岩体整治工程采用锚索锚固，设计与施工均属我国同类工程首例。该工程由两大部分组成，“七千方”锚索工程（1995.11 ~ 1996.3），共施工垂直于岩体到母体的锚索 33 束，实际锁定力单束达 1000kN；“五万方”锚索工程（1996.3 ~ 1997.9），完成锚索 151 束，总锚固力达 23.1 万 kN。链子崖危岩体主体锚固是我国目前高陡边坡危岩防治工程中难度最大的地质工程，经过七年多的工程治理和监测，链子崖危岩体已趋于稳定。国土资源部 2000 年 10 月组织有关专家对链子崖危岩体防治工程进行了现场验收。专家指出，此项工程达到了防治链子崖危岩体崩、滑、塌的目的，已成为我国重大地质灾害防治的样板工程。这一重大地质灾害险情的排除，消除了三峡库区最严重的安全隐患。

目前，国际上已建和正建的大坝最大高度超过 300m，地下洞室的最大开挖跨度超过 50m，矿山开采深度超过 4000m，边坡垂直高度达 1000m，石油开采深度超过 9000m，深部核废料处理需要考虑的时间效应至少为 1 万年，研究地壳形变涉及的深度达 50 ~ 60km，温度在 1000℃以上，时间效应为几百万年。今后，随着能源、交通、环保、国防等事业的发展，岩体工程规模会越来越大，所涉及的岩体力学问题也将越来越复杂，对岩体力学的发展要求也越来越高。在岩体力学面临许多前所未有的问题和挑战的同时，必须发展和提高岩体力学理论和方法的研究水平，以适应工程实践的需要，通过工程岩体变形与稳定性的准确预测、合理的工程设计和良好的施工质量，保证岩体工程的安全、经济和正常运营。

从岩体力学观点出发，为合理的工程设计与施工提供科学依据，是工程岩体力学研究的根本目的和任务。

1.2 岩体力学研究内容与方法

岩体力学涉及到采矿、土木、水利水电、公路铁路、国防等诸多领域，服务对象非常广泛，不同的服务对象，对岩体力学的要求不尽相同，其研究的内容也不尽相同。

1.2.1 研究内容

岩体力学的研究对象是岩石与岩体，针对工程岩体力学而言，主要包括以下研究内容。

1）岩石的物理性质与力学性质研究。主要涉及描述岩石物理力学性质的相关性能参数与指标，以及岩石静荷载作用下的变形特性、强度特性与岩石的强度准则等。

2）岩体的力学性质研究。基于岩石力学性质的研究，以及结构面的力学性质研究，展开岩体的力学性质的研究，主要涉及岩体变形与强度特征、岩体力学特性的原位测试技术与方法、岩体力学性能参数与指标的确定、岩体动力学特性与岩体水力学特性。其中，还涉及岩体的工程分类。

3）岩体中天然应力及其量测理论与方法研究。主要研究岩体中初始应力场及其分布规律，岩体中天然应力的测量理论与方法。

4）岩体力学的工程应用研究。研究各类工程岩体中的重分布应力及其作用下的变形破坏特征、各类工程岩体的稳定性分析与评价、岩体工程加固等。主要涉及边坡岩体、地下工程围岩以及地基岩体等工程岩体的稳定性、岩体治理工程以及工程岩体的试验与数值分析，其中还涉及新技术、新方法与新理论在岩体力学中的应用。

1.2.2 研究方法

岩体力学的研究对象与内容决定了岩体力学的研究方法必然有不同于其他连续介质力学之处，主要包括地质研究、试验与测试、数学力学分析以及综合研究四种研究方法，它们相辅相成、相互促进。

1）工程地质研究。通过岩石和岩体的地质与结构特性研究，掌握与岩体工程性质密切相关的组成成分、结构与构造、结构体与结构面性质等，建立地质模型和提供地质资料。可以采用岩矿鉴定了解岩体的岩石类型、矿物组成及结构构造特征，并通过工程地质勘察了解岩体的成因、空间分布及岩体中各种结构面的发育情况等，通过现场地质描述为岩体工程治理与加固提供第一手水文地质资料等。

2）试验与测试。试验与测试作为岩体力学研究的重要方法，是岩体力学发展的重要基础。通过室内实验获取岩石物理力学性能参数与指标，通过现场原位试验、原位岩体监测与施工监控量测得到岩体变形与破坏等岩体力学性质方面的相关信息，通过地应力量测掌握岩体天然应力与应力重分布特性，通过模型模拟试验来复核与验证岩体工程稳定性与否以及为岩体稳定性分析与评估、数值分析提供资料等。

3）数学、力学分析。数学、力学分析就是基于工程地质研究、试验与测试成果，通过建立岩体数学力学模型，采用一定的分析方法，预测与预报各种力场作用下岩体的变形与稳定性，为设计和施工提供参考与依据。数学、力学分析讲究建立切合工程实际的数学、力学模型、选取适当的分析方法。常见力学模型包括刚体力学模型、弹性力学模型、弹塑性力学模型、断裂力学模型、损伤力学模型、流变模型。分析方法如块体极限平衡法，有限元法、边界元法、离散元法，模糊数学和概率分析法，以及系统论、信息论、人工智能专家系统、灰色系统、分形理论等新理论与新方法。

4）综合研究。岩体工程非常复杂，多环节多因素且信息庞大。综合研究就是结合上述三种研究方法，针对上述研究成果进行综合分析和综合评价，同时结合工程类比的方法，得到符合实际情况的正确结论。

1.3 岩体力学发展概况与动态

1.3.1 岩体力学与岩体工程发展历程简介

岩体力学是在岩石力学的基础上发展起来的，目前国际上仍沿用岩石力学这一名词。如，国际岩石力学学会（International Society for Rock Mechanics，IS-

RM)，中国岩石力学与工程学会（Chinese Society for Rock Mechanics and Engineering，CSRME），分别是岩体力学的国际与地区组织，下面还设有地区区域分会。但是，目前所研究的内容实际上已属于岩体力学范畴，因此通常意义上的岩石力学就是岩体力学。

岩石力学形成于20世纪50年代末期，通常认为，1957年法国的塔罗勃（J. Talobre）所著《岩石力学》的出版与1962年国际岩石力学学会的成立，是岩石力学形成的显著标志。

在国际岩石力学学会成立前，尤其是20世纪二战以后，为适应经济发展的迫切需要，各国都相继建立了一些机构对岩石力学进行专题研究。如美国的卡罗拉多矿业学院（Colorado School of Mines）、前苏联的全苏水工研究院（ВНИИГ）、德国的卡尔斯鲁大学（University of Karlsruhe）、奥地利的国际岩石力学研究所（Interfels）、英国的国家煤炭局（National Coal Board，Great Britain）、法国的法国工业大学固体力学实验室（Ecole Polytechnique，Laboratorire de Mecanique des Solides）、南非的南非采矿与冶金研究院（South African Institute of Mining and Metallurgy，SAIMM）、澳大利亚的联邦科学与工业研究组织（Commonwealth Scientific & Industrial Research Organization，CSIRO）以及日本的地质调查研究所（Geological Survey of Japan，GSJ）等，其中不乏历史久远的研究机构。这期间，国际上没有统一的岩石力学学术组织，国际学术交流主要是在国际土力学与基础工程学会（ISSMFE）、国际工程地质协会（IAEG）、国际理论与应用力学联合会（IUTAM）主办的学术会议上进行。1951年，奥地利地质力学学会（Osterrichische Geoellschaft fur Geomechanik，OGG）作为国际上第一个岩石力学学术团体，由奥地利岩石力学家缪勒（L. Muller）教授与地质学家斯蒂尼（J. Stini）教授发起组织，会址设在Salzburg，每年召开学术年会。在同年的国际大坝会议中设立了岩石力学分会。其中形成的奥地利学派认为，岩体的力学作用主要取决于结构面及其组合特征。1956年，美国召开了第一次岩石力学讨论会，随后每年举行学术年会。1957年，第一本《岩石力学》（J. Talobre）专著在法国出版。1959年，法国Malpasset坝因左坝肩岩体沿软弱结构面滑移而溃决，震惊岩石力学界。

1962年10月，在奥地利地质力学学会第13届学术讨论会上，由缪勒（L. Muller）教授倡导，成立了国际岩石力学学会（ISRM），会上推选缪勒（L. Muller）教授担任第一届国际岩石力学学会主席。

1963年，意大利Vajont水库左岸岩体大滑坡，再次震惊岩石力学界。

1966年9月，第一届国际岩石力学大会（1st ISRM Congress）在葡萄牙的里斯本召开，葡萄牙岩石力学家罗哈（M. Rocha）担任主席，参加会议的有来自全世界40个国家或地区的代表共814名，提交论文241篇，反映了当时国际岩石力学的发展水平。此后大约每隔4年召开一次大会（Congress），至今已召开了11届，同时，每年召开区域性会议（Regional Symposium）或年会（Annual Meeting or International Symposium）。其中最近几届国际岩石力学大会分别为1995第8届（日本东京，主席樱井春辅）、1999年第9届（法国巴黎，主席M. Panet）、2003年第10届（南非约翰里斯堡，主席N. V. D. Merwe）以及2007年第11届（葡萄牙里斯本，主席N. V. D. Merwe）。

第10届国际岩石力学大会（10th Congress ISRM）于2003年9月8日~12日在南非共和国约翰内斯堡的Sandton召开。会议主题为《岩石力学的技术路线》（Technology Roadmap for Rock Mechanics），专题共17个，它们是：①在高应力与强度比条件下岩体的力学性质；②深大露天采场及高陡岩石边坡的设计及稳定分析；③岩石及岩体的变形性质；④岩石及岩体断裂及破坏的模拟；⑤动力效应；⑥隧道和天井的远距离开挖和机械化开挖；⑦现场试验，大型试验，野外试验，反分析；⑧浅部和深部大跨度地下开挖和洞室；⑨岩体分类的重新评价——成功的经验，不足之处，工程应用及今后的发展；⑩可靠度和风险分析；⑪石油工程岩石分类；⑫环境岩石工程；⑬大坝、地基、岩石建筑材料；⑭爆破粉碎；⑮隧道工程；⑯岩石工程基础进展；⑰岩石工程教育。参加会议的有来自全世界30多个国家和地区的300余名代表，中国岩石力学与工程学会组织了以理事长钱七虎院士为团长的35人代表团参加会议，并在国际岩石力学学会理事会上，由中国提议成立的国际岩石力学学会工程实例专业委员会（Commission on Case Histories ISRM）获得批准，由中国水利科学院陈祖煜院士负责筹办专业委员会，并出任主席。同时，经由国际岩石力学学会理事会同意，2004年在中国宜昌召开了国际岩石力学学会支持的区域性国际会议——中国岩石力学学术会议（SINOROCK’2004），大会展示了我国岩石力学与工程领域方面取得的成就，加强了与国外同行的交流和合作，进一步扩大了我国的影响，提高了我国在这一领域的国际地位。

2005年5月在捷克布尔诺举行的国际岩石力学学会（ISRM）年会理事大会上，中国赢得了2011年第12届国际岩石力学大会（ISRM2011）的举办权。这将是“……国际岩石力学学会的一个重要里程碑”，随着我国大型和超大型水利水电工程、铁路工程、交通工程和能源与矿山工程等岩石和地下工程的兴建，我国的岩石力学与工程领域的发展已令世界瞩目。

2007年7月7日~12日，第11届国际岩石力学大会在葡萄牙里斯本召开，会议主题为“岩石力学发展的后半个世纪”，主要是对国际岩石力学学会成立50年来的回顾和展望，来自全世界共600余名代表参加了大会，中国岩石力学与工程学会仍由理事长钱七虎院士亲自带队，共有59人参加了此次大会，中国国家小组组长冯夏庭研究员当选为国际岩石力学学会副主席，是继陈宗基院士、孙钧院士、钱七虎院士之后中国学者第四次担任此职务。大会专题为：①岩石工程与环境问题；②模拟岩石力学性质问题；③边坡、地基与露天采矿；④隧道、地下洞室及地下开采；⑤地震工程与岩石动力学；⑥石油工程与碳氢化合物（Hydrocarbon）地下储存；⑦安全评估与风险管理。

国际岩石力学学会现有澳大利亚、奥地利、巴西、加拿大、中国、法国、德国、印度、意大利、日本、俄罗斯、南非、英国、美国等40多个国家小组。自1967年以来，先后成立了28个专业委员会及工作委员会（ISRM Commission），如隧道及其他永久洞室工况委员会、工程实例委员会、岩石及岩体分类委员会、岩石力学教学委员会等，主要从事与学会工作有关的科学、技术及管理方面的专题研究。国际岩石力学学会有采矿组织、放射性废料处理组织、石油组织三个专业组织（Interest Groups），同时学会先后设立了罗哈奖（Rocha Medal）与缪勒奖（Muller Award），分别奖励岩石力学领域的优秀博士生与全世界范围内杰出的岩石力学与岩石工程专家。

美国早期的岩石力学研究工作都是结合采矿工作进行的，如美国矿业局（U. S. Bureau of Mines），其研究目的是企图解决地下开采和露天开挖中的一系列技术问题，其中欧伯特（L. Obert）和杜瓦尔（W. I. Duvall）根据弹性理论对地下坑道的受力分析，就一直是20世纪50~60年代地下坑道设计规范的依据，美国岩石力学研究单位多集中在美国高校与科研机构。1965年，由美国地球物理联合会（AGU）、美国矿冶研究所（AIMMP）、美国土木学会（ASCE）、美国材料学会（ASTM）、美国地质学会（GSA）、美国矿业学会（AIME）等单位联合组成岩石力学学会委员会（Inter-society Committee for Rock Mechanics，ICRM），后改称为联邦岩石力学学会委员会（U. S. National Committee for Rock Mechanics，USNC/RM），把岩石力学在各领域中取得的成果进行交流与推广。新成立的美国岩石力学协会进一步推动了岩石力学的发展。其中的岩石力学学术观点各有不同，既有类似奥地利学派重视岩石节理、裂隙作用从整个岩体出发进行研究的，也有从所谓异质体力学（Mechanics of Heterogeneous Media）角度出发进行研究的观点。

前苏联早在20世纪50年代就从事与矿山有关的岩石力学研究工作，并多沿用连续介质力学理论。前苏联地质界并不重视岩石力学研究，因此工程地质与力学结合进程迟缓，20世纪70~80年代才开始注重裂隙岩体的研究。

欧洲首先值得介绍的是奥地利岩石力学学派，又称为Salzburg学派，新奥法隧道施工方法就是该学派所取得的主要成就之一。该学派反对把岩石当作连续介质，简单地利用固体力学的原理进行岩体力学特性的分析，强调必须考虑节理、裂隙、断层等地质结构构造来进行研究，同时必须考虑地下水的作用，1962年他们创办的《地质与土木工程》（Geologie and Bauwesen）杂志改名为《岩石力学与岩石工程》（Rock Mechanics & Rock Engineering)。英国岩石力学研究工作也是与矿业发展密切相关，结合地下采矿岩石破碎与破坏以及露天开采边坡稳定性问题，相关学者对岩石力学的发展作出了贡献，如伦敦大学帝国理工学院（Imperial College of Science and Technology, University of London）的霍克（E. Heok）、博雷（J. W. Bray）、布朗（E. T. Brown）以及《国际岩石力学与采矿科学》（International Rock Mechanics & Mining Science）杂志主编哈德森（J. A. Hudson）等。另外，以威尔士大学（Wales University）的辛柯维奇（O. C. ZienKiewicz）教授为首的研究小组，对岩石力学的数值方法的发展作出了贡献。法国人塔罗勃（J. Talobre）所著《岩石力学》（1957 年）是企图将地质和力学统一起来的最早的著作，随后成立了法国岩石力学委员会（Comite Francais de Mecanigue des Roches），诸如隆德（P. Londe）等世界知名法国学者对隧道与地下工程的收敛约束法（Convergence-Confinement Method）的研究与发展作出了重大贡献。葡萄牙是研究岩石力学较早的国家之一，代表国家研究水平的是国家土木工程研究所（Laboratoria National de Engenharia Civil, LNEC），第一届国际岩力学学会主席罗哈（M. Rocha）就是该机构的创始人。

加拿大、澳大利亚、南非、日本等国家都比较重视岩石力学的研究。加拿大成立有岩石力学委员会（Canadian National Committee on Rock Mechanics），自1962 起就开始举行自己的岩石力学讨论会。澳大利亚大学在澳大利亚科学院院士帕特森（M. S. Paterson）领导下，对于岩石脆性破坏和高温高压条件下的岩石力学性能等研究作出了很大贡献。南非由于矿业发达促使其对岩石力学研究工作相当重视，南非科学与工业研究委员会（CSIR）组织开展了大量岩石力学研究工作。1964 年由日本的土木学会、地质工学会、矿业学会与材料学会中的岩石力学工作者共同组成了一个岩石力学研究会，同年召开了第一次学术会议，1979 年岩石力学研究会改组为岩石力学联合会，在研究岩石力学性能与隧道工程方面取得很多成就。

中国岩石力学与工程学会成立于 1985 年，学会前身是国际岩石力学学会中国小组（1978 年，NG China，ISRM）。至今已选举产生了六届理事会，第一届（1985～1989）理事长兼国家小组组长陈宗基院士，第二届（1989～1994）理事长陈宗基院士（前期）潘家铮院士（后期），第三届（1994～1998）理事长兼国家小组组长孙钧院士，第四届（1999～2003）理事长兼国家小组组长王思敬院士，第五届（2003～2007）理事长钱七虎院士，国家小组组长冯夏庭研究员。第六届（2007～）理事长钱七虎院士，国家小组组长冯夏庭研究员。中国岩石力学与工程学会目前注册会员达 5000 余人，涉及领域有地质、矿业、土木、建筑、交通（铁路、公路）、水电、地震、石油、地下工程、海洋工程、国防工程等。学会目前拥有 5 个工作委员会，13 个专业委员会（分会），4 个地方分会和

16 个地方学会。2005 年国际岩石力学学会理事会以优势票通过了 2011 年在北京举办第 12 届国际岩石力学大会，这标志着我国岩石力学与工程界在国际上占据了重要位置。

回顾我国的岩体力学发展历程，20 世纪 50～60 年代中期，为我国岩体力学发展的萌芽阶段，主要建设了一些中、小型岩体工程，进行了与之相适应的岩体力学试验研究工作，该时期理论与实验研究与国外相似，是运用材料力学、土力学、弹塑性理论等为基础开展，1958 年三峡岩基组的成立，开始了岩体力学研究的系统规划与实施。20 世纪 60 年代中期～70 年代中期，为我国岩体力学发展的低谷时期，国内大环境造成大部分工程停工或缓建，使得岩体力学发展非常缓慢。20 世纪 70 年代中期以来，为我国岩体力学发展的成长与发展阶段，我国岩体力学研究也有了长足发展，大量相关科研机构的相继成立，以及三峡工程、南水北调、西气东输、引黄、青藏铁路等水利水电、交通运输、矿山煤炭和市政城建等重大工程领域的大量岩体工程项目的上马，为岩体力学的研究提出了大量新的课题，促使中国岩体力学科研与生产建设获得了一系列重大成果。

陈宗基院士把流变学引入岩体力学，在建立岩体流变、扩容与长期强度等概念的基础上，提出了岩石变形和流变理论，以及应力波在岩体中传播的理论，并进一步发展了岩石流变扩容理论。

谷德振院士等基于岩体受结构面切割而具有的多裂隙性，提出了岩体结构学说，将岩体划分为整体块状、块状、碎裂状、层状及散体状几种结构类型，指出岩体结构分析应是岩体工程地质评价的最重要环节和基础，并在多年实践后，创建了岩体工程地质力学，提倡地质研究和力学分析的结合，达到解决工程问题的目的。

王思敬院士在发展岩体结构理论、创建工程地质力学领域中作出重大贡献，在工程岩体变形破坏机制研究的基础上，发展了岩体工程稳定性分析原理和方法。

刘宝琛院士在矿山岩石力学研究中创建了时空统一随机介质理论，提出了裂隙岩石通用力学模型，形成了独树一帜的开采影响下地表移动及变形计算方法，并开发了系列计算机软件。

葛修润院士是我国岩质边坡研究领域的学科带头人之一，20 世纪 60 年代初期开始的大冶铁矿南邦边坡研究是我国最早的结合大型原位试验的著名工程，开创了我国边坡研究新局面，同时葛修润院士也是最早将有限元法引入我国岩体工程的学者之一，1973 年 511 工程地下厂房硐群非线性分析是国内大型地下工程应用有限元首例，1974 年完成了葛洲坝二江泄水闸抗滑稳定非线性分析，清江隔河岩重力拱坝三维非线性分析更是获得 1990 年度国家科技进步奖，作为中国三峡工程船闸高边坡特聘专家委员会委员，主持完成了三峡工程船闸高边坡三维弹-脆-塑性分析。

作为我国著名的岩土与工程力学专家，郑颖人院士为发展地下工程围岩力学和岩土塑性力学理论以及解决岩土工程关键技术作出了重大贡献，修正了著名的芬纳公式，1979年初提出了围岩弹塑性位移、粘弹塑性位移及围岩压力解析式，完善了地下工程围岩压力理论，并发展了岩土塑性力学及其本构模型，特别是在应变空间塑性理论、多重屈服面理论及建立广义塑性力学理论方面取得了很大进展，在国防地下工程与城市岩土工程等领域的飞机洞库与油库设计、岩质建筑边坡设计、浅埋洞室上修建高层建筑、两洞间最小岩石间壁等方面解决了一系列技术难题。

谢和平院士长期致力于矿山岩体力学与工程研究，于20世纪80年代初在我国最早建立了裂隙岩体宏观损伤力学模型来研究矿山岩体灾害事故机理和过程，开拓了裂隙岩体损伤力学研究新领域，成功预测了采动围岩的损伤大变形和蠕变破坏过程，并应用于深部巷道大变形预测、蠕变分析及支护设计等重要领域，并创造性地引入分形方法研究裂隙岩体非连续变形、强度和破坏，形成了裂隙岩体非连续行为分形研究的新方向，并与损伤力学相结合在岩爆、开采沉陷、顶煤破碎块度控制等矿山工程应用中获得成功。

冯夏庭研究员等提出了“智能岩石力学”和“动态施工力学”等新的学科方向，解决了能源和资源开发、交通和城镇建设等领域许多重大岩土工程建设中的关键科学技术难题，并研制了一系列具有国内外先进水平的岩土力学实验设备，推动了岩土力学与岩土工程学科的整体发展。

唐春安教授在岩石破裂过程失稳研究中，运用突变理论、损伤理论建立了描述岩石失稳破裂力学过程的基本理论，首次提出了在柔性实验机上研究岩石破裂过程失稳的新观点，通过自行设计的实验，得到了传统观点认为不可能得到的结果，这一开创性的成果使人们可以研究系统刚度对试样破坏过程的影响，扩大了普通试验机在岩石力学实验室的适应能力。在葡萄牙召开的第11届国际岩石力学大会上，唐春安教授指导的梁正召博士的博士论文《三维条件下的岩石破裂过程分析及其数值试验研究》获得了2007年度国际岩石力学学会罗哈奖。这是自国际岩石力学学会设立罗哈奖17年以来，中国青年岩石力学工作者第一次获得该项奖励，实现了中国在该奖项的零的突破。

1.3.2 岩体力学发展的几个阶段

岩体力学是伴随着采矿、土木、水利、交通等岩体工程的建设和数学力学等学科的进步而逐步发展起来的一门新兴学科，按其发展进程可划分为岩体力学发展的初始阶段、经验理论阶段、经典理论阶段以及现代阶段四个阶段。

1. 岩体力学发展的初始阶段（19世纪末~20世纪初）

19世纪末~20世纪初是岩体力学的萌芽时期，在这一阶段产生了一些初步理论，以解决岩体开挖的力学计算问题。例如，海姆（A. Heim，1912年）的静水压力理论认为，地下岩石处于静水压力状态，作用于地下岩体工程上的垂直压力与水平压力均等于单位面积上的上覆岩层重量；朗金（J. M. Rankine）和金尼克（A. H. Динник）提出的类似理论中则认为只有垂直压力等于上覆岩层重量，而水平压力应乘以侧压力系数。在地下岩体工程埋深不大时，上述理论较为适用，随着地下岩体工程开挖深度的增加，以及对岩石力学性质认识的逐渐深入，发现上述理论的限制与不适用性。

2. *岩体力学发展的经验理论阶段*（20世纪初~30年代）

在岩体力学发展的经验理论阶段，由于工程实践的累积以及岩体工程的增多，根据生产经验提出的地压理论相继出现，人们开始采用材料力学与结构力学的方法来分析地下岩体工程的支护问题，并依据假定的松散地层压力理论来进行支护设计。其中，这一时期提出的自然平衡拱学说最有代表性，该理论由普罗托吉雅可诺夫（M. M. Лротодьяконов）提出，又称普氏理论。该理论认为，地下工程围岩开挖后自然塌落成抛物线状拱形，作用在支架上的压力等于冒落拱内岩石的重量，而非整个上覆岩层的重量，因此确定支护结构上的荷载大小和分布形式是地下岩体工程支护设计的前提条件。太沙基（K. Terzahi）的塌落拱理论认为塌落拱的形状是矩形，而不是抛物线形。普氏理论是相对于当时的施工与支护条件提出，由于当时地下岩体工程掘进与支护所需时间较长，支护与围岩不能及时紧密接触，导致围岩最终往往出现一部分破坏、塌落。事实上，并不是所有地下洞室均存在塌落拱，也就是说围岩塌落并非是形成围岩压力的唯一来源，围岩与支护之间并不完全是荷载与结构的关系问题，通常围岩与支护能形成一个共同承载系统，如何发挥围岩的共同作用是岩体工程稳定与否的关键。因此，上述理论并不能完全满足工程实际的需要，它们存在一定的局限性，尽管这些理论在当时和一定工程条件下发挥了一定的正面作用。

3. *岩体力学发展的经典理论阶段*（20世纪30~60年代）

岩体力学发展的经典理论阶段是岩体力学形成的重要历史阶段，随着弹性力学与塑性力学的引入，一些经典计算公式的确立，建立了围岩与支护共同作用理论，人们也日渐重视结构面对岩体力学性质的影响。同时，一系列岩体力学文献与专著的出版，以及岩体力学实验与试验方法的完善与岩体工程技术问题的不断解决，标志着岩体力学已发展成为一门独立的学科。“连续介质理论”与“地质力学理论”两大学派是经典理论发展阶段的两大代表性理论。

连续介质理论以固体力学为基础，从材料的基本力学性质出发，认识和处理岩体工程的稳定问题。早在20世纪30年代，萨文（P. H. Савин）就用无限大平板孔附近应力集中的弹性解析解来分析计算岩体工程的围岩应力分布问题。20

世纪50年代，鲁滨湟特（K. B. Руллененит）运用连续介质理论写出了求解岩石力学领域问题的系统著作。同期，弹塑性理论开始被用来研究围岩的稳定性问题，导出了著名的芬纳-塔罗勃公式（R. Fenner，J. Talobre）与卡斯特纳公式（H. Kastner），塞拉特（S. Serata）则用流变模型进行了隧道围岩的粘弹性分析。但是，由于弹性或弹塑性理论解析解的限制，上述连续介质理论的计算方法只适用于圆形断面洞室，而不适用于其他断面形状的地下洞室开挖断面。到了20世纪60年代，有限差分与有限元等数值分析方法开始应用，能够分析与处理弹性或弹塑性条件下实际开挖断面与岩体节理裂隙的围岩和支护共同作用问题，从而使得运用围岩和支护共同作用原理进行实际岩体工程的计算分析和设计逐渐普遍。同时认识到，必须以原岩应力（地应力）作为前提条件进行理论分析，才能把围岩和支护的作用力、支护设置时间、支护刚度等关系正确联系起来，并运用共同作用原理解决工程实际问题。否则，使用假设的外荷载条件计算，就失去了它的真实性和实际应用价值。这一认识也促进了中国早期的地应力测量工作的开展。早期的连续介质理论忽视了对地应力作用力的正确认识，也不够重视开挖的概念与施工因素的影响。

正如一开始就指出的，地应力是一种内应力，由于开挖形成的“释放荷载”才是引起围岩变形与破坏的根本作用力。而传统连续介质理论采用固体力学或结构力学和外边界加载方式，往往得出远离开挖体处的位移大，而开挖边界处位移小的计算结果，这显然与事实不符。岩体工程通常经多次开挖形成，由于岩石材料的非线性，其受力后的应力状态受加载途径的影响，前一次开挖都会对后继开挖产生影响。施工顺序与开挖步骤不同，产生不同的力学效应，岩体工程稳定性状态不同。因此，忽视施工过程的计算结果将很难用于工程实践。

传统连续介质理论还过分注重岩石材料的研究，追求准而又准的“本构关系”。但是，由于岩体组成和结构的复杂性与多变性，不可能完全准确描述体现岩体的材料性质的本构关系。事实上，由于岩石的结构、性质、节理、裂隙分布、工程地质条件等均存在不确定性，使得岩体工程计算存在大量不确定性因素，这表明传统连续介质理论作为一种确定性研究方法在解决实际岩体工程问题的局限性。

20世纪20年代，德国人克鲁斯（H. Cloos）创立了地质力学理论，该理论反对把岩体当作连续介质简单地利用固体力学的原理进行岩石的力学特性分析，注重研究地层结构和力学性质与岩体工程稳定性的关系，并强调岩体节理、裂隙的研究，重视岩体结构面对岩体工程稳定性的影响和控制作用。20世纪50年代开始，在缪勒（L. Muller）与斯蒂尼（J. Stini）所在的“地质力学研究组”的推动下，该理论迅速发展，并形成奥地利学派，广泛应用于岩体工程，在全世界产生了广泛影响。该理论提出的“研究工程围岩的稳定性必须了解原岩应力和开挖后的岩体的力学强度变化”以及“节理裂隙对岩体工程稳定性的影响”等观点是对岩体力学发展的重要贡献。同时，该理论提倡的岩体工程施工过程中的应力、位移和稳定性状态的监测，就是现代信息岩石力学的雏形。奥地利学派重视支护与围岩的共同作用，特别强调利用围岩自身的强度维持岩体工程的稳定性，提出的“新奥地利隧道施工法”（New Austria Tunneling Methods，NATM，简称新奥法）体现了现代岩体力学理论的内容，至今被国内外广泛应用。但是，新奥法理论过分强调节理、裂隙的作用和依赖工程经验，进而忽视了理论的指导作用。另外，从大范围、大尺度来看，存在节理、裂隙等缺陷的岩体仍可视为连续介质，对节理裂隙的作用以及对连续性与否的处理也可针对具体工程通过等效处理等方法确定。从某种意义上讲，新奥法理论完全反对视岩体为连续介质的认识，不但干扰了早期的有限元应用，也阻碍了现代数学力学理论在岩体工程中的应用。

4. 岩体力学发展的现代阶段（20 世纪 60 年代以后）

20 世纪 60 年代以来，是岩体力学理论和实践的新进展阶段，其主要特点是，用更为复杂的、多种多样的数学力学模型来分析岩体力学问题，把力学、数学、物理学、系统工程、现代信息技术等最新成果引入了岩体力学研究。计算机技术的广泛应用更为流变学、断裂力学、损伤力学、非连续介质力学、数值方法、灰色理论、人工智能、非线性理论等在岩体力学研究的应用提供了可能。

20 世纪 60 ~ 70 年代，岩体力学界逐步认识到存在结构面的岩体性质与完整岩块（石）性质的本质区别。相对而言，如果将岩块视为均质、连续和各向同性的弹性介质，那么岩体则是非均质、非连续和各向异性的非弹性介质。从此更加重视原位试验在确定岩体力学参数中的作用。前面提及的奥地利学派在这一过程中起了很大的推动作用，缪勒（L. Muller）主编的《岩石力学》（1974 年）代表了这一时期的研究方向和水平。但是在这一时期，岩体多被视为岩块砌体加以研究，并对岩体中的结构面在岩体变形、破坏机理中的影响及其重要性认识不足，在岩体力学分析计算中也未作全面考虑。同时，随着计算机科学的进步，开始出现用于岩体工程稳定性计算的有限元法等数值分析方法。20 世纪 80 年代，数值计算方法迅猛发展，有限元、边界元及其混合模型得到广泛应用，成为岩体力学分析计算的主要手段。20 世纪 90 年代，数值分析已经深入岩体力学研究工作，新的计算原理与方法不断提出与建立，诸如损伤力学与离散元法的进步、DDA 法与流形方法的发展等，岩体力学界也有了自己独到的分析原理和计算方法。同时，现代计算机科学技术的进步带动了现代信息技术的发展，岩体工程三维信息系统、人工智能、神经网络、专家系统、工程决策支持系统等迅猛发展起来，并得到普遍的重视与应用。

20 世纪 90 年代以来，现代数学的渗透使非线性科学在岩体力学中得以应用。耗散结构论、协同论、分叉与混沌理论正在被试图用于认识和解释岩体力学的各种复杂过程。基于岩体的复杂性与多变性，不确定性研究理论也越来越被更多学者认同与应用，其中，模糊数学、人工智能、灰色理论与非线性理论等现代科学技术手段也为不确定性分析研究方法和理论体系的建立提供了必要的技术支持。同时，岩体力学界早已关注的系统科学也在某种程度被接受与达成共识，岩体力学问题已被当成一个系统问题来解决。系统论强调复杂事物的层次性、多因素性及相互关联与相互作用的特征，并认为认识是多源的，是多源知识的集合体。

现代岩体力学理论认为，由于岩石与岩体结构、岩体赋存条件的复杂性与多变性，岩体力学不能完全套用传统的连续介质理论或完全依靠以节理、裂隙和结构面分析为特征的传统地质力学理论，而应视岩体工程为系统工程，用系统的方法来表征岩体，使岩体的复杂性与多变性得到全面科学的表述，并用系统的方法来进行岩体力学研究。系统论理论认为，岩体的组成、结构、性能与赋存条件以及边界条件是构成其力学行为和工程功能的基础，岩体力学研究的目的是认识和控制岩体系统的力学行为和工程功能。

可以说，从“材料”到“不连续介质”概念的飞跃是现代岩体力学的第一步突破，那么进入计算力学阶段则是第二步突破，而非线性理论、不确定性理论和系统科学理论进入实用阶段，则是岩体力学研究的第三步重大意义的突破。

1.3.3 岩体力学发展展望

纵观岩体力学的发展历程，存在以下发展趋势：

第一，对岩体及其力学属性的认识不断深入。

第二，与其他力学理论和学科结合越来越紧密。20 世纪 70 年代中后期开始，岩体力学界日益意识到岩体结构的实质及其在岩体力学作用中的重要性，同时与其他力学理论和学科结合越来越紧密，块体理论、概率论、模糊数学、断裂力学、损伤力学、分形几何、神经元网络等理论以及系统论、信息论、控制论、人工智能专家系统、灰色系统、突变理论、耗散结构理论及协同论等软科学不断引入岩体力学研究中，这些新理论、新方法的引入，大大地促进了岩体力学的发展，逐渐发展形成了岩体工程地质力学、岩体结构力学、分形-岩体力学、智能岩石力学、计算岩体力学、卸荷岩体力学、岩石动力学、岩石水力学等学科分支或学科方向。

第三，应用领域日益扩大，工程岩体力学不断发展。在岩体力学形成初期，主要是针对矿山建设中的围岩压力问题进行工作。现在岩体力学已被广泛应用于采矿、能源开发、国防工程、水利水电工程、交通及海洋开发工程、环境保护及减灾防灾工程、古文物保护工程、地震、地球动力学等领域。而且随着工程建设的增多和规模的不断加大，特别是一些复杂的重大工程的实施，给工程岩体力学发展带来更多新的复杂课题。

第四，试验与测试技术不断发展。在日益重视岩体中天然应力的研究同时，天然应力的确定方法和量测手段也不断发展。同时，在室内常规岩石力学参数测试的基础上，逐渐发展了岩石三轴试验、高温高压试验、刚性试验、伺服技术、结构面力学试验、原位岩体力学试验及原位监测技术和模型模拟试验等。另外，岩石微观、细观结构研究等也逐渐应用于岩体力学中。

目前，岩体力学面临的主要议题之一就是工程岩体力学方面的环境安全与控制，主要涉及环境保护、存储与弃置、天然岩质边坡的稳定性、隧道、采矿、地下洞室、石油工程、岩基、节理岩体行为、数值计算在岩体工程中的应用及其他。同时，现阶段以及今后一段时期内，以下几个方面颇待岩体力学进一步深入研究与探索：

1）节理裂隙化岩体的研究。

2）岩体与工程结构的相互作用。

3）软岩的力学特性研究与软岩工程。

4）水-岩耦合与水-岩-应力耦合。

5）高地应力岩体工程。

6）岩体结构系统与优化。

7）岩体流变与长期强度。

8）岩体的非线性理论研究与不确定性研究。

思考与练习

1. 名词解释：岩体力学，工程岩体力学，岩石，结构面，岩体。
2. 岩体力学的研究对象是什么？
3. 岩体力学的研究方法有哪些？有什么区别？
4. 你对岩体力学的形成与发展有哪些了解？

第2章 岩石的物理、水理性质

2.1 概述

岩石的物理性质是岩体力学的主要研究内容之一。表征与描述岩石的物理性质的指标与参数主要包括岩石的质量指标、水理性质指标、抗风化指标以及其他指标。

岩石的物理性质与岩石结构和构造密切相关。岩石的结构是指矿物颗粒的形状、大小和联结方式所决定的结构特征，岩石的构造则是指各种不同结构的矿物集合体的各种分布和排列方式。矿物颗粒间具有牢固的联结是岩石介质区别于土介质并使其具有一定强度的主要原因。岩石颗粒间联结分为结晶联结和胶结联结两大类。结晶联结是矿物颗粒通过结晶相互嵌合在一起，如岩浆岩、大部分变质岩和部分沉积岩具有这种联结，一般强度较高。胶结联结是矿物颗粒通过胶结物联结在一起，胶结联结的岩石的强度取决于胶结物成分和胶结类型。岩石的矿物颗粒胶结物质主要是硅质、铁质、钙质、泥质等，硅质胶结的岩石强度最高，铁质和钙质胶结的次之，泥质胶结的岩石强度最差，且抗水性差。

风化作用可以改变岩石的矿物组成和结构构造，进而改变岩块的物理力学性质。一般来说，随着风化程度的加深，岩石空隙率和变形随之增大，强度降低，渗透性加大。衡量岩石风化程度的指标包括定性指标与定量指标两类，定性指标主要是颜色、矿物蚀变程度、破碎程度、开挖锤击技术特征等，定量指标有风化空隙率指标、波速指标、风化系数等。根据风化程度不同，岩石又分为微风化、中等风化和强风化岩石。同样，根据岩石坚硬程度可分为坚硬岩石、较硬岩石、较软岩石、软岩石和极软岩石。

2.2 岩石的物理性质

岩石与土一样，属三相介质，由固相、液相和气相三相组成。岩石的物理性质是指岩石由于三相组成的相对比例关系不同所表现的物理性态。

2.2.1 岩石的密度

岩石的密度是指单位体积内岩石的质量，单位为 g/cm^3。它是研究岩石风化、岩体稳定性、围岩压力和材料选取等的重要参数之一，岩石的密度又分为岩石密度和颗粒密度。岩石密度除与矿物组成有关外，还与岩石的空隙性及含水状态密切相关。致密而裂隙不发育的岩石，岩石密度与颗粒密度很接近，随着孔隙、裂隙的增加，岩石密度相应减小。

1. *岩石密度*

岩石密度又称为块体密度，即岩石单位体积内的质量。按岩石试件的含水状态，岩石密度又有天然密度（ρ）、干密度（ρ_d）和饱和密度（ρ_{sat}）之分，在未指明含水状态时一般是指岩石的天然密度。

（1）天然密度（ρ）　天然密度是指岩石在天然含水状态下的单位体积内的质量，即

$$\rho = \frac{m}{V} \tag{2-1}$$

式中　m——岩石的质量（g）；

V——岩石的体积（cm^3），下同。

（2）干密度（ρ_d）　干密度是指岩石孔（空）隙中的液相物质全部被蒸发，仅剩固体与气体物质的单位体积的质量，即

$$\rho_d = \frac{m_s}{V} \tag{2-2}$$

式中　m_s——岩石的干质量（g），通常指岩石试件在105～110℃温度下烘干时的质量，下同。

（3）饱和密度（ρ_{sat}）　饱和密度是指岩石在饱水状态下单位体积内的质量，即

$$\rho_{sat} = \frac{m_{sat}}{V} \tag{2-3}$$

式中　m_{sat}——岩石饱水状态下的质量（g），下同。

岩石密度可采用规则试件的量积法及不规则试件的蜡封法测定。量积法就是把岩石加工成形状规则（圆柱体、方柱体或立方体）的试件，用卡尺测量试件

的尺寸，求出体积，并用天平称取试件的质量，然后根据式（2-1）计算岩石的块体密度。蜡封法是将已知质量的小岩块浸入融化的石蜡中，使试件沾有一层石蜡外壳，保持完整的外形。通过分别测得带有石蜡外壳的试件在空气中和水的质量，然后根据阿基米德原理，计算试件的体积和密度。

量积法不适用于遇水崩解、溶解和干缩湿胀性岩石；软弱岩石、风化岩石及遇水易崩解、溶解的岩石通常采用蜡封法测定。岩石密度还可采用水中称量法进行测定。

岩石的饱和密度，一般采用测定吸水率与饱和吸水率的试件并与其同时进行测定。

2. *岩石的颗粒密度*

岩石的颗粒密度是指岩石固体部分的质量与固体体积的比值，即

$$\rho_s = \frac{m_s}{V_s} \tag{2-4}$$

式中 V_s——岩石固体体积（cm^3），下同。

颗粒密度不包括空隙在内，因此其大小仅取决于组成岩石的矿物密度及其含量，一般为2.5～3.2g/cm^3。常见岩石密度与颗粒密度见表2-1。

岩石的颗粒密度常用比重瓶法进行测定。岩石的固体部分的质量，采用烘干岩石的粉碎试样，用精密天平测得，相应的固体体积，一般采用排开与试样同体积之液体的方法测得。该方法测试的关键是保证岩石所排开的液体体积确能代表固体颗粒的真实体积，因此试样中含有的气体必须排尽，否则影响测试精度。

表2-1 常见岩石密度与颗粒密度

序号	岩石类型	岩石密度/(g/cm^3)	颗粒密度/(g/cm^3)	序号	岩石类型	岩石密度/(g/cm^3)	颗粒密度/(g/cm^3)
1	花岗岩	2.30～2.80	2.50～2.84	11	闪长岩	2.52～2.96	2.60～3.10
2	大理岩	2.60～2.70	2.80～2.85	12	辉绿岩	2.53～2.97	2.60～3.10
3	砂岩	2.20～2.71	2.60～2.75	13	辉长岩	2.55～2.98	2.70～3.20
4	灰岩	2.30～2.77	2.48～2.85	14	安山岩	2.30～2.70	2.40～2.80
5	页岩	2.30～2.77	2.57～2.77	15	玢岩	2.40～2.80	2.60～2.84
6	泥灰岩	2.10～2.70	2.70～2.80	16	白云岩	2.10～2.70	2.60～2.90
7	砾岩	2.40～2.66	2.67～2.71	17	凝灰岩	2.29～2.50	2.56～2.78
8	石英岩	2.40～2.80	2.53～2.84	18	片麻岩	2.30～3.00	2.63～3.01
9	泥质板岩	2.30～2.80	2.70～2.85	19	石英片岩	2.10～2.70	2.60～2.80
10	玄武岩	2.50～3.10	2.60～3.30	20	千枚岩	2.71～2.86	2.81～2.96

2.2.2　岩石的空（孔）隙性

岩石的空隙性比土复杂得多，即除了孔隙外，还有裂隙或空隙存在。这是因为，岩石是具有较多缺陷的缺陷介质，在岩石地质作用过程中更是发育有诸如原生裂隙、风化裂隙及构造裂隙等各种成因的裂隙。根据岩石的空（孔）隙的连通以及与大气相通与否，岩石中的空（孔）隙可分为开空隙和闭空隙，同时开空隙按其开启程度不同又可分为大开空隙与小开空隙。

岩石的空隙性可用空隙率或空隙比来表征，相应地，空隙率包括总空隙率（n）、总开空隙率（n_0）、大开空隙率（n_b）、小开空隙率（n_s）和闭空隙率（n_c），岩石空隙率通常指总空隙率。空隙率及其关系可按下列公式计算：

空隙率
$$n = \frac{V_v}{V} \times 100\% = \left(1 - \frac{\rho_d}{\rho_s}\right) \times 100\% \tag{2-5}$$

总开空隙率
$$n_0 = \frac{V_{v0}}{V} \times 100\% \tag{2-6}$$

大开空隙率
$$n_b = \frac{V_{vb}}{V} \times 100\% \tag{2-7}$$

小开空隙率
$$n_s = \frac{V_{vs}}{V} \times 100\% = n_0 - n_b \tag{2-8}$$

闭空隙率
$$n_c = \frac{V_{vc}}{V} \times 100\% = n - n_0 \tag{2-9}$$

式中　V_v、V_{v0}、V_{vb}、V_{vs}、V_{vc}——岩石中空隙的总体积、总开空隙体积、大开空隙体积、小开空隙体积以及闭空隙体积；

其他符号意义同前。

通常不能实测岩石的空隙性指标，只能通过密度与吸水性等指标进行换算。常见岩石的空隙率与吸水率指标值见表2-2。

表2-2　常见岩石的空隙率与吸水率

序号	岩石类型	空隙率（%）	吸水率（%）	序号	岩石类型	空隙率（%）	吸水率（%）
1	花岗岩	0.4~0.5	0.1~4.0	11	闪长岩	0.2~0.5	0.3~5.0
2	大理岩	0.1~6.0	0.1~1.0	12	辉绿岩	0.3~5.0	0.8~5.0
3	砂岩	1.6~28.0	0.2~9.0	13	辉长岩	0.3~4.0	0.5~4.0
4	灰岩	0.5~27.0	0.1~4.5	14	安山岩	1.1~4.5	0.3~4.5
5	页岩	0.4~10.0	0.5~3.2	15	玢岩	2.1~5.0	0.4~1.7
6	泥灰岩	1.0~10.0	0.5~3.0	16	白云岩	0.3~25.0	0.1~3.0
7	砾岩	0.8~10.0	0.3~2.4	17	凝灰岩	1.5~7.5	0.5~7.5
8	石英岩	0.1~8.7	0.1~1.5	18	片麻岩	0.7~2.2	0.1~0.7
9	泥质板岩	0.1~0.5	0.1~0.3	19	石英片岩	0.7~3.0	0.1~0.3
10	玄武岩	0.5~7.2	0.3~2.8	20	千枚岩	0.4~3.6	0.5~1.8

岩石的空隙比（e）是指岩石中空隙体积（V_v）与固体体积（V_s）的比值，通常用密度指标进行换算，即

$$e = \frac{V_v}{V_s} = \frac{\rho_s}{\rho_d} - 1 \tag{2-10}$$

空隙比（e）与空隙率（n）存在如下关系

$$e = \frac{n}{1-n} \tag{2-11}$$

2.3 岩石的水理性质

岩石在含水或浸水等条件下体现出来的与水作用有关的性质，统称为岩石的水理性质，主要包括吸水性、软化性、崩解性、膨胀性、抗冻性和渗透性。

2.3.1 岩石的吸水性

岩石的吸水性是指岩石在一定的试验条件下吸收水分的能力，表征指标主要包括含水率、吸水率、饱和吸水率、饱水系数。

1. 含水率

岩石的含水率（ω）是指岩石空隙中含水的质量（$m_0 - m_s$）与固体质量（m_s）之比的百分数，即

$$\omega = \frac{m_0 - m_s}{m_s} \times 100\% \tag{2-12}$$

式中 m_0——岩石试件烘干前的质量（g）。

根据岩石试件含水状态的不同，岩石的含水率可分为天然状态下的含水率与饱水状态下的含水率。

2. 吸水率

岩石的吸水率是指一定试验条件下岩石吸入水的质量与岩石固体质量之比，用百分数表示。岩石的吸水率是间接反映岩石空隙性的指标，对于软岩与多空隙岩石来说，它是一个重要参数。根据不同的试验条件，岩石的吸水率通常分为自由吸水率（ω_a）与饱和吸水率（ω_{sat}）。

（1）自由吸水率（ω_a） 自由吸水率是指岩石试件在大气压力和室温条件下自由吸入水的质量（$m_0 - m_s$）与岩石烘干质量（m_s）之比，即

$$\omega_a = \frac{m_0 - m_s}{m_s} \times 100\% \tag{2-13}$$

式中 m_0——岩石试件浸水48h后的质量（g）。

岩石的自由吸水率试验方法是浸水法，测试时先将岩石试件在105～110℃

温度下烘干并称干质量，然后48h浸水饱和。由于试验是在常温常压下进行的，岩石浸水时，水只能进入大开空隙，不能进入小开空隙和闭空隙。因此，可用自由吸水率来计算岩石的大开空隙率（n_b），即

$$n_b = \frac{V_{vb}}{V} \times 100\% = \left(1 - \frac{\rho_d \omega_a}{\rho_w}\right) \times 100\% = (1 - \rho_d \omega_a) \times 100\% \tag{2-14}$$

式中 ρ_w——水的密度，取 $\rho_w = 1\text{g/cm}^3$。

岩石的吸水率主要取决于岩石中孔隙和裂隙的数量、大小及其开启程度，同时，不同岩性、岩石成因类型不同也会有差异。大部分岩浆岩和变质岩的吸水率多为0.1%～2.0%之间，沉积岩的吸水性较强，吸水率通常为0.2%～7.0%。几种常见岩石的吸水率见表2-2及表2-3。

表2-3 几种常见岩石的吸水性指标值

岩石名称	吸水率（%）	饱和吸水率（%）	饱水系数
花岗岩	0.46	0.84	0.55
石英闪长岩	0.82	0.54	0.59
玄武岩	0.27	0.39	0.69
云母片岩	0.13	1.31	0.10
砂岩	7.01	11.99	0.60
石灰岩	0.09	0.25	0.36
白云质灰岩	0.74	0.92	0.80

（2）饱和吸水率（ω_{sat}） 饱和吸水率是指岩石试件在高压（一般压力为15MPa）或真空条件下吸入水的质量（$m_p - m_s$）与岩石固体质量（m_s）之比，又称之为饱水率，即

$$\omega_{sat} = \frac{m_p - m_s}{m_s} \times 100\% \tag{2-15}$$

式中 m_p——岩石试件真空抽气或煮沸浸水饱和后的质量（g），下同。

饱和吸水率采用抽真空法或煮沸法试验求得，在高压（或真空）条件下，通常认为水能进入所有开空隙中，因此岩石的总开空隙率可用饱水率来计算

$$n_0 = \frac{V_{v0}}{V} \times 100\% = \frac{\rho_d \omega_{sat}}{\rho_s} \times 100\% \tag{2-16}$$

岩石饱水率也是表征岩石物理性质的一个重要指标，它反映了岩石总开空隙的发育程度，并可用来间接判定岩石的抗风化能力和抗冻性。岩石吸水率与饱水率的差别则反映了岩石中微细裂隙的发育情况。常见岩石的饱和吸水率见表2-3。

（3）饱水系数（η_w） 岩石饱水系数是指岩石的吸水率（ω_a）与饱和吸水率（ω_{sat}）之比，即

$$\eta_w = \frac{\omega_a}{\omega_{sat}} \tag{2-17}$$

饱水系数反映了岩石中大、小开空隙的相对发育程度。通常，饱水系数越大，岩石中大开空隙相对越多，小开空隙相对越少。饱水系数也能体现常压下吸水后的剩余空隙的多少，并能以此判定岩石的抗冻胀性，饱水系数越大，吸水后的剩余空隙越少，岩石越易造成冻胀破坏，抗冻性越差。几种常见岩石的饱水系数见表2-3。

2.3.2 岩石的软化性

岩石的软化性是指岩石在饱水状态下的强度相对降低的性能，用软化系数（η_s）来表征。岩石的软化系数是指饱和岩石单轴抗压强度（σ_{cw}）与干燥岩石单轴抗压强度（σ_c）的比值，即

$$\eta_s = \frac{\sigma_{cw}}{\sigma_c} \tag{2-18}$$

软化系数越小，岩石软化性越强。岩石的软化性主要取决于岩石的矿物组成与空隙性，岩石亲水性和可溶性矿物较多，又存在较多大开空隙时，岩石的软化性较强。如泥质砂岩、砾岩和泥灰岩等岩石，软化系数一般在0.40～0.60间变化，有时更低。常见岩石的软化系数试验值见表2-4。岩石都具有不同程度的软化性。一般认为，软化系数 $\eta_s > 0.75$ 时，岩石的软化性弱，岩石的抗冻性和抗风化能力相对较强；软化系数 $\eta_s < 0.75$ 时，岩石软化性较强，岩石的抗冻性和抗风化能力相对较差。

表2-4 常见岩石的软化系数

岩石类型	软化系数（%）	岩石类型	软化系数（%）	岩石类型	软化系数（%）
花岗岩	0.80～0.98	凝灰岩	0.65～0.88	闪长岩	0.70～0.90
砂 岩	0.65～0.97	砾 岩	0.50～0.96	辉长岩	0.65～0.92
页 岩	0.24～0.74	泥灰岩	0.44～0.54	安山岩	0.81～0.91
灰 岩	0.70～0.94	石英岩	0.94～0.96	玢 岩	0.78～0.81
泥质板岩	0.39～0.52	石英片岩	0.44～0.84	粘土岩	0.45～0.83
玄武岩	0.70～0.95	片麻岩	0.75～0.97	千枚岩	0.76～0.95

2.3.3 岩石的崩解性

岩石的崩解性是指岩石与水相互作用时失去粘结性并变成完全丧失强度的松散物质的性能。岩石的崩解主要是可溶盐与粘土质胶结的沉积岩由于水化过程中削弱了岩石内部的结构联络所致。岩石的崩解性用岩石的耐崩解指数（I_d）表示。岩石的耐崩解指数通过对岩石试块干后浸水的干湿循环试验确定，《工程岩体试验方法标准》建议以第二次干湿循环的数据作为计算耐崩解指数的依据，即

$$I_{d2} = \frac{m_r}{m_s} \times 100\% \tag{2-19}$$

式中 I_{d2}——经两次干湿循环所得的耐崩解指数（%）分布在0～100%；

m_r——经两次干湿循环后残留下来的岩石试块烘干质量（g）。

耐崩解指数的干湿循环试验是将经过烘干后的岩石试块（共计500g，分成质量40~60g无棱角的十块）放入一个带筛孔的圆筒内，使该圆筒在水中以20r/min的速度连续旋转10min，然后将残留在圆筒内的岩石试块取出，烘干称重，再进行下一个循环。

岩石的耐崩解指数直接反映了岩石在浸水和温度变化的条件下抵抗风化作用的能力，因此该指标又可定性为岩石的抗风化指标。

2.3.4 岩石的膨胀性

岩石的膨胀性是指岩石浸水后体积增大的性质。这是因为粘土矿物遇水促使其颗粒间的水膜增厚所致。某些含有粘土矿物（如蒙脱石、高岭土等）成分的软质岩石，经水化作用后在粘土矿物的晶格内部或细的分散颗粒的周围生成结合水膜（水化膜），并且在相邻的颗粒间产生楔劈效应，只要楔劈作用力大于结构联结力，岩石显示膨胀性。岩石的膨胀性用膨胀力与膨胀率来表示。膨胀力即膨胀压力，指岩石试件浸水后，使试件保持原有体积所施加的最大压力。膨胀率是指膨胀变形量与试件原始尺寸的比值。

膨胀力与膨胀率通常采用平衡加压法测定。对岩石试件加0.01MPa预压力，岩石试件的变形稳定后，将岩石试件浸入水中，当岩石遇水膨胀的变形大于0.001mm时，开始施加一定的压力，并不断加压，使岩石试件体积始终保持不变，所测得的最大压力即为最大膨胀力。然后逐级减压直到荷载为零，测定岩石试件的最大膨胀变形量，膨胀变形与原试件尺寸之比即为岩石的膨胀率。平衡加压法能始终保持岩石的容积与结构，是等容做功过程，因此，测得的膨胀力能比较真实地反映岩石原始结构的膨胀势能，试验结果比较符合实际情况。

膨胀力与膨胀率反映了岩石遇水膨胀的特性，可用来评估含有粘土矿物岩体工程的稳定性，同时也可作为相关岩体工程设计与施工的参考依据。

2.3.5 岩石的抗冻性

岩石的抗冻性是指岩石抵抗冻融破坏的能力。一般用岩石抗冻性系数来反映岩石的抗冻性特性。抗冻性系数（K_{rf}）是指岩石试件经反复冻融后的饱和单轴抗压强度（σ_{cf}）与冻融前的饱和单轴抗压强度（σ_{cw}）之比，用百分数表示，即

$$K_{rf} = \frac{\sigma_{cf}}{\sigma_{cw}} \times 100\% \tag{2-20}$$

试验时，要求先将岩石试件浸水饱和，然后在-20~20℃温度下反复冻融25次以上。冻融次数和温度可根据工程地区的气候条件选定。

岩石在冻融作用下强度降低和破坏，主要是由于热胀冷缩导致的内部应力重

分布以及岩石空隙中冻结水的冻胀作用所致。由于组成岩石的不同矿物的体膨胀系数不同，以及冷热过程中岩石内部温度的差异性，岩石会产生内部应力，同时水冻结成冰时，体积增大达9%并产生膨胀压力，使岩石的结构和联结遭受破坏。研究表明，冻结时岩石中产生的破坏应力取决于冰形成速度及其与局部压力耗散的难易程度间的关系。自由生长的冰晶体向四周的伸展压力较小（约0.05MPa），但在完全封闭体系则不然，-22℃温度下的冻结压力可达200MPa，足以使岩石遭受破坏。

岩石的抗冻性取决于造岩矿物的热物理性质和强度、粒间联结、开空隙的发育情况以及含水率等因素。由坚硬矿物组成，且具强的结晶联结的致密状岩石，其抗冻性较高；反之，则抗冻性低。一般认为，吸水率 $\omega_a<5\%$、抗冻性系数 $K_{rf}>0.75$ 以及饱水系数 $\eta_w<0.8$ 时，岩石的抗冻性高。

2.3.6 岩石的渗透性

岩石的渗透性是指岩石在一定的水力梯度（I）或压力差作用下，水渗透或穿透岩石的能力。它间接反映了岩石中的裂隙相互连通的程度。岩石的渗透性可用渗透系数（K）来衡量，表2-5即为某些岩石的渗透系数值。渗透系数取决于岩石孔隙的大小、方向以及相互连通情况。水在岩石裂隙、孔（空）隙中的流动时，多表现为层流状态，可视为线性渗流，因此服从Darcy定律（渗透速率 $v=KI$），但岩石中水的渗流规律尚不完全清楚，研究方法也不够完善。

表2-5 某些岩石的渗透系数 K 值

岩石名称	空隙发育情况	渗透系数 K/（cm/s）
花岗岩	较致密、微裂隙	$1.1\times10^{-12}\sim9.5\times10^{-11}$
	含微裂隙	$1.1\times10^{-11}\sim2.5\times10^{-11}$
	微裂隙及部分粗裂隙	$2.8\times10^{-9}\sim7\times10^{-8}$
灰岩	致密	$3\times10^{-12}\sim6\times10^{-10}$
	微裂隙、孔隙	$2\times10^{-9}\sim3\times10^{-6}$
	空隙较发育	$9\times10^{-5}\sim3\times10^{-4}$
片麻岩	致密	$<10^{-13}$
	微裂隙	$9\times10^{-8}\sim4\times10^{-7}$
	微裂隙发育	$2\times10^{-6}\sim3\times10^{-5}$
辉绿岩、玄武岩	致密	$<10^{-13}$
砂岩	较致密	$10^{-13}\sim2.5\times10^{-10}$
	空隙发育	5.5×10^{-6}
页岩	微裂隙发育	$2\times10^{-10}\sim8\times10^{-9}$
片岩	微裂隙发育	$10^{-9}\sim5\times10^{-5}$
石英岩	微裂隙	$1.2\times10^{-10}\sim1.8\times10^{-10}$

思考与练习

1. 名词解释：岩石密度，岩石颗粒密度，岩石空隙率，岩石的水理性质。

2. 表征岩石水理性质的主要指标有哪些？

3. 试阐述岩石的空隙性与吸水性之间关系。

4. 试验测得某岩石试件的长度、宽度与高度的尺寸，见表2-6，称得试件质量为683.5g，试求岩石试件的密度。

表2-6　岩石试件尺寸测量成果

	第一次	第二次	第三次
长度/mm	50.7	50.8	50.9
宽度/mm	50.9	50.8	50.8
高度/mm	101.6	101.6	101.7

第3章 岩石的力学特性

3

岩石的力学特性是指不同荷载作用下岩石的强度特性与变形性质，是岩体力学主要研究内容之一，研究内容相应地可分为岩石的变形性质与强度特性。岩石的变形性质通过岩石变形模量、泊松比、切变模量等变形参数以及应力-应变关系来描述；岩石的强度特性主要涉及岩石的单轴抗压强度、抗拉强度、抗剪强度、三轴抗压强度等。

这里主要阐述单轴压缩、拉伸、剪切及三轴压缩条件下岩石的力学特性以及岩石的流变特性与岩石强度理论。

3.1 岩石单轴压缩条件下的力学特性

3.1.1 单轴抗压强度

在外荷载作用下，当荷载达到或超过某一极限时，岩石就会产生破坏。岩石在单轴压缩荷载作用下所能承受的最大压应力称之为岩石的单轴抗压强度（σ_c），其大小等于达到破坏状态时岩石试件的最大轴向压力 P_c 与试件的横截面面积 A 之比，即

$$\sigma_c = \frac{P_c}{A} \tag{3-1}$$

试件在单轴压缩荷载作用下，因为岩石试件只受到轴向压力作用，侧向不受力，因此试件侧向变形没有受到限制，如图 3-1a 所示。岩石试件常见的破坏形式有 X 状共轭斜面剪切破坏、单斜面剪切破坏、拉伸破坏三种，某些岩石不产生上述破坏，只产生流动变形。

1）X 状共轭斜面剪切破坏，如图 3-1b 所示，这是一种最常见的破坏形式。破坏面法线与荷载轴线（即试件轴线）的夹角 β 与岩石内摩擦角 ϕ 存在以下关

系：$\beta = \frac{\pi}{4} + \frac{\phi}{2}$。

2）单斜面剪切破坏，如图3-1c所示。破坏面法线与荷载轴线（即试件轴线）的夹角β与岩石内摩擦角ϕ同样存在以下关系：$\beta = \frac{\pi}{4} + \frac{\phi}{2}$。

3）拉伸破坏，如图3-1d所示。在单轴压应力作用下，由于泊松效应，在试件横向方向产生拉应力，当横向拉应力超过岩石抗拉极限时岩石产生拉伸破坏。

X状共轭斜面剪切破坏与单斜面剪切破坏均是由于破坏面上的切应力超过极限值所致，由于破坏前破坏面所承受的最大切应力与破坏面上的正应力有关，因此，该类破坏又称为压剪破坏。

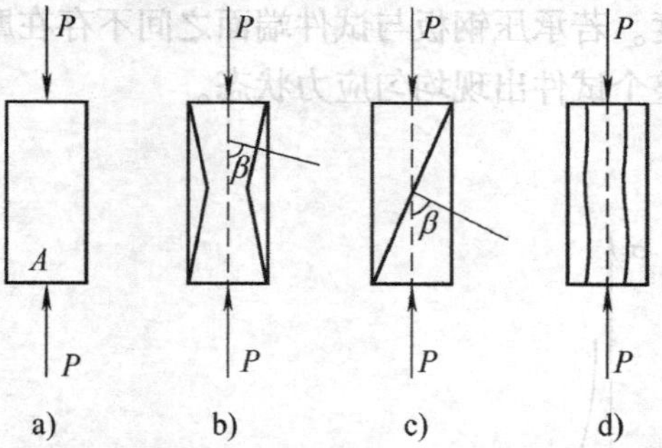

图3-1　单轴压缩试验岩石试件受力与破坏形式示意图

岩石单轴抗压强度是反映岩石基本力学性质的重要参数之一，通过岩石单轴压缩试验或点荷载试验测得，测试方法简单。岩体工程分类、建立岩体破坏判据等方面的主要依据参数就包括岩石单轴抗压强度。

岩石单轴抗压强度与单轴抗拉强度和抗剪强度之间存在一定的比例关系，试验结果统计表明，抗拉强度通常不到抗压强度的1/10，在某种程度上也能反映单轴抗拉强度和抗剪强度的大小。

单轴压缩试验是采用标准试件在压力机上加轴向荷载，直至试件破坏。试件可以是立方柱体或圆柱体，建议使用国际岩石力学学会推荐的圆柱体，试件尺寸通常为50mm×50mm×100mm或ϕ50mm×100mm，以及70mm×70mm×140mm或ϕ70mm×140mm。

GB/T 50266—1999《工程岩体试验方法标准》对岩石试件尺寸与精度有严格要求。圆柱体直径宜为48～54mm，试件高度与直径之比（高径比H/D）宜为2.0～2.5，试件两端面不平整度误差不得大于0.05mm，沿试件高度上直径误差不得大于0.3mm，端面垂直试件轴线的最大偏差不得大于0.25°。含水颗粒的岩石，试件的直径应大于岩石最大颗粒尺寸的10倍。

试件高径比对试验结果有很大的影响，图3-2所示为实际的岩石单轴抗压强度σ_c与高径比H/D的关系示意图，可以看出，当$H/D \geqslant 2$～3时，σ_c曲线趋于稳定，实验结果σ_c值不随H/D的变化而明显变化。这种由于试件尺寸大小不同而引起的试验结果不同的现象，称之为尺寸效应。岩石单轴抗压强度试验存在明显的尺寸效应。

同时，试件的端部效应对单轴压缩试验结果也有重要影响。如图 3-3 所示，通过承压钢板对试件加压，由于加压试件的泊松效应，承压钢板与试件端面之间存在摩擦力，阻止了试件端部的侧向变形，从而使试件两端形成锥形压缩区，端部应力分布不均匀，只有离开端面一定距离的部位，才会出现均匀应力状态。这种由于端部条件影响试验结果的现象，称之为端部效应。为了尽量减少端部效应的影响，必须在试件的两端涂加润滑剂，以充分减小摩擦。而且必须使试件长度达到规定要求，否则两端压缩区会重叠或相连，使得试验结果大于实际的岩石强度。若承压钢板与试件端面之间不存在摩擦力，且承压钢板刚度足够大，可视为整个试件出现均匀应力状态。

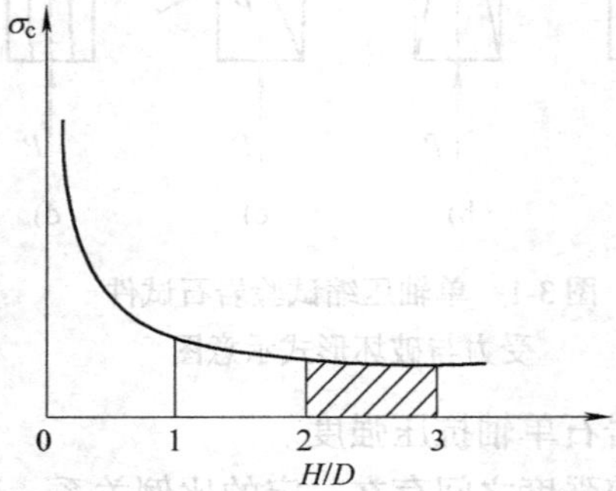

图 3-2　单轴抗压强度与试件高径比 *H/D* 关系

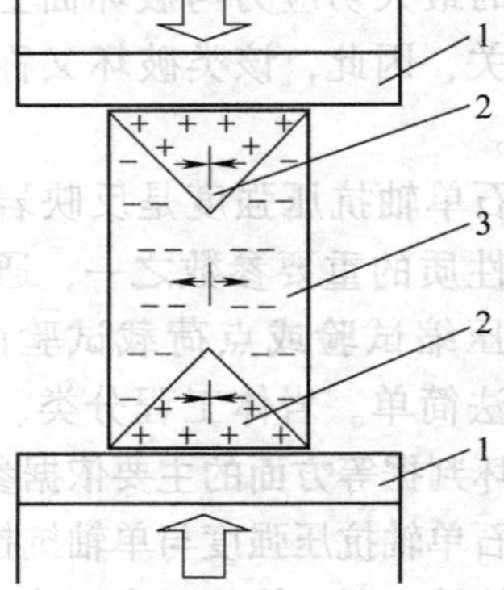

图 3-3　单轴压缩试验岩石试件应力分布特征

1—承压板　2—压应力区　3—拉应力区

另外，加载速率也会影响试验结果，岩石的强度常随加载速率增大而增高。加载速率超过岩石的变形速率时，岩石变形尚未稳定时荷载继续增加，则会出现试件内变形滞后于应力的现象，致使塑性变形来不及发生和发展，从而增大了岩石强度。《工程岩体试验方法标准》规定的加载速率为 0.5 ~ 0.8MPa/s。

除抗压试验外，目前还可用点荷载试验和不规则试件的抗压试验间接确定岩石的 σ_c。通过点荷载试验确定 σ_c 时，则用点荷载强度按经验公式换算

$$\sigma_c = k_c I_{s(50)} \tag{3-2}$$

式中　k_c——经验参数，k_c 的取值范围一般为 22.80 ~ 23.70；

$I_{s(50)}$——直径为 50mm 标准试件的点荷载强度，下同。

常见岩石的单轴抗压强度见表 3-1。由于岩石本身的非均匀性和各向异性以及不可避免的试验误差，岩石的抗压强度存在较大的离散性。

表3-1 常见岩石的单轴抗压强度

岩石名称	抗压强度/MPa	岩石名称	抗压强度/MPa	岩石名称	抗压强度/MPa
辉长岩	180～300	辉绿岩	200～350	页岩	10～100
花岗岩	100～250	玄武岩	150～300	砂岩	20～200
流纹岩	180～300	石英岩	150～350	砾岩	10～150
闪长岩	100～250	大理岩	100～250	板岩	60～200
安山岩	100～250	片麻岩	50～200	千枚岩、片岩	10～100
白云岩	80～250	灰岩	20～200		

3.1.2 岩石应力-应变全过程曲线及其五个变形阶段

图3-4a给出了单轴压缩荷载作用下江西红砂岩一组岩石试件的轴向应力-轴向应变（σ-ε）全过程曲线，曲线是通过中国科学院武汉岩土力学研究所研制生产的RMT150B岩石力学试验机实测得的，图中RS-1-1～RS-1-3为同一组试件的编号。

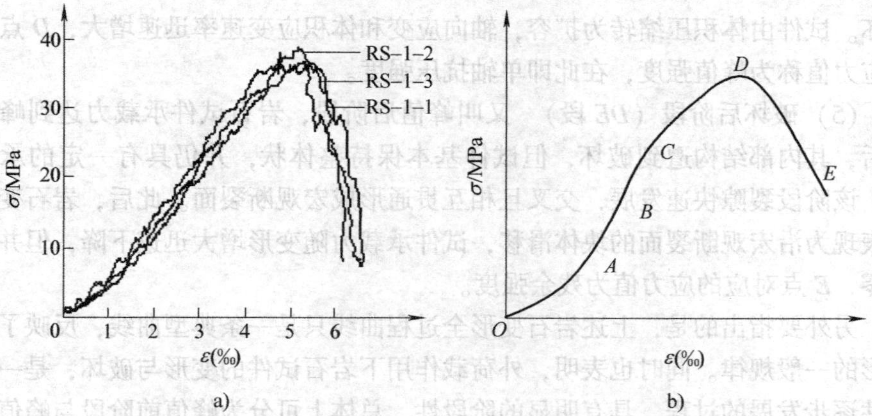

图3-4 红砂岩应力-应变关系曲线

a）江西红砂岩轴向应力-轴向应变实测全过程曲线

b）概化后的典型岩石应力-应变全过程曲线

图3-4b所示是概化后的典型岩石应力-应变全过程曲线，大量的试验结果表明，根据典型的应力-应变全过程曲线可将岩石的变形分为以下五个不同的阶段。

（1）孔隙裂隙压密阶段（OA段） 岩石试件原有张性结构面、微孔隙裂隙在轴向压力作用下逐渐闭合，岩石被压密，形成早期的非线性变形，σ-ε曲线则表现为上凹形曲线，表明由于微孔隙裂隙的压实闭合，岩石性能出现暂时“强化”现象，通常为一减速的压实闭合过程。同时，该阶段岩石试件横向膨胀相对较小，试件体积随荷载增大而减小。该阶段变形相对裂隙化岩石较为明显，坚硬少裂隙的岩石表现不明显，甚至不显现。

（2）弹性变形阶段（*AB* 段） 经过初期的孔隙裂隙压密，岩石强度性能暂时趋于稳定，压应力作用下岩石发生弹性变形，σ-ε 曲线几乎为直线，岩石变形随应力增加而成比例增加，并在很大程度上表现为可恢复的弹性变形，*B* 点对应的应力可称为岩石试件的弹性极限。

（3）微弹性裂隙稳定发展阶段（*BC* 段） 随着压应力的增大，试件内微破裂开始发生与发展，但施加的荷载不变时，微破裂发生与发展暂时停止。该阶段发生的变形主要表现为塑性变形，应力-应变曲线成近似直线形。*C* 点对应的应力称为屈服极限，其值约为峰值强度的2/3。

（4）非稳定破裂发展阶段（*CD* 段） 该阶段压应力大于屈服极限，微破裂的发展发生本质变化，由于破裂过程中所造成的应力集中效应显著，即使施加的荷载保持不变，破裂仍不断发展，形成微破裂的汇聚与扩大，并在试件中的薄弱部位首先发生破坏，应力重新分布，再次引起次薄弱部位的破坏，直至试件完全破坏。试件由体积压缩转为扩容，轴向应变和体积应变速率迅速增大，*D* 点对应的应力值称为峰值强度，在此即单轴抗压强度。

（5）破坏后阶段（*DE* 段） 又叫峰值后阶段，岩石试件承载力达到峰值强度后，其内部结构遭到破坏，但试件基本保持整体状，并仍具有一定的承载能力。该阶段裂隙快速发展，交叉且相互贯通形成宏观断裂面。此后，岩石变形主要表现为沿宏观断裂面的块体滑移，试件承载力随变形增大迅速下降，但并不降到零，*E* 点对应的应力值为残余强度。

另外要指出的是，上述岩石变形全过程曲线只是一条典型曲线，反映了岩石变形的一般规律。同时也表明，外荷载作用下岩石试件的变形与破坏，是一个渐进性逐步发展的过程，具有明显的阶段性，总体上可分为峰值前阶段与峰值后阶段。

3.1.3 峰值前应力-应变曲线

需要指出的是，岩石的应力-应变全过程曲线只有伺服试验机或刚性试验机才能得出，普通试验机只能完成峰值前的应力-应变曲线，而不能得到峰值后曲线，这是因为普通试验机本身刚度小，试验时机架内储存了很大的弹性变形能，在岩石试件濒临破坏时，突然释放出来的弹性变形能作用于试件上，使岩石试件遭受崩溃性破坏，所以峰值以后的曲线测不出来。

根据米勒（Miller，1965 年）对 28 种岩石的试验成果，可将峰值前的应力-应变曲线分成六种类型，如图 3-5 所示。

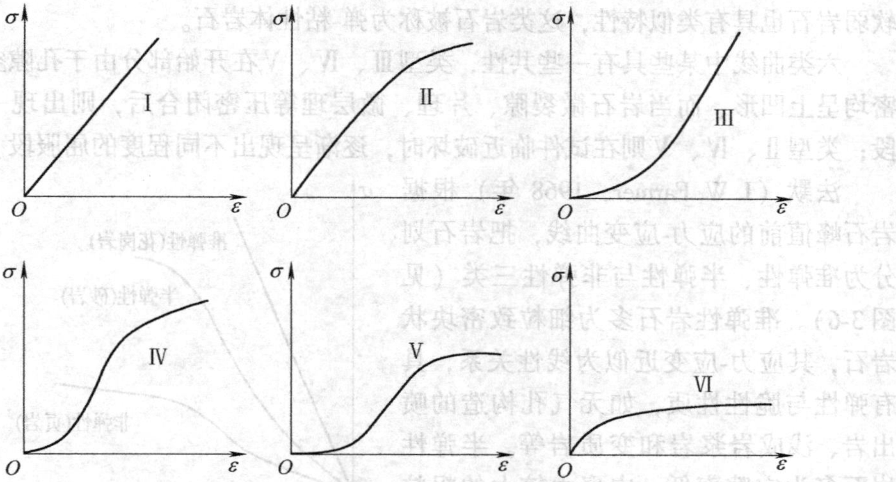

图 3-5 峰值前岩石的典型应力-应变曲线类型（据 Miller，1965 年）

（1）类型Ⅰ 该类型岩石的应力-应变关系是直线或者近似直线关系，变形以弹性变形为主，直到试件发生突然破坏。具有这种变形性质的岩石有玄武岩、石英岩、白云岩以及极坚固的石灰岩，由于塑性阶段不明显，这些岩石被称为弹性体岩石。

（2）类型Ⅱ 该类型岩石在应力较低时，应力-应变曲线近似于直线，当应力增加到一定值后，应力-应变曲线向下弯曲，呈下凹形，随着应力逐渐增加而曲线斜率也就越变越小，直至破坏。具有这种变形性质的岩石有较弱的石灰岩、泥岩以及凝灰岩等，这些岩石被称为弹-塑性体岩石。

（3）类型Ⅲ 该类型岩石在应力较低时，应力-应变曲线略向上弯曲，呈上凹形，当应力增加到一定值后，应力-应变曲线逐渐变为直线，直至发生破坏，没有明显的屈服阶段。具有这种变形性质的代表岩石有砂岩、花岗岩、片理平行于压力方向的片岩以及某些辉绿岩等，这些岩石被称为塑-弹性体岩石。

（4）类型Ⅳ 该类型岩石在应力较低时，应力-应变曲线向上弯曲，呈上凹形，当压力增加到一定值后，岩石变形过渡为一直线段，随后又转变为向下弯曲曲线，曲线似S形。具有这种变形特性的岩石大多数为变质岩，如大理岩、片麻岩等，这些岩石被称为塑-弹-塑性体岩石。

（5）类型Ⅴ 该类型岩石基本上与类型Ⅳ相同，也呈S形，不过曲线斜率较平缓。一般发生在压缩性较高的岩石中，应力垂直于片理的片岩具有这种性质。

（6）类型Ⅵ 该类型岩石应力-应变曲线，开始先有很小一段直线部分，然后有非弹性的曲线部分，并继续不断地蠕变，这是岩盐的应力-应变曲线，某些软弱岩石也具有类似特性，这类岩石被称为弹-粘性体岩石。

六类曲线中某些具有一些共性，类型Ⅲ、Ⅳ、Ⅴ在开始部分由于孔隙空隙压密均呈上凹形，而当岩石微裂隙、片理、微层理等压密闭合后，则出现一直线段；类型Ⅱ、Ⅳ、Ⅴ则在试件临近破坏时，逐渐呈现出不同程度的屈服段。

法默（I. W. Farmer，1968 年）根据岩石峰值前的应力-应变曲线，把岩石划分为准弹性、半弹性与非弹性三类（见图 3-6）。准弹性岩石多为细粒致密块状岩石，其应力-应变近似为线性关系，具有弹性与脆性性质，如无气孔构造的喷出岩、浅成岩浆岩和变质岩等。半弹性岩石多为空隙率低、内聚力较大的粗粒岩浆岩和细粒致密的沉积岩，其变形曲线斜率随应力增大而减小。非弹性岩石多为空隙率高、内聚力低的软弱岩石，其应力-应变曲线为缓 S 形，如泥岩、页岩、千枚岩等。

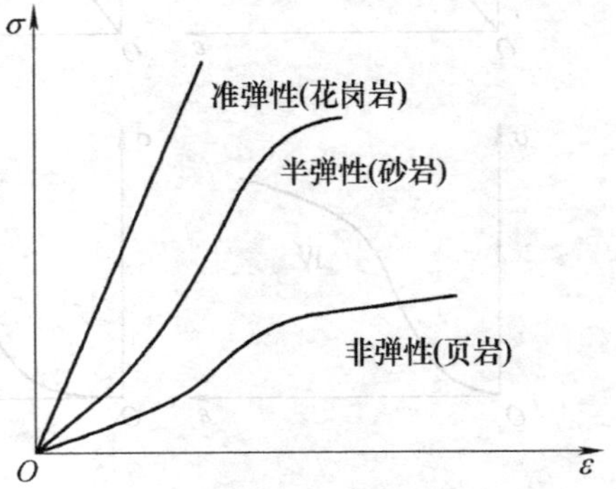

图 3-6 峰值前岩石应力-应变曲线
（据 Farmer，1968 年）

3.1.4 岩石峰值后的变形特征

随着刚性压力机和伺服机的推广使用，人们逐渐重视岩石峰值后阶段的变形特征的研究。试验研究和工程实践都表明，岩石即使在破裂且变形很大的情况下，仍具有一定的承载能力，在有侧向压力的情况下更是如此。这就使得研究岩石变形的全过程曲线显得十分必要。

瓦维斯基和法赫斯特（Wawersik，C. Fairhust，1970 年）根据后区曲线特征将岩石全过程曲线分为如图 3-7 所示Ⅰ型和Ⅱ型。Ⅰ型又称为稳定破裂传播型，后区曲线呈负坡向，说明岩石在压力达到峰值后，试件内所储存的变形能不能使破裂继续扩展，只有外力继续对试件做功，才能使它进一步变形破坏。Ⅱ型又称为非稳定破裂传播型，后区曲线呈正坡向，说明在峰值压力后，尽管试验机不对岩石试件做功，试件本身所储存的能量也能使破裂继续扩展，出现非可控变形破坏。

葛修润院士等（1994 年）根据中国科学院武汉岩土力学研究所研制的电液伺服自适应控制式岩石试验机的大量试验结果，提出了不同峰值后曲线类型的岩石应力-应变全过程曲线的新模式（见图 3-8），分析指出上述所谓的Ⅱ型曲线是人为因素所致，控制轴向应变，即在保持轴向应变率不变的情况下，绝大部分岩石的峰值后曲线应在过峰值点 P 的垂直线右侧。不过岩石脆性程度不同，曲线的陡缓不同。新鲜花岗岩、玄武岩、辉绿岩、石英岩等趋脆性岩石的峰值后曲线相对陡些，而页岩、泥岩、泥灰岩、红砂岩等趋塑性岩石的峰值后曲线相对缓些。

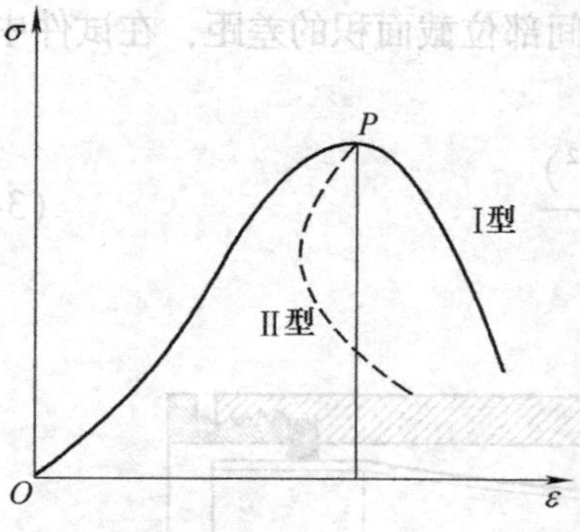

图3-7 岩石应力-应变全过程曲线基本模式（据 Wawersik 和 Fairhust，1970 年）

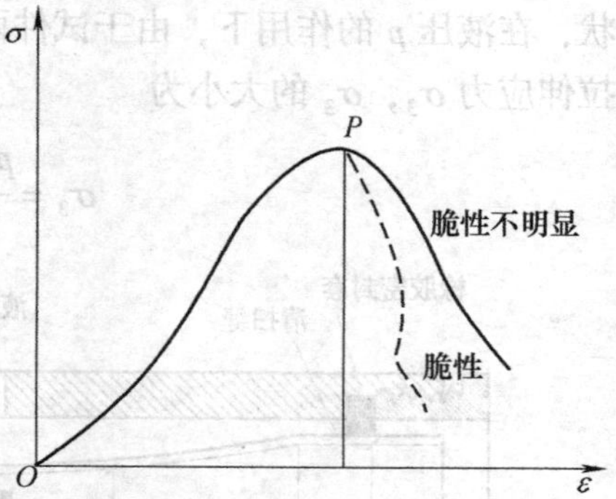

图3-8 岩石应力-应变全过程曲线的新模式（据葛修润等，1994 年）

3.2 岩石单轴拉伸条件下的力学特性

岩石在单轴拉伸荷载作用下达到破坏时所能承受的最大拉应力称为岩石的单轴抗拉强度。通常以 σ_t 表示，其值等于达到破坏时的最大轴向拉伸荷载 P_t 与试件截面积 A 之比，即

$$\sigma_t = \frac{P_t}{A} \tag{3-3}$$

由于岩石抗拉强度小，工程实践一般不允许出现拉应力，但拉伸破坏仍是工程岩体及自然界岩体的主要破坏形式之一。作为重要的岩体力学指标，抗拉强度是建立岩石强度判据，确定强度包络线以及选取建筑石材中不可缺少的参数。

试件在拉伸荷载作用下的破坏通常是沿其横截面的断裂破坏，岩石的拉伸破坏试验分为直接拉伸试验法、抗弯法、劈裂法、点荷载试验法四种，其中，后三种属于间接试验方法。其中又以劈裂法和点荷载法最常用。

3.2.1 直接拉伸试验法

由于很难像压缩试验那样将拉伸荷载直接施加到试件的两个端面上，直接拉伸试验相对较为困难，通常的试验方法是将两端固定在材料机的拉伸夹具内进行拉伸试验，但往往由于夹具所产生的应力过于集中而引起试件两端破裂，导致试验失败。因此，可行的直接试验方法是岩石试件两端胶结在水泥或环氧树脂中，使拉伸荷载施加在强度较高的水泥、环氧树脂或金属连接端上，以保证拉伸断裂前试件其他部位不会先行破坏。

另一种直接拉伸试验的装置如图 3-9 所示。岩石试件加工成两端大中间小的形状，在液压 p 的作用下，由于试件两端和中间部位截面积的差距，在试件中引起拉伸应力 σ_3，σ_3 的大小为

$$\sigma_3 = \frac{p(d_2^{\ 2} - d_1^{\ 2})}{d_1^{\ 2}} \tag{3-4}$$

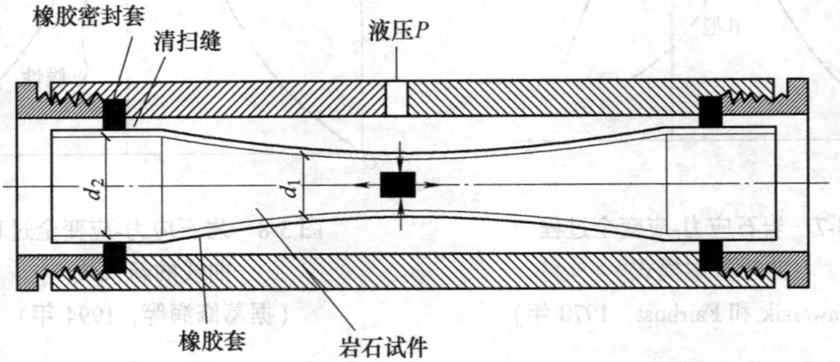

图 3-9　限制性直接拉伸装置示意图

试件断裂时的 σ_3 值就是岩石的抗拉强度 σ_t。需要指出的是，这是一种限制性的抗拉强度，因为在此试验条件下，岩石试件除受到轴向拉伸应力外，还受到 $\sigma_1 = \sigma_2 = p$ 的侧向压应力。

3.2.2　劈裂试验法

劈裂试验法又称巴西试验法。岩石劈裂试验是将圆柱体或立方柱体试件横置于压力机的承压板上，承压板与试件间放置刚度大的垫条，若为立方体试件则在侧面中心线位置放置垫条（见图 3-10a、b），以使所加的面荷载转变为线荷载，过轴线受集中力作用的试件受力归结为弹性理论中集中力作用下半无限平面问题，根据半无限平面过集中力轴线应力分布状态，试件内产生垂直于轴线方向的拉应力（见图 3-10a）。以一定的加载速率加压，直至试件破坏（见图 3-10a ~ c），最后根据试件破坏时的集中荷载大小，推导出岩石的抗拉强度 σ_t。

图 3-10c 所示的是在压应力作用下，沿圆盘直径 y 方向的应力分布图。在圆盘边缘处，沿 y 方向的 σ_y 和垂直 y 方向 σ_x 均为压应力。而离开边缘后，沿 y 方向仍为压应力，但应力值比边缘处显著减少，并趋于均匀化；垂直 y 方向 σ_x 变成拉应力，并在沿 y 方向的很长一段距离上呈均匀分布状态。根据弹性力学，线荷载 P 作用下圆盘试件沿竖直方向直径平面内产生的近于均布的水平拉应力 σ_x 为

$$\sigma_x = \frac{2P}{\pi DH} \tag{3-5}$$

水平向直径平面内产生的压应力 σ_y 为

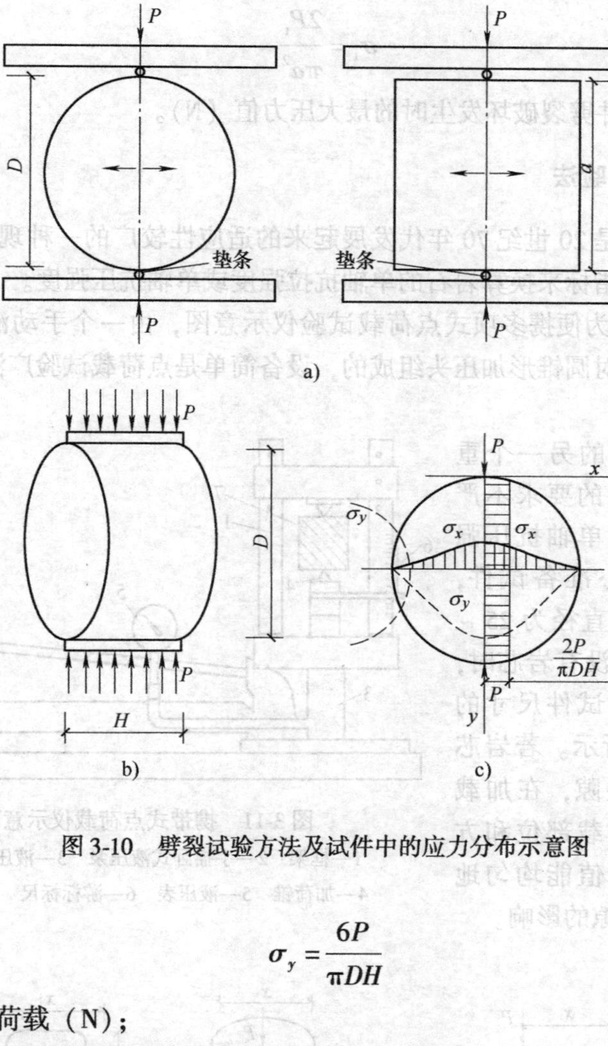

图 3-10　劈裂试验方法及试件中的应力分布示意图

$$\sigma_y = \frac{6P}{\pi DH} \tag{3-6}$$

式中　P——荷载（N）；

D、H——圆柱体试件的直径、高（mm）。

从图 3-10c 可知，虽然拉应力比压应力低很多，在轴向线布荷载作用下，试件内部的拉应力只有压应力的 1/3。而大量试验结果表明，岩石的单轴抗拉强度是其单轴抗压强度的 1/10 左右，岩石抗拉强度很低。所以，试件还是因为 x 方向的拉应力而导致试件沿 y 方向直径发生劈裂破坏，破坏是从直径中心开始，然后向两端发展。因此可用劈裂法来求岩石的抗拉强度，这时只需要将式（3-5）中的 P 换成破坏荷载 P_t 即可求得岩石的抗拉强度 σ_t（MPa）

$$\sigma_t = \frac{2P_t}{\pi DH} \tag{3-7}$$

对于边长为 a 的立方体试件，则 σ_t 为

$$\sigma_t = \frac{2P_t}{\pi a^2} \tag{3-8}$$

式中　P_t——试件劈裂破坏发生时的最大压力值（N）。

3.2.3　点载荷试验法

点载荷试验是20世纪70年代发展起来的适应性较广的一种现场试验方法，通过点载荷强度指标来换算岩石的单轴抗拉强度或单轴抗压强度。

图3-11所示为便携多项式点荷载试验仪示意图，由一个手动液压泵、一个液压千斤顶和一对圆锥形加压头组成的，设备简单是点荷载试验广泛采用的重要原因。

点荷载试验的另一个重要优点是对试件的要求不严格，不需要像做单轴抗压强度试验那样精心准备试件，最好的试件就是直径为25～100mm的岩芯。没有岩芯时，岩块也可以。对试件尺寸的要求如图3-12所示。若岩芯中包含节理、裂隙，在加载时要合理布置加载部位和方向，使强度指标值能均匀地考虑到节理、裂隙的影响。

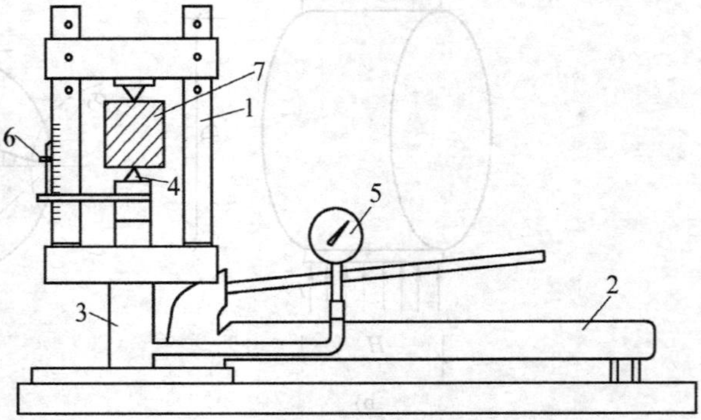

图3-11　携带式点荷载仪示意图

1—框架　2—手摇卧式液压泵　3—液压千斤顶

4—加荷锥　5—液压表　6—游标标尺　7—试样

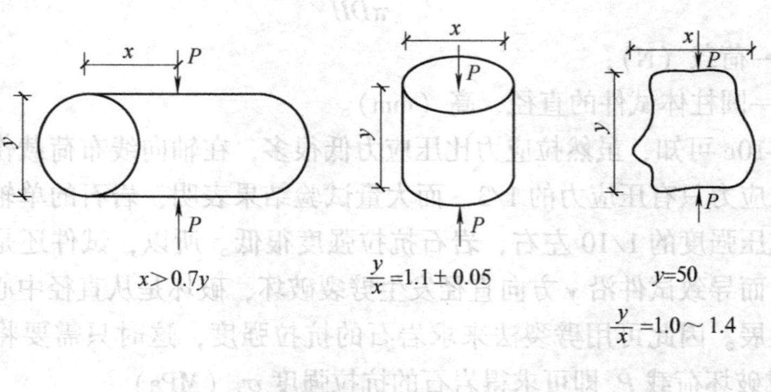

图3-12　点荷载试验对试件形状和尺寸的要求

点荷载试验所获得的强度指标用I_s表示，其计算方法是

$$I_s = \frac{P}{y^2} \tag{3-9}$$

式中 P——试件破坏时的最大荷载（N）；

y——试件点荷载加载点间距（mm）。

国际岩石力学学会规定，直径为50mm的圆柱体试件径向加载点荷载试验的强度指标值 $I_{s(50)}$ 为标准试验值。标准圆柱体试件尺寸为 $\phi 50 \times 100$mm，其单轴抗拉强度按下式计算

$$\sigma_t = k_t I_{s(50)}$$

式中 k_t——经验参数，一般 k_t 的值为0.79～0.90。

非标准试件则需要对 $I_{s(50)}$ 进行修正

$$I_{s(50)} = k_1 I_{s(D)}$$

式中 k_1——修正系数，$D \leqslant 55$mm 时，$k_1 = 0.2717 + 0.01457D$，$D > 55$mm 时，$k_1 = 0.7540 + 0.0058D$；

$I_{s(D)}$——直径为 D 的非标准试件的点荷载强度指标值（MPa）；

D——试件直径（mm）。

由于点荷载试验的结果离散性较大，因此，要求每组试验必须达到一定的数量，通常进行15个试件的试验，取其平均值求得其强度指数。

3.2.4 抗弯法试验

抗弯法是基于结构试验中三点或四点加载的梁下沿产生纯拉应力的作用原理，在拉伸作用下岩石试件最容易产生断裂破坏，进而间接地求出岩石的抗拉强度值。假设：①梁的截面严格保持为平面；②材料是均质的，服从胡克定律；③弯曲发生在梁的对称面内；④拉伸和压缩的应力-应变特性相同。抗弯法试验的岩石抗拉强度 σ_t 按下式计算

$$\sigma_t = \frac{MC}{I} \tag{3-10}$$

式中 σ_t——由三点或四点抗弯试验所求得的最大拉应力，它相当于岩石的抗拉强度（MPa）；

M——作用在试件截面上的最大弯矩（N·mm）；

C——梁的边缘到中性轴的距离（mm）；

I——梁截面绕中性轴的惯性矩（mm^4）。

对于岩石而言，上述第④个假设与岩石的特性存在着较大的差别。因此，利用抗弯法求得的岩石抗拉强度存在着一定的偏差。

常见岩石的单轴抗拉强度见表3-2。岩石中包含有大量的微裂隙和孔隙，岩石抗拉强度受其影响很大，直接削弱了岩石的抗拉强度。相对而言，空隙对岩石

抗压强度的影响就小得多，因此，岩石的抗拉强度一般远小于其抗压强度（见表3-3）。

表3-2 常见岩石的单轴抗拉强度

岩石名称	抗拉强度/MPa	岩石名称	抗拉强度/MPa	岩石名称	抗拉强度/MPa
辉长岩	15~36	花岗岩	7~25	页岩	2~10
辉绿岩	15~35	流纹岩	15~30	砂岩	4~25
玄武岩	10~30	闪长岩	10~25	砾岩	2~15
石英岩	10~30	安山岩	10~20	灰岩	5~20
大理岩	7~20	片麻岩	5~20	千枚岩、片岩	1~10
白云岩	15~25	板岩	7~15		

表3-3 岩石的几种强度与抗压强度比值

岩石名称	与抗压强度的比值			岩石名称	与抗压强度的比值		
	抗拉强度	抗剪强度	抗弯强度		抗拉强度	抗剪强度	抗弯强度
煤	0.009~0.06	0.25~0.5		石灰岩	0.01~0.067	0.08~0.10	0.15
页岩	0.06~0.325	0.25~0.48	0.22~0.51	大理岩	0.08~0.226	0.272	
砂质页岩	0.09~0.18	0.33~0.545	0.1~0.24	花岗岩	0.02~0.08	0.08	0.09
砂岩	0.02~0.17	0.06~0.44	0.06~0.19	石英岩	0.06~0.11	0.176	

3.3 岩石剪切条件下的力学特性

岩石在剪切荷载作用下达到剪切破坏前所能承受的最大切应力称为岩石的抗剪强度。通常情况下，岩体工程中的岩石破裂与破坏大多为剪切破坏。

岩石的抗剪强度的表征指标是内聚力（c）和内摩擦角（ϕ），可通过各种岩石剪切试验确定。岩石剪切试验可分为岩石抗剪断试验、抗切试验以及弱面剪切试验，其中的受力条件不同（见图3-13），分别对应抗剪断强度、抗切强度、摩擦强度三种不同含义的抗剪强度。

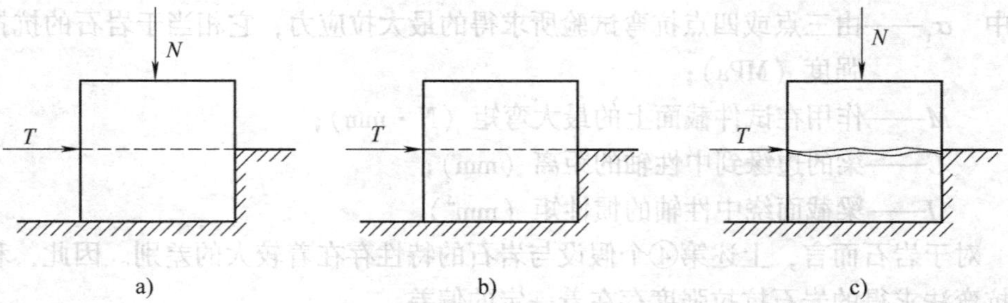

图3-13 岩石剪切试验中的三种不同受力方式示意图

a）抗剪断试验 b）抗切试验 c）弱面抗剪强度试验

1. 抗剪断强度

抗剪断试验可测定岩石的抗剪断强度。抗剪断强度是指一定的正应力（法向应力）作用下的岩石试件沿预定剪切面剪断时的最大切应力，是岩石内聚力和内摩擦力的综合体现。具体测定方法包括直剪试验、变角板剪切试验和三轴试验等。通过试验确定岩石的抗剪强度曲线（τ-σ 曲线）和抗剪强度参数 c、ϕ 值（见图 3-14）。

进行岩石直剪试验时，先在试件上施加法向压力 N，然后在水平方向逐级施加水平剪力 T，直至试件破坏（见图 3-15）。《工程岩体试验方法标准》对岩石及岩石结构面直剪试验的要求是，试件直径或边长不得小于 50mm，试件高度应与直径或边长相等，结构面应位于试件中部；每组试验试件的数量不应少于 5 个；预定剪切面应位于剪切缝中部。在不同正应力 σ 可得到不同的抗剪断强度值 τ，对应 σ-τ 坐标中不同的坐标点，最后可拟合出岩石强度包络线。由于剪切破坏发生前要克服内聚力与剪切面上的摩擦力，正应力越大，摩擦力也越大，因此剪切面上所受的正应力越大，试件被剪坏前剪切面上所能承受的切应力也越大。试验研究结果表明，岩石强度包络线并不是严格意义上的直线，但在正应力不太大的情况下，可近似为直线（见图 3-14）。此时，岩石的抗剪强度服从库仑-纳维尔强度准则

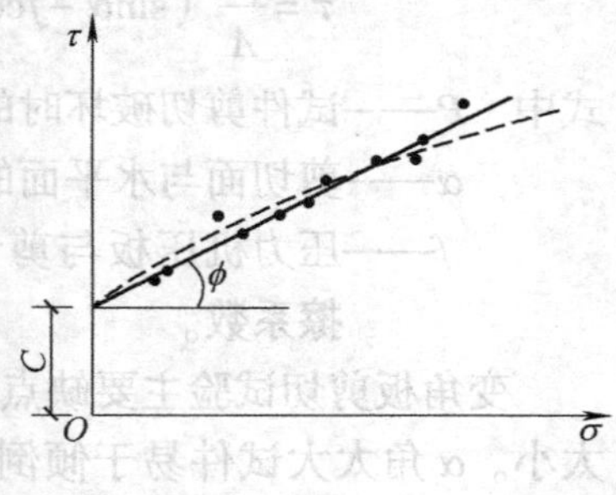

图 3-14　岩石抗剪强度曲线

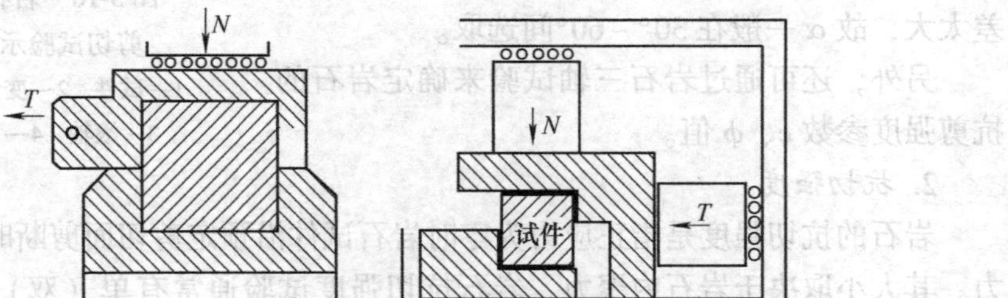

a)　b)

图 3-15　岩石直剪试验示意图

a）剪切盒压剪　b）立方体单面剪

$$\left.\begin{aligned}\sigma &= \frac{N}{A}\\ \tau &= \frac{T}{A}\end{aligned}\right\} \tag{3-11}$$

$$\tau = \sigma\tan\phi + c \tag{3-12}$$

式中 N——试件破坏时的法向压力（N）；

A——剪切面面积（mm^2），下同；

T——试件破坏时的水平剪力（N）。

变角板剪切试验是将立方柱体试件，置于变角板剪切夹具中（见图3-16），然后在压力机上加压直至试件沿预定的剪切面破坏。每组试验试件的数量不应少于5个。不同的α角度值对应不同的试件剪切破坏时的σ和τ值，同样可拟合出岩石强度包络线，并按图3-14所示的方法求岩石的剪切强度参数c、ϕ值。σ和τ值按下式求得

$$\left.\begin{aligned}\sigma &= \frac{P}{A}(\cos\alpha + f\sin\alpha)\\ \tau &= \frac{P}{A}(\sin\alpha - f\cos\alpha)\end{aligned}\right\} \tag{3-13}$$

式中 P——试件剪切破坏时的荷载（N）；

α——剪切面与水平面的夹角（°）；

f——压力机压板与剪切夹具间的滚动摩擦系数。

变角板剪切试验主要缺点是α角不能太大或太小。α角太大试件易于倾倒并有力偶作用，太小则正应力分量过大，试件易产生压碎破坏而不能沿预定剪切面剪断，导致测试结果与实际值相差太大，故α一般在30°~60°间选取。

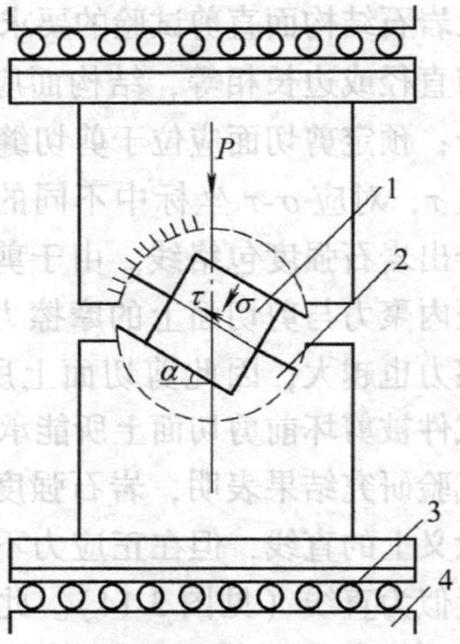

图3-16 岩石变角剪切试验示意图

1—试件 2—变角板夹具 3—滚轴 4—承压板

另外，还可通过岩石三轴试验来确定岩石的抗剪强度参数c、ϕ值。

2. 抗切强度

岩石的抗切强度是指正应力为零时岩石试件沿预定剪切面剪断时的最大切应力。其大小取决于岩石内聚力。岩石抗切强度试验通常有单（双）面剪切及冲孔试验（见图3-17）。

3. 摩擦强度

岩石的摩擦强度是指一定正应力作用下的岩石试件沿岩石中既有的层面、节理等破裂面再次剪切破坏时的最大切应力。摩擦强度由弱面抗剪强度试验（摩擦试验）测得。

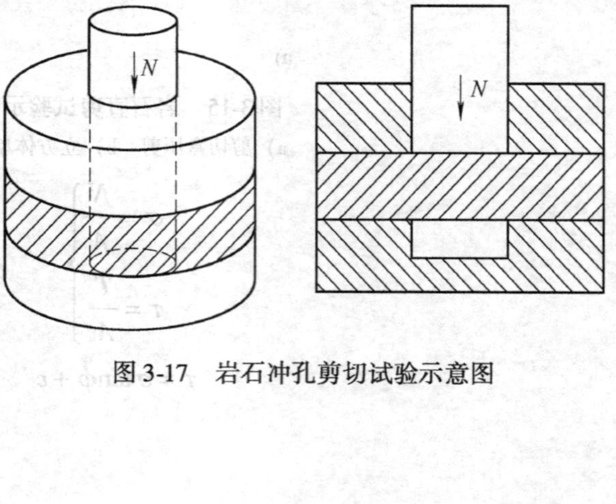

图3-17 岩石冲孔剪切试验示意图

常见岩石的 c、ϕ 值见表3-4。由表可知，各种岩石的 c 值多为5～50MPa左右，ϕ 值多变化在30°～60°之间。

当剪切面上的切应力超过了峰值剪切强度后，剪切破坏发生，然后在较小的剪切力作用下就可使岩石沿剪切面滑动，能使破坏面保持滑动所需的较小切应力就是破坏面的残余强度。正应力越大，残余强度越高，如图3-18所示，图中 $\sigma_a > \sigma_b > \sigma_c$。所以只要有正应力存在，岩石剪切破坏面仍具有抗剪能力。

表3-4　常见岩石的 c、ϕ 值

序号	岩石名称	内摩擦角(°)	内聚力/MPa	序号	岩石名称	内摩擦角(°)	内聚力/MPa
1	辉长岩	50～55	10～50	10	花岗岩	45～60	14～50
2	辉绿岩	55～60	25～60	11	流纹岩	45～60	10～50
3	玄武岩	48～55	20～60	12	闪长岩	53～55	10～50
4	石英岩	50～60	20～60	13	安山岩	45～50	10～40
5	大理岩	35～50	15～30	14	片麻岩	30～50	3～5
6	页岩	15～30	3～20	15	灰岩	35～50	10～50
7	砂岩	35～50	8～40	16	白云岩	35～50	20～50
8	砾岩	35～50	8～50	17	千枚岩、片岩	26～65	1～20
9	板岩	45～60	2～20				

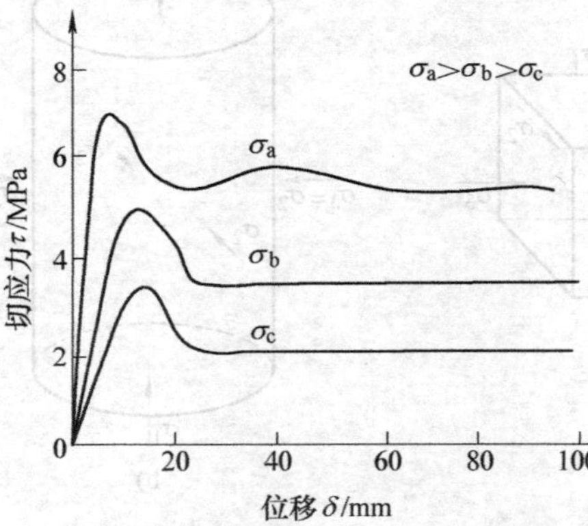

图3-18　剪切面正应力和残余抗剪强度关系

3.4　岩石三轴压缩条件下的力学特性

工程岩体一般处于三向应力状态，仅仅研究单向受力条件的岩石力学特性局限性很大。因此，还必须开展三轴压缩荷载条件下岩石的变形与强度性质研究。

按应力的组合方式不同，三轴压缩试验可分为两种，即常规三轴试验和真三轴试验。常规三轴试验应力组合方式为 $\sigma_1 > \sigma_2 = \sigma_3$，试验主要研究围压（$\sigma_2 = \sigma_3$）对岩石变形、强度及破坏的影响及其规律。真三轴试验又叫三轴不等应力试验，其应力组合方式为 $\sigma_1>\sigma_2>\sigma_3$，试验的主要目的是研究中间应力 σ_2 对岩石力学特性的影响。

3.4.1 岩石三轴抗压强度

岩石在三向压缩荷载作用下，达到破坏时所能承受的最大压应力称为岩石的三轴抗压强度。与单轴压缩试验相比，试件除受轴向压力外，还受侧向压力。

如上所述，三轴压缩试验的加载方式包括真三轴加载与常规三轴加载两种。

真三轴加载试件为通常立方体，加载方式如图 3-19a 所示，其中 σ_1 为主压应力，σ_2 和 σ_3 为侧向压应力。常规三轴加载试件通常为圆柱体，试件直径为 50mm，高度与直径比为 2～3，加载方式如图 3-19b 所示，轴向压力 σ_1 的加载方式与单轴压缩试验时相同。但由于有了侧向压力，其加载时的端部效应比单轴加载时要轻微得多。侧向压力（$\sigma_2=\sigma_3$）由圆柱形液压油缸（三轴压力室）施加。

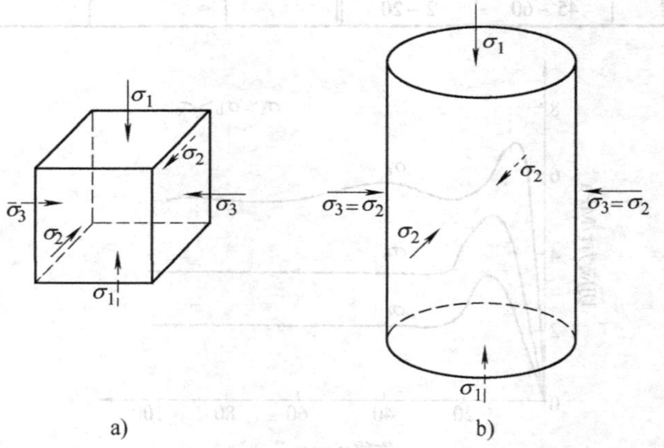

图 3-19 岩石三轴试验示意图
a）真三轴试验 b）常规三轴试验

常规三轴试验加载装置如图 3-20 所示，试件侧表面被加压油缸的橡胶套包住，液压油不会在试件表面造成摩擦力，因此侧向压力可以均匀施加到试件上。根据计算的轴向应力 σ_1 及相应施加的侧压力值，在 τ-σ 坐标图上绘制莫尔应力圆，根据库仑-莫尔强度理论确定岩石三轴应力状态下的强度参数。

1911 年，意大利学者卡门（Von Karman）首先完成经典的三轴压缩试验，试验采用细颗粒均质的白色大理石圆柱体试件。试验发现，围压为零或较低时，大理石试件沿一组倾斜的裂隙以脆性方式破坏。随着围压的增加，试件的延性变形和强度都不断增加，直至出现完全延性或塑性流动变形，并变成粗腰桶形，伴有硬化现象。试验初始阶段试件体积减小，σ_1 达到一定值时出现扩容现象，泊松比迅速增大。图 3-21 给出了利用国产的 RMT150B 岩石力学试验系统得到的不同围压条件下江西红砂岩的应力-应变全过程曲线。

基于岩石三轴压缩试验，同一种岩石不同试件或不同的试验条件下几乎是恒定的强度指标值，并以莫尔强度包络线的形式给出。岩石的莫尔强度包络线，即莫尔强度曲线（见图 3-22），通过一组或多组岩石试件的不同围压值的三轴压缩试验绘出。由小到大改变围压值，得出对应试件破坏时的莫尔应力圆，绘制莫尔应力强度包络线时也可用到单轴压缩试验和拉伸试验破坏时的莫尔应力圆，如图 3-22 所示。岩石中一点的应力组合（正应力，切应力）落在莫尔强度包络线之上，岩石破坏。莫尔强度包络线的形状一般是抛物线形（见图 3-22a），但也有试验得出某些岩石的莫尔强度包络线是直线形的（见图 3-22b）。直线形强度包络线与 τ 轴的截距即为岩石的内聚力 c，与 σ 轴的夹角即为岩石的内摩擦角 ϕ。

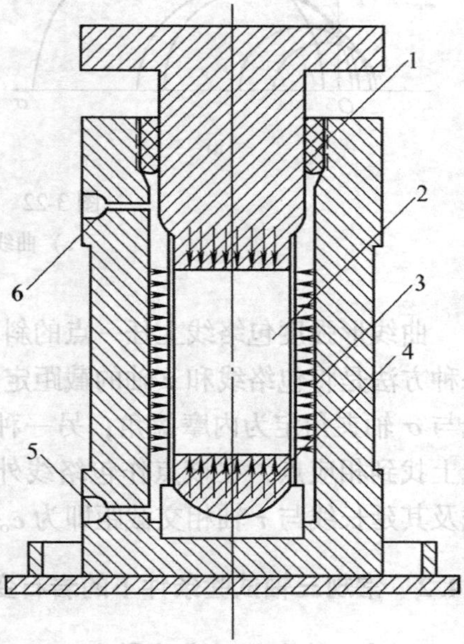

图 3-20 岩石三轴试验压力室结构示意图

1—密封装置 2—岩石试件 3—侧压力 4—球型底座 5—进油口 6—出油口

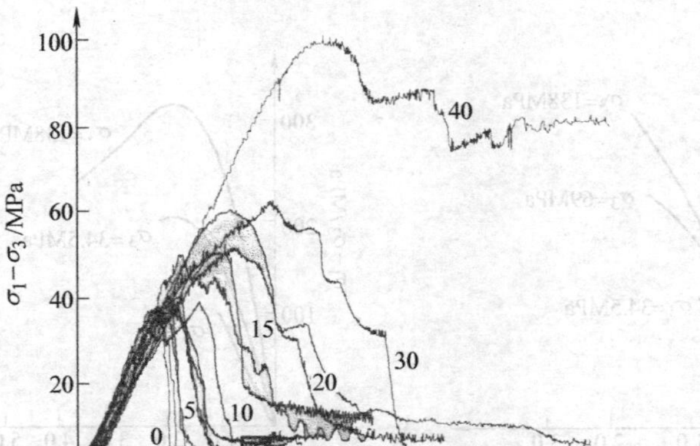

图 3-21 不同围压下江西红砂岩应力-应变全过程曲线

注：曲线上的数字为围压大小，单位为 MPa。

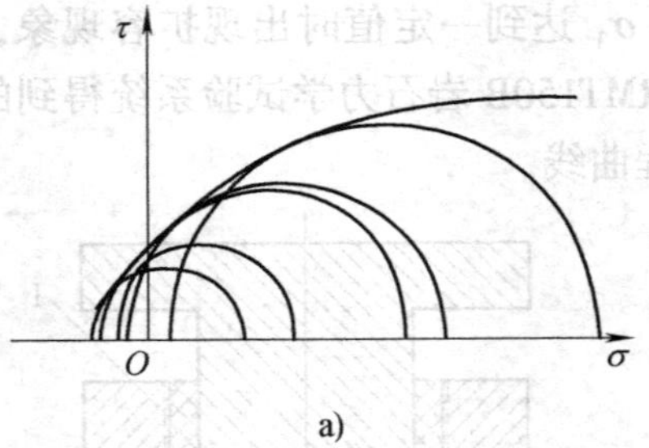

图 3-22　莫尔强度包络线

a）曲线形　b）直线形

曲线形强度包络线上任一点的斜率不同，确定 c 和 ϕ 值的方法通常有两种，一种方法是将包络线和 τ 轴的截距定为 c，将包络线与 τ 轴相交点的包络线外切线与 σ 轴夹角定为内摩擦角；另一种方法则建议根据实际应力状态在莫尔包络线上找到相应点，在该点作包络线外切线，外切线与 σ 夹角为内摩擦角，外切线及其延长线与 τ 轴相交截距即为 c。

3.4.2　常规三轴试验条件下的岩石变形与强度

1. 围压对岩石刚度的影响

围压对岩石刚度的影响因塑性不同而异。对高强度坚硬致密的岩石来说，如辉长岩，图 3-23a 所示为辉长岩的 $(\sigma_1-\sigma_3)-\varepsilon_1$ 曲线（图中 σ_1 为轴向应力，σ_3 为围压，ε_1 为轴向应变），曲线低应力-应变区曲线斜率受围压影响较小，这说明坚硬岩石的弹性模量并不因围压的不同而有明显的变化。

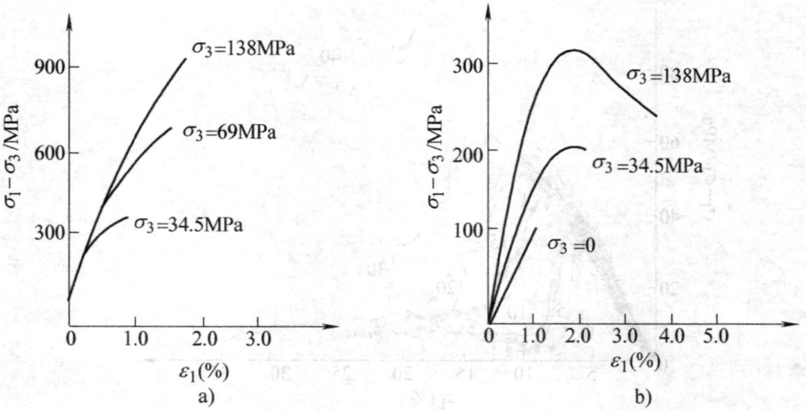

图 3-23　两种岩石在不同 σ_3 作用下的应力-应变曲线

a）辉长岩　b）砂岩

对于岩性较弱的砂岩，其（$\sigma_1-\sigma_3$）$-\varepsilon_1$ 曲线斜率随着围压的增加而明显变陡（见图 3-23b），弹性模量随围压 σ_3 的增大而增大，说明这类岩石原来具有较多的空隙，在围压作用下，空隙闭合而使岩石刚度加大。

2. 围压对岩石破坏方式的影响

在不同的围压条件下，岩石可以发生性态的转化。图 3-24 所示为大理岩在不同围压 σ_3 作用下的应力-应变曲线。由该图可见，随着围压 σ_3 的增大，岩石的（$\sigma_1-\sigma_3$）$-\varepsilon_1$ 曲线呈以下三种形式：

1）围压较小时，曲线屈服点不明显，达到峰值时应变值很小，岩石在应力达峰值后迅速破坏，破坏时应力急剧下降，峰值强度与残余强度两者相差很大，即应力降大，如图 3-24 中围压 $\sigma_3\leqslant 60\text{MPa}$ 时的曲线。

2）围压较大时，岩石发生塑性变形后破坏，破坏后有一定应力降，但要比前者小得多，如图 3-24 中围压 $\sigma_3=(85\sim105)\text{MPa}$ 的曲线。

3）围压很大时，岩石屈服后发生很大塑性变形，随着变形的发展，应力几乎保持不变（或缓慢增长），没有明显的应力降。如图 3-24 中围压 $\sigma_3>145\text{MPa}$ 时的曲线。

岩石应力-应变曲线随围压 σ_3 的增大而改变，说明岩石的塑性是随 σ_3 的增大而越来越明显。岩石介质状态发生改变，其破坏方式也发生变化。岩石的破坏方式主要有以下两种：

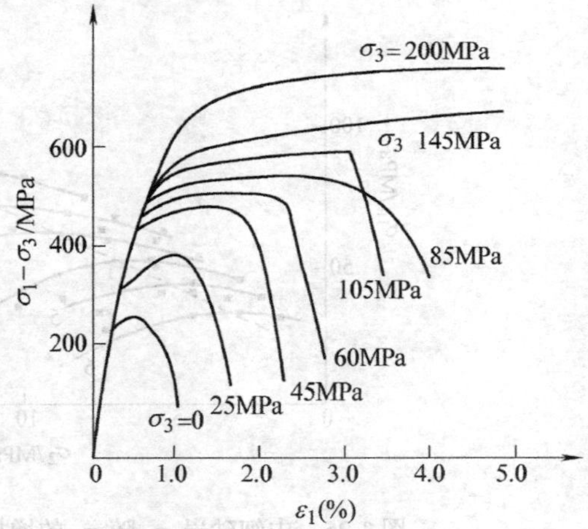

图 3-24　不同围压时的大理岩应力-应变曲线（据茂木清夫）

1）脆性破坏：指岩石在变形很小时，由弹性变形直接发展为急剧、迅速的破坏。破坏后的应力降较大。

2）塑性破坏：指岩石在发生较大的永久变形后导致破坏的情况，且破坏后应力降很小。

岩石受力后呈何种破坏方式，一方面与岩石本身的岩性条件有关。另一方面则受岩石赋存条件（温度、围压）的影响。

由图 3-24 可见，当围压 $\sigma_3<60\text{MPa}$ 时，大理岩至破坏时的全应变值小于 3%，故为脆性破坏方式；而当围压 $\sigma_3=85\sim105\text{MPa}$ 时，岩石的全应变值在 3% ~5% 之间，属过渡型破坏；而当围压 $\sigma_3>145\text{MPa}$ 时，全应变值 >5%，呈塑性破坏。

3. 围压对岩石强度的影响

由图 3-21 及图 3-24 可看出，围压对岩石三轴极限强度 σ_{1p}（峰值强度）的影响是明显的，即随着围压 σ_3 的增大，岩石三轴极限强度也增大，但其增大的速率则很不同。

3.4.3 岩石在真三轴试验条件下的力学特征

20 世纪 60 年代末，开始开展岩石真三轴试验，岩石试件在三个彼此正交方向上受不同的力，其应力状态为 $\sigma_1>\sigma_2>\sigma_3$，主要研究中间主应力 σ_2 对岩石力学特性的影响。张金铸对 69 个中细砂岩的试验研究表明，在较低应力的一定区间内，岩石三轴极限强度 σ_{1p} 随着 σ_2 的增加而有所增长，但增长的程度要比 σ_3 影响小；而当 σ_2 超过特定区后，σ_{1p} 则随 σ_2 的增加有所下降（图 3-25）。σ_2 对岩石弹性模量 E 的影响也呈类似的规律。

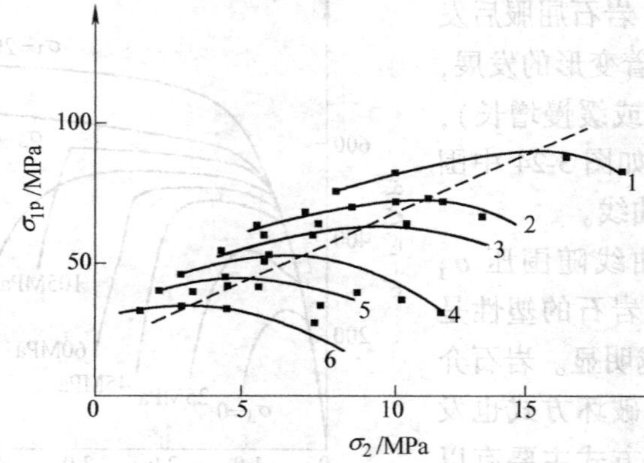

图 3-25　中细砂岩 σ_{1p} 随 σ_2 的增加的变化曲线（据张金铸）

试验还表明，在低侧压真三轴条件下，岩石破坏可分为剪切、拉剪、拉裂三类。

1）$\dfrac{\sigma_2}{\sigma_3}<4$，主要呈剪切破坏，破坏角 $\theta=22°$（θ 角为破坏面与 σ_1 夹角）。

2）$4\leqslant\dfrac{\sigma_2}{\sigma_3}\leqslant 8$，主要为拉剪破坏，$\theta\approx 15°$。

3）$\dfrac{\sigma_2}{\sigma_3}>8$，主要为拉裂破坏，$\theta\approx 0$。

可见，随着 σ_2 由 $\sigma_2=\sigma_3$ 向 $\sigma_2=\sigma_1$ 发展，应力状态由三轴不等压转化为类似于两向应力的双轴状态，使岩石的脆性增长。

中间主应力 σ_2 对于各向异性岩石的影响明显。茂木清夫对绿色片岩进行了真三轴试验（见图3-26）。试验分三种情况进行，第1种情况，片理与 σ_1 方向的夹角 $\theta=30°$，片理走向与 σ_2 的夹角 $\omega=0°$（即片理走向与 σ_2 方向平行）；第2种情况，$\theta=30°$，$\omega=90°$；第3种情况，$\theta=90°$，即片理面呈水平。由图3-26可知，第1种和第3种情况下 σ_2 对 σ_{1p} 的影响不大，而在第2种情况下中间主应力 σ_2 对 σ_{1p} 的影响明显。

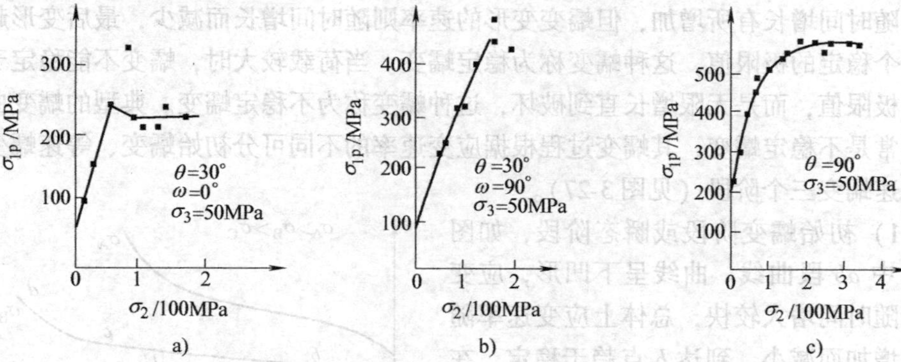

图3-26　中间主应力 σ_2 对片岩极限强度 σ_{1p} 的影响（据茂木清夫）

a）第1种情形　b）第2种情形　c）第3种情形

综上所述，中间主应力 σ_2 对岩石的三轴抗压强度和变形特性存在影响，但与围压 σ_3 的影响相比，这一影响要小得多。因此，在一般情况下，不考虑中间主应力 σ_2 影响的莫尔破坏准则对岩石是适用的。至于各向异性岩石，当弱面走向垂直于中间主应力时，σ_2 对岩石强度的影响有时可达20%。

3.5　岩石的流变特性

3.5.1　岩石流变

岩石的变形不仅表现出弹性和塑性，而且还表现出流变性质。岩石流变是指岩石的应力-应变关系与时间因素有关的性质。岩石因加载速率不同所表现的不同变形性状、岩体的累积破坏与剪切粘滑与岩石流变密切相关。

岩石流变包括蠕变、松弛、弹性后效和粘性流动。蠕变是指应力保持不变时，应变随时间增加而增长的现象；松弛是指应变保持不变时，应力随时间增加而减小的现象；弹性后效是指加（卸）载后，经过一段时间应变才增加（或减少）到应有数值的现象；粘性流动是指蠕变一段时间后卸载，部分应变永久不恢复的现象。

边坡工程与地下工程均可以直接观测到岩石蠕变，岩石蠕变现象十分普遍。岩石蠕变会造成岩体内及建（构）筑物内产生应力集中，进而影响岩体工程的稳定性。因此，岩石蠕变特性的研究对岩体工程稳定性分析与评价意义重大。

岩石的蠕变曲线如图 3-27 所示，图中为不同应力条件（$\sigma_A > \sigma_B > \sigma_C$）下的蠕变曲线。蠕变试验表明，当岩石在某一较小的恒定荷载持续作用下，其变形量虽然随时间增长有所增加，但蠕变变形的速率则随时间增长而减少，最后变形趋于一个稳定的极限值，这种蠕变称为稳定蠕变。当荷载较大时，蠕变不能稳定于某一极限值，而是无限增长直到破坏，这种蠕变称为不稳定蠕变。典型的蠕变曲线通常是不稳定蠕变，其蠕变过程根据应变速率的不同可分初始蠕变、等速蠕变与加速蠕变三个阶段（见图 3-27）。

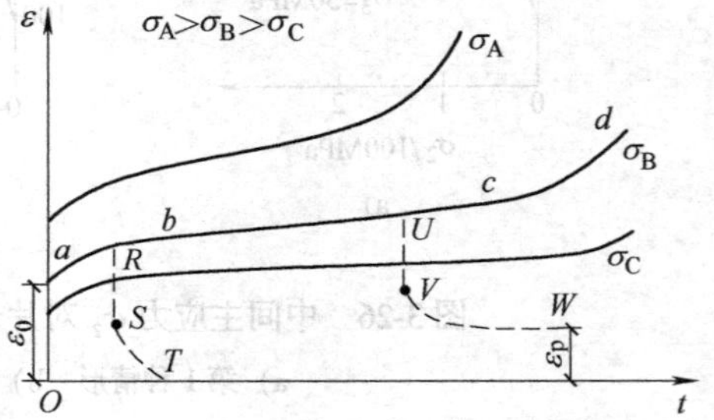

图 3-27 岩石蠕变曲线

1）初始蠕变阶段或瞬态阶段，如图 3-27 中 *ab* 段曲线。曲线呈下凹形，应变最初随时间增大较快，总体上应变速率随时间增加而减小，到达 *b* 点趋于稳定。在该阶段中任一点 *R* 卸载，应变会沿 *RST* 路线恢复，其中 *RS* 段为瞬时应变恢复段，即弹性变形的恢复，*ST* 段为应变随时间逐渐恢复段。由于卸荷后应力立即消失，而应变需要一定的时间逐渐恢复，这种应变恢复总是滞后于应力的现象称为弹性后效。

2）等速蠕变阶段或稳态阶段，如图 3-27 中 *bc* 段曲线。曲线呈近似直线，应变速率基本保持不变，该阶段内任一点 *U* 卸载，应变将沿 *UVW* 路线恢复，最后存在一永久应变 ε_p。

3）加速蠕变阶段或不稳定阶段，如图 3-27 中 *cd* 段曲线。应变速率迅速增加直到岩石破坏。

岩石发生稳定蠕变还是不稳定蠕变，取决于岩石应力的大小与临界应力值。当岩石应力超过某一临界应力时，蠕变向不稳定蠕变发展，否则为稳定蠕变。相应的临界应力即为岩石的长期强度。

3.5.2 岩石流变方程

岩石流变学采用流变方程来研究岩石流变过程中的应力、应变和时间的关系。流变方程主要包括本构方程、蠕变方程和松弛方程，用微分方程或经验公式表述。

用微分方程进行表述时，即基于流变模型理论建立相应的模型，并推导出本构方程和特性曲线方程等微分方程。模型可用理想化的具有基本性能（包括弹性、塑性和粘性）的元件组合而成。各种元件的不同组合形式体现不同的流变模型。

用经验公式进行表述时，即基于岩石流变试验结果，拟合出相应的经验公式。

1. 流变模型基本元件

在流变学中，所有的流变模型均可由三个基本元件组合而成。这三个基本元件为弹性元件、粘性元件和塑性元件。

（1）弹性元件　如果材料在荷载作用下，其变形性质完全符合胡克定律，则称此种材料为胡克体，是一种理想的弹性体。胡克体的力学模型用一个弹簧元件表示（见图3-28a）。

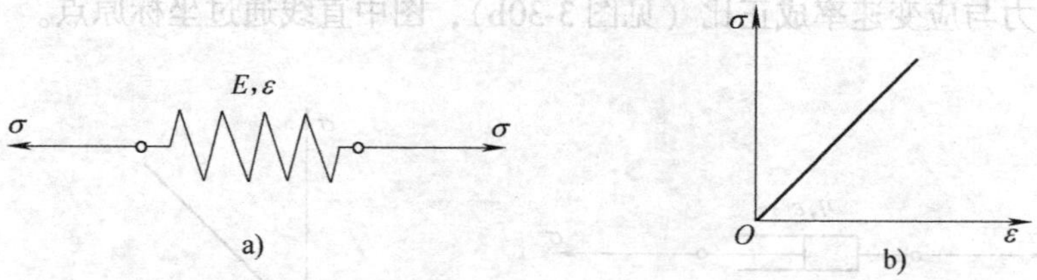

图3-28　弹性元件力学模型及其性态

a）力学模型　b）应力-应变曲线

胡克体是线弹性应力-应变关系（见图3-28b），其本构方程为

$$\sigma = E\varepsilon \tag{3-14}$$

式中　E——弹性变形模量。

胡克体具有以下性质：

1）具有瞬时弹性变形性质，一定的非零荷载 σ 对应相应的应变 ε，σ 为零（卸载）时，ε 也为零，说明胡克体不存在弹性后效，即变形与时间无关。

2）应变恒定时，应力不变，应力并不因时间增长而减小，说明胡克体无应力松弛性质。

3）应力保持恒定，应变也保持不变，胡克体无蠕变性质。

（2）塑性元件　物体所受的应力达到屈服极限时便开始产生塑性变形，即使应力不再增加，变形仍不断增长，具有这一性质的物体为理想塑性体，其力学模型用一个摩擦片（或滑块）表示，如图3-29a所示。理想塑性体的本构方程为

$$\left.\begin{array}{l}\text{当 } \sigma < \sigma_s \text{ 时}, \varepsilon = 0 \\ \text{当 } \sigma \geqslant \sigma_s \text{ 时}, \varepsilon \to \infty\end{array}\right\} \tag{3-15}$$

式中　σ_s——材料的屈服极限。

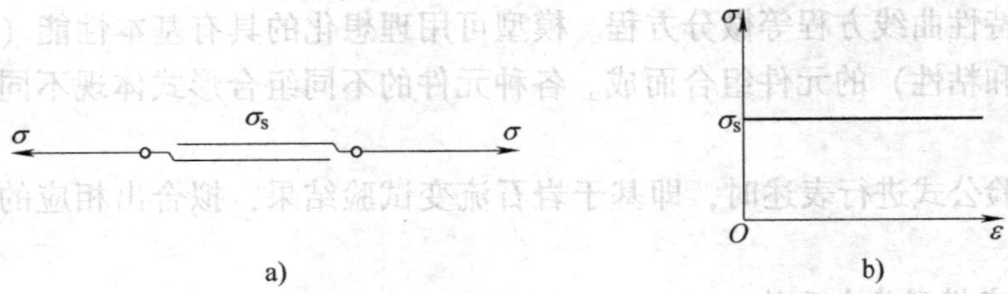

图 3-29 塑性元件力学模型及其性态

a) 力学模型 b) 应力-应变曲线

(3) 粘性元件 牛顿体是一种理想粘性体，牛顿体的力学模型是用一个带孔活塞组成的阻尼器表示，简化的模型如图 3-30a 所示，通常称为粘性元件。牛顿体的应力与应变速率成正比（见图 3-30b），图中直线通过坐标原点。

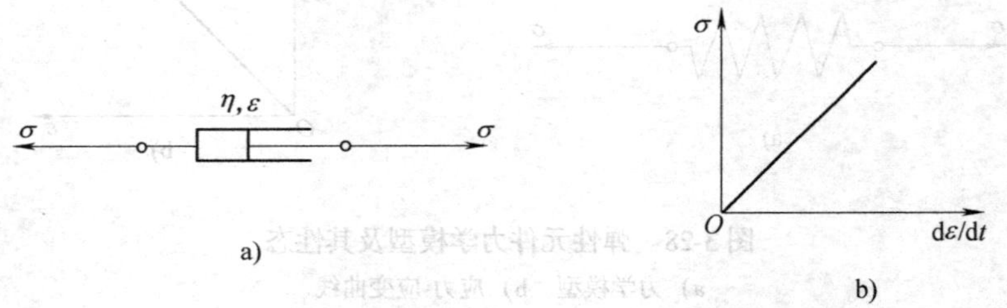

图 3-30 粘性元件力学模型及其性态

a) 力学模型 b) 应力-应变速率曲线

根据定义，粘性元件的本构关系为

$$\sigma = \eta \frac{d\varepsilon}{dt}$$

即
$$\sigma = \eta \dot{\varepsilon} \tag{3-16}$$

式中 η——粘性流体的粘度（0.1Pa·s）。

对式（3-16）积分可得

$$\varepsilon = \frac{1}{\eta}\sigma t + C \tag{3-17}$$

式中 C——积分常数。

当 $t=0$ 时，$\varepsilon=0$，则 $C=0$，则

$$\varepsilon = \frac{1}{\eta}\sigma t \tag{3-18}$$

粘性元件具有如下性质：

1）因 $\varepsilon=\dfrac{1}{\eta}\sigma t$，$t=0$ 时，$\varepsilon=0$，说明粘性元件应变与时间有关，且无瞬时变形。

2）当 $t=t_1$ 且 $\sigma=\sigma_0$ 时，即 $\varepsilon=\dfrac{1}{\eta}\sigma_0 t_1$。说明当应力恒为 σ_0 时，应变仍随时间的增长而增大，粘性元件具有流变性。

3）当 $\sigma=0$ 时，$\eta\dot{\varepsilon}=0$，$\varepsilon=$ 常数，说明外力撤除后应变为常数，粘性元件无弹性后效，但存在永久变形。

4）当应变 $\varepsilon=$ 常数时，$\sigma=\eta\dot{\varepsilon}=0$，说明当应变保持某一恒定值后，应力为零，说明粘性元件无应力松弛特性。

2. 流变微分方程

上述基本元件的任何一种元件单独表示岩石的性质时，只能描述弹性、塑性或粘性三种性质中的一种性质，而客观存在的岩石性质都不是单一的，通常都表现出复杂的特性。因此，必须通过上述三种元件不同组合来描述相应岩石的流变特性。基本组合方式分为串联与并联。串联组合体总应力等于串联中任何元件的应力（$\sigma=\sigma_1=\sigma_2$），而总应变等于串联中所有元件应变之和（$\varepsilon=\varepsilon_1+\varepsilon_2$）。并联组合体总应力等于并联中所有元件应力之和（$\sigma=\sigma_1+\sigma_2$），而总应变等于并联中任何元件的应变（$\varepsilon=\varepsilon_1=\varepsilon_2$）。

目前，已经提出了数十种流变体的组合模型，具有代表性的有圣维南（St. Venant）体、马克斯威尔（Maxwell）体、开尔文（Kelvin）体、广义开尔文（Modified Kelvin）体、伯格斯（Burgers）体、宾汉（Bingham）体西原体等典型模型。

（1）圣维南（St. Venant）体　圣维南体由一个弹簧和一个摩擦片串联组成，代表弹塑性体。其力学模型如图 3-31a 所示。

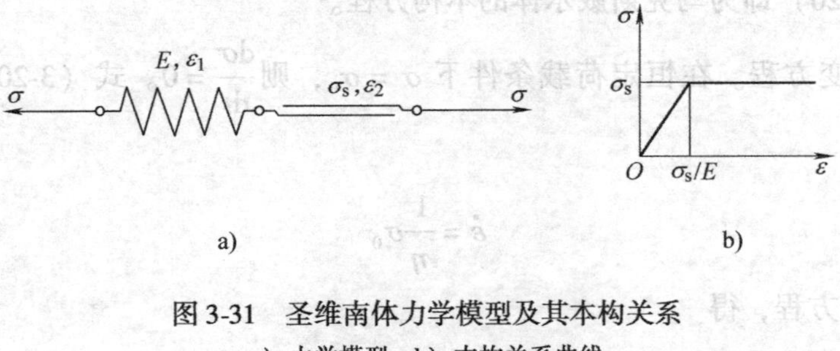

图 3-31　圣维南体力学模型及其本构关系

a）力学模型　b）本构关系曲线

1）本构方程。当 σ 小于摩擦片的摩擦阻力时，弹簧产生瞬时弹性变形 σ/E，而摩擦片没有变形，即 $\varepsilon_2=0$；当 $\sigma\geqslant\sigma_s$ 时，即克服了摩擦片的摩擦阻力后，

摩擦片将在σ作用下无限制滑动。所以，圣维南体的本构方程为

$$\left.\begin{array}{l}\text{当}\ \sigma<\sigma_s\ \text{时，}\varepsilon=\sigma/E \\ \text{当}\ \sigma\geqslant\sigma_s\ \text{时，}\varepsilon\to\infty\end{array}\right\} \tag{3-19}$$

式（3-19）用图形表示即为图3-31b。

2）卸载特性。如在某时刻卸载，使$\sigma=0$，则弹性变形全部恢复，塑性变形停止。但已发生的塑性变形永久保留。圣维南体代表理想弹塑性体，无蠕变，无松弛，无弹性后效。

(2) 马克斯威尔（Maxwell）体　马克斯威尔体是一种弹粘性体模型，它由一个弹簧和一个阻尼器串联组成，其力学模型如图3-32所示。

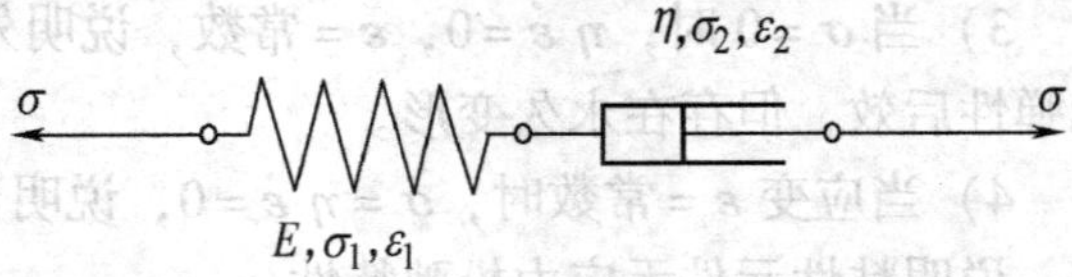

图3-32　马克斯威尔体力学模型

1）本构方程。由串联组合性质可得

$$\left.\begin{array}{l}\sigma=\sigma_1=\sigma_2 \\ \varepsilon=\varepsilon_1+\varepsilon_2\end{array}\right\}$$

由于

$$\dot{\varepsilon}_1=\frac{1}{E}\dot{\sigma}$$

$$\dot{\varepsilon}_2=\frac{1}{\eta}\sigma$$

所以

$$\dot{\varepsilon}=\frac{1}{E}\dot{\sigma}+\frac{1}{\eta}\sigma \tag{3-20}$$

式（3-20）即为马克斯威尔体的本构方程。

2）蠕变方程。在恒定荷载条件下$\sigma=\sigma_0$，则$\frac{\mathrm{d}\sigma}{\mathrm{d}t}=0$。式（3-20）可简化为

$$\dot{\varepsilon}=\frac{1}{\eta}\sigma_0$$

解微分方程，得

$$\varepsilon=\frac{1}{\eta}\sigma_0 t+C$$

当$t=0$时，$\varepsilon=\varepsilon_0=\frac{\sigma_0}{E}$，则$C=\frac{\sigma_0}{E}$，代入上式，可得马克斯威尔体的蠕变方

程为

$$\varepsilon = \frac{1}{\eta}\sigma_0 t + \frac{\sigma_0}{E} \tag{3-21}$$

由式（3-21）可知，模型有瞬时应变，并随着时间增长应变逐渐增大，这种模型反映的是等速蠕变，如图3-33a所示。

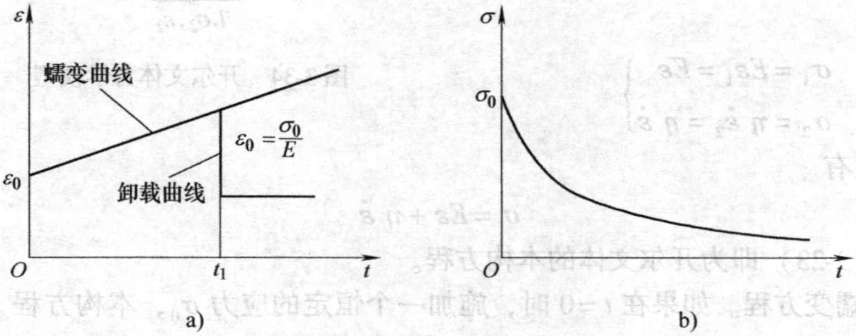

图3-33 马克斯威尔体蠕变与松弛曲线

a）蠕变曲线与卸载曲线 b）松弛曲线

3）松弛方程。保持 ε 不变，则有 $\dot{\varepsilon}=0$。式（3-21）变为

$$\frac{1}{E}\dot{\sigma} + \frac{1}{\eta}\sigma = 0$$

解微分方程，得

$$-\frac{E}{\eta}t = \ln\sigma + C$$

当 $t=0$ 时，$\sigma=\sigma_0$（瞬时应力），得 $C=-\ln\sigma_0$，将 C 代入上式，得

$$-\frac{E}{\eta}t = \ln\sigma - \ln\sigma_0 \Rightarrow -\frac{E}{\eta}t = \ln\frac{\sigma}{\sigma_0}$$

所以

$$\sigma = \sigma_0 e^{-\frac{E}{\eta}t} \tag{3-22}$$

由式（3-22）可见，当 t 增加时，σ 将逐渐减少，也就是当应变恒定时，应力随时间的增长而逐渐减少，即发生松弛现象，如图3-33b所示。

这里，可以从模型的物理概念来理解松弛现象，当 $t=0$ 时，粘性元件来不及变形，只有弹性元件产生变形。但随着时间的增长，粘性元件在弹簧的作用下逐渐变形，随着阻尼器的伸长，弹簧逐渐收缩，即弹簧中的应力逐渐减小，这就是松弛。

(3) 开尔文（Kelvin）体　开尔文体是一种粘弹性体模型，由胡克体与牛顿体并联而成，即一个弹簧与一个阻尼器组合而成（见图 3-34）。

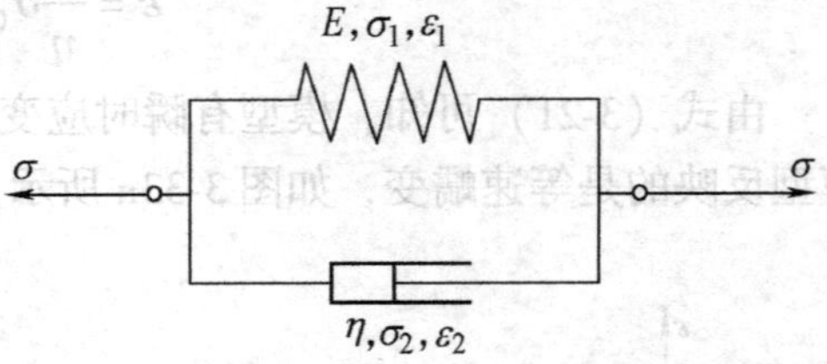

图 3-34　开尔文体力学模型

1）本构方程。由并联组合性质可得

$$\left.\begin{aligned}\sigma &= \sigma_1 + \sigma_2 \\ \varepsilon &= \varepsilon_1 = \varepsilon_2\end{aligned}\right\}$$

而

$$\left.\begin{aligned}\sigma_1 &= E\varepsilon_1 = E\varepsilon \\ \sigma_2 &= \eta\,\dot{\varepsilon}_2 = \eta\,\dot{\varepsilon}\end{aligned}\right\}$$

因此有

$$\sigma = E\varepsilon + \eta\,\dot{\varepsilon} \tag{3-23}$$

式（3-23）即为开尔文体的本构方程。

2）蠕变方程。如果在 $t=0$ 时，施加一个恒定的应力 σ_0，本构方程（3-23）变为

$$\sigma_0 = E\varepsilon + \eta\frac{\mathrm{d}\varepsilon}{\mathrm{d}t}$$

整理后，得

$$\frac{\mathrm{d}\varepsilon}{\mathrm{d}t} + \frac{E}{\eta}\varepsilon = \frac{1}{\eta}\sigma_0$$

解微分方程，得

$$\varepsilon = \frac{\sigma_0}{E} + A\mathrm{e}^{-\frac{E}{\eta}t} \tag{3-24}$$

当 $t=0$ 时，$\varepsilon=0$，因为施加瞬时应力 σ_0 后，由于阻尼器的惰性，阻止弹簧产生瞬时变形，整个模型在 $t=0$ 时不产生变形，应变为零。由此可求得

$$A = -\frac{\sigma_0}{E}$$

将其代入式（3-24），得

$$\varepsilon = \frac{\sigma_0}{E}\left(1-\mathrm{e}^{-\frac{E}{\eta}t}\right) \tag{3-25}$$

图（3-35）所示为开尔文体的蠕变曲线，从公式和曲线可知，当 $t\to\infty$，$\varepsilon=\dfrac{\sigma_0}{E}$趋于常数，相当于只有弹簧 H 的应变，所以这种模型的蠕变属于稳定蠕变。

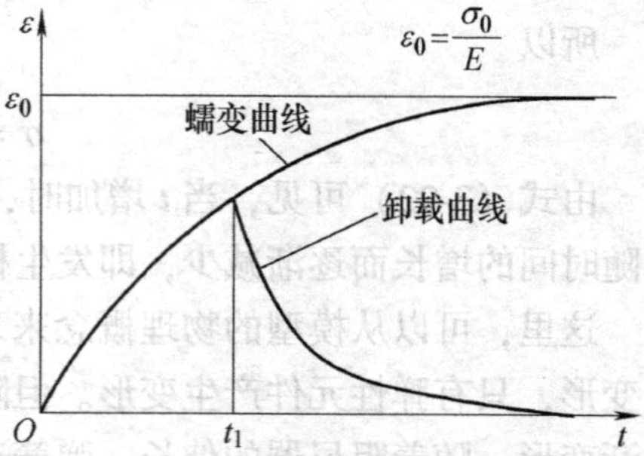

图 3-35　开尔文体蠕变曲线和卸载曲线

3）卸载方程。在 $t=t_1$ 时卸载，$\sigma=0$，代入式（3-23），得

$$\eta\dot{\varepsilon}+E\varepsilon=0$$

其通解为

$$\ln\varepsilon=-\frac{E}{\eta}t+C$$

即

$$\varepsilon=A_1\mathrm{e}^{-\frac{E}{\eta}t}$$

利用初始条件为 $t=t_1$ 时，$\varepsilon=\varepsilon_1$，即

$$\varepsilon_1=A_1\mathrm{e}^{-\frac{E}{\eta}t_1}$$

可得

$$A_1=\varepsilon_1\mathrm{e}^{\frac{E}{\eta}t_1}$$

式中 ε_1 由式（3-25）得到，即

$$\varepsilon_1=\frac{\sigma_0}{E}\left(1-\mathrm{e}^{-\frac{E}{\eta}t_1}\right)$$

可得卸载方程

$$\varepsilon=\varepsilon_1\mathrm{e}^{\frac{E}{\eta}(t_1-t)} \tag{3-26}$$

由式（3-26）可知，当 $t=t_1$ 时，应力虽已减为零，此时瞬时应变 $\varepsilon=\varepsilon_1$。但随时间 t 的增长，应变 ε 逐渐减小，当 $t\to\infty$ 时，应变 $\varepsilon=0$。这表明阻尼器在弹簧收缩时，也随之逐渐恢复变形，当 $t\to\infty$ 时，弹簧元件与粘性元件完全恢复变形，这就是弹性后效现象。

4）松弛方程。如应变保持恒定，即 $\varepsilon=\varepsilon_0=$常数，本构方程变为

$$\sigma=E\varepsilon_0 \tag{3-27}$$

式（3-27）表明当应变保持恒定时，应力 σ 也保持恒定，并不随时间增长而减小，即模型无应力松弛性能。

综上所述，开尔文体属于稳定蠕变模型，有弹性后效，但不存在松弛现象。

（4）广义开尔文（Modified Kelvin）体　广义开尔文体由一个开尔文元件和一个弹簧串联组成，其力学模型如图3-36所示。

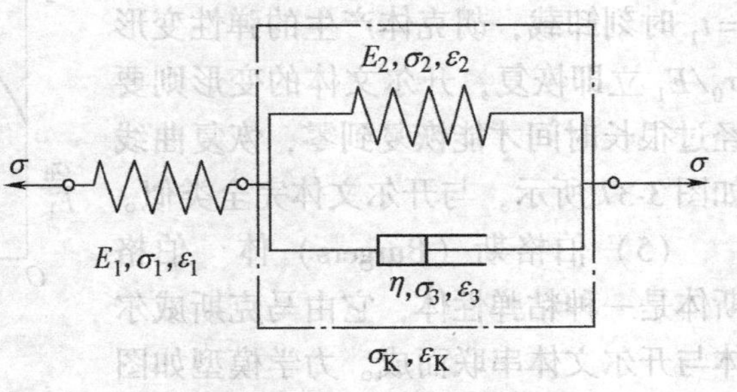

图3-36　广义开尔文体力学模型

1）本构方程。由串联组合的性质可知

$$\left.\begin{aligned}\sigma_1=\sigma_K=\sigma\\ \varepsilon_1+\varepsilon_K=\varepsilon\end{aligned}\right\}$$

$$\varepsilon_1+\varepsilon_K=\varepsilon\Rightarrow\dot{\varepsilon}_1+\dot{\varepsilon}_K=\dot{\varepsilon}$$

对于弹簧

$$\sigma=E_1\varepsilon_1\Rightarrow\dot{\sigma}=E_1\dot{\varepsilon}_1$$

对于开尔文体

$$\left.\begin{aligned}&\sigma_K=E_2\varepsilon_2+\eta\,\dot{\varepsilon}_3\\&\varepsilon_2=\varepsilon_3=\varepsilon_K\end{aligned}\right\}$$

所以

$$\sigma=E_2(\varepsilon-\varepsilon_1)+\eta(\dot{\varepsilon}-\dot{\varepsilon}_1)$$

$$\sigma=E_2\left(\varepsilon-\frac{\sigma}{E_1}\right)+\eta\left(\dot{\varepsilon}-\frac{\dot{\sigma}}{E_1}\right)$$

将上式整理后得

$$\frac{\eta}{E_1}\dot{\sigma}+\left(1+\frac{E_2}{E_1}\right)\sigma=\eta\,\dot{\varepsilon}+E_2\varepsilon \tag{3-28}$$

式（3-28）即为广义开尔文体的本构方程。

2）蠕变方程。在恒定荷载 σ_0 作用下，由于广义开尔文体由弹簧和开尔文体两部分组成，其蠕变变形也由这两部分组成。对于弹簧，只有瞬时变形 $\frac{\sigma_0}{E_1}$，对于开尔文体，其蠕变方程为 $\varepsilon=\frac{\sigma_0}{E_2}\left(1-e^{-\frac{E_2}{\eta}t}\right)$。所以，广义开尔文体在恒定应力 σ_0 作用下所产生的应变总值为

$$\varepsilon=\frac{\sigma_0}{E_1}+\frac{\sigma_0}{E_2}\left(1-e^{-\frac{E_2}{\eta}t}\right) \tag{3-29}$$

式（3-29）即为广义开尔文体的蠕变方程，其蠕变曲线如图 3-37 所示。

3）弹性后效（卸载效应）。如在 $t=t_1$ 时刻卸载，胡克体产生的弹性变形 σ_0/E_1 立即恢复，开尔文体的变形则要经过很长时间才能恢复到零，恢复曲线如图 3-37 所示，与开尔文体完全类似。

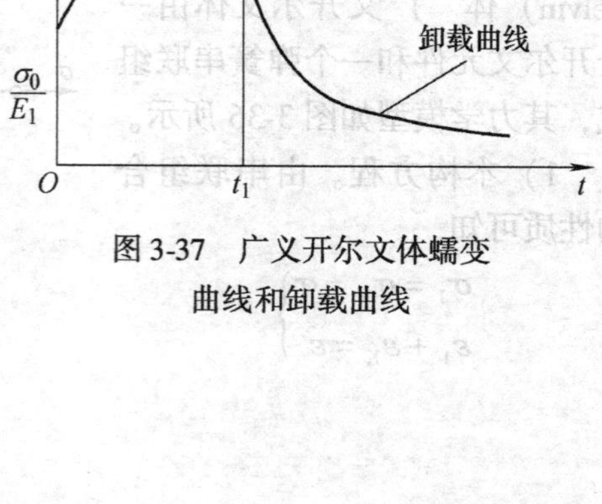

图 3-37 广义开尔文体蠕变曲线和卸载曲线

（5）伯格斯（Burgers）体　伯格斯体是一种粘弹性体，它由马克斯威尔体与开尔文体串联而成。力学模型如图 3-38 所示。

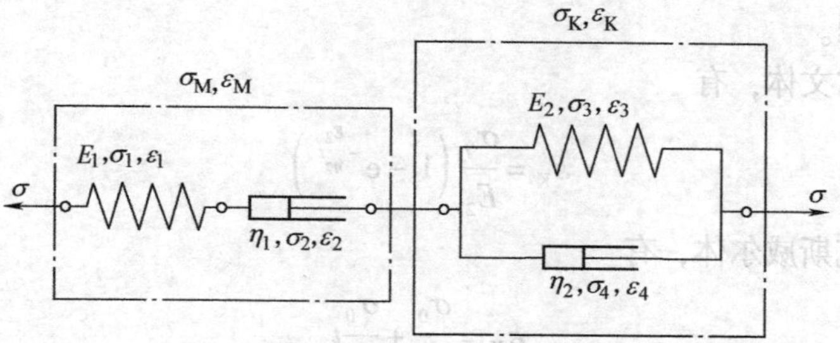

图 3-38 伯格斯体力学模型

1）本构方程。建立伯格斯体本构方程的方法是将开尔文体的应力 σ_K、应变 ε_K 与马克斯威尔体的应力 σ_M、应变 ε_M 分别作为一个元件的应力、应变，然后按串联的原则，即可求出整个模型的本构方程。

对于马克斯威尔体，有

$$\dot{\varepsilon}_M = \frac{1}{E_1}\dot{\sigma}_M + \frac{1}{\eta_1}\sigma_M$$

对于开尔文体，有

$$\sigma_K = \eta_2\dot{\varepsilon}_K + E_2\varepsilon_K$$

对于串联模型，有

$$\varepsilon = \varepsilon_K + \varepsilon_M$$

$$\dot{\varepsilon} = \dot{\varepsilon}_K + \dot{\varepsilon}_M$$

$$\sigma = \sigma_K = \sigma_M = \eta_1\dot{\varepsilon}_K + E_1\varepsilon_K$$

故得

$$\sigma = \eta_2(\dot{\varepsilon} - \dot{\varepsilon}_M) + E_2(\varepsilon - \varepsilon_M)$$

将 $\dot{\varepsilon}_M$ 表达式代入,得

$$\sigma = \eta_2\dot{\varepsilon} - \eta_2\left(\frac{1}{E_1}\dot{\sigma} + \frac{1}{\eta_1}\sigma\right) + E_2(\varepsilon - \varepsilon_M)$$

等式两边各微分一次,得

$$\dot{\sigma} = \eta_2\ddot{\varepsilon} - \eta_2\left(\frac{1}{E_1}\ddot{\sigma} + \frac{1}{\eta_1}\dot{\sigma}\right) + E_2(\dot{\varepsilon} - \dot{\varepsilon}_M)$$

再次将 $\dot{\varepsilon}_M$ 表达式代入,化简得

$$\ddot{\sigma} + \left(\frac{E_1}{\eta_2} + \frac{E_1}{\eta_1} + \frac{E_2}{\eta_2}\right)\dot{\sigma} + \frac{E_1E_2}{\eta_1\eta_2}\sigma = E_1\ddot{\varepsilon} + \frac{E_1E_2}{\eta_2}\dot{\varepsilon} \tag{3-30}$$

式（3-30）即为伯格斯体的本构方程。

2）蠕变方程。利用同一瞬时叠加原理，可把两体的蠕变方程相叠加成为该

体的蠕变方程。

对于开尔文体，有

$$\varepsilon_K = \frac{\sigma_0}{E_2}\left(1 - e^{-\frac{E_2}{\eta_2}t}\right)$$

对于马克斯威尔体，有

$$\varepsilon_M = \frac{\sigma_0}{E_1} + \frac{\sigma_0}{\eta_1}t$$

因为

$$\varepsilon = \varepsilon_K + \varepsilon_M$$

所以

$$\varepsilon = \frac{\sigma_0}{E_1} + \frac{\sigma_0}{\eta_1}t + \frac{\sigma_0}{E_2}\left(1 - e^{-\frac{E_2}{\eta_2}t}\right) \tag{3-31}$$

由分析得出，$t=0$ 时，$\varepsilon_0 = \sigma_0/E_1$。

可见此模型有瞬时弹性变形。$t=0$ 时，只有弹簧元件 2 有变形，其他元件无变形，随着时间的增长，应变逐渐加大，粘性元件按等速流动，如图 3-39 所示。

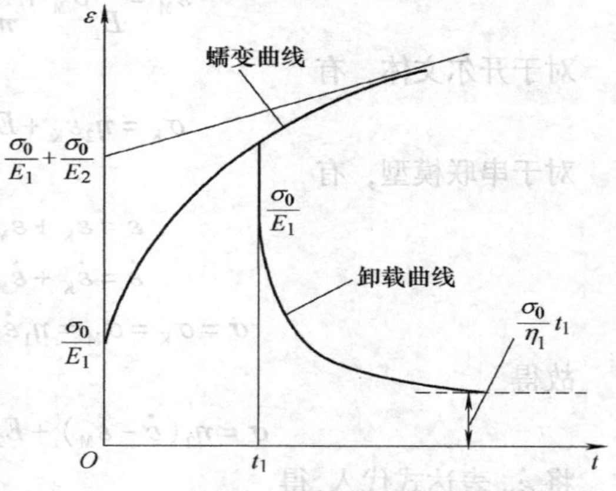

图 3-39 伯格斯体蠕变曲线和卸载曲线

3）卸载方程。如在某一时刻 t_1 突然卸载，其卸载曲线如图 3-39 所示。由图 3-39 可知，卸载时有一瞬时回弹，回弹变形为 σ_0/E_1，即弹簧 2 在 $t=0$ 时的瞬时应变量；随时间增长，变形继续恢复，直到弹簧 1 的变形全部恢复为止，其变形值为$\frac{\sigma_0}{E_2}\left(1 - e^{-\frac{E_2}{\eta_2}t}\right)$。若 t_1 足够大，则可将该段恢复的变形视为 σ_0/E_1，这一段就是弹性后效。最后仍保留一残余变形，变形值为$\frac{\sigma_0}{\eta_1}t_1$。所以这种模型有瞬时弹性变形、减速蠕变、等速蠕变的性质。这种模型对软岩（如泥质岩）较适用。

（6）宾汉（Bingham）体　宾汉体由胡克体和理想粘塑性体串联而成，主要反映岩石的弹性-粘塑性特性，适用于粘土及半坚硬岩石，其力学模型如图 3-40 所示。

这种模型，当 $\sigma < \sigma_s$ 时，摩擦片为刚体，因此模型表现为胡克体的力学特

性。当 $\sigma \geqslant \sigma_s$ 时，其性能可表述为马克斯威尔体的属性，但要考虑应力中的摩擦片阻力 σ_s。即马克斯威尔体的流变方程用 $\sigma - \sigma_s$ 取代 σ。

1）本构方程。当 $\sigma < \sigma_s$ 时，$\sigma = E\varepsilon$；当 $\sigma \geqslant \sigma_s$ 时，$\dot{\varepsilon} = \frac{1}{E}(\dot{\sigma} - \dot{\sigma}_s) + \frac{1}{\eta}(\sigma - \sigma_s)$，即

$$\dot{\varepsilon} = \frac{1}{E}\dot{\sigma} + \frac{1}{\eta}(\sigma - \sigma_s) \tag{3-32}$$

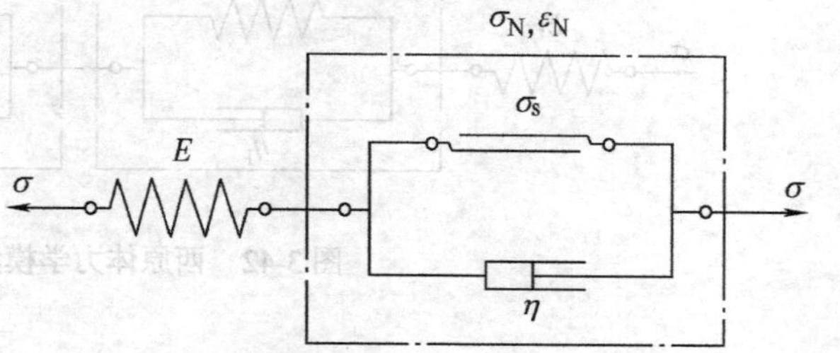

图 3-40 宾汉体力学模型

2）蠕变方程。蠕变条件下，应力恒定 $\sigma = \sigma_0$ 且 $\sigma_0 > \sigma_s$，代入本构方程，可知 $\varepsilon = \varepsilon_0 + \frac{\sigma_0 - \sigma_s}{\eta} t$，即

$$\varepsilon = \frac{\sigma_0}{E} + \frac{\sigma_0 - \sigma_s}{\eta} t \tag{3-33}$$

3）卸载曲线。卸载后，弹性变形立即恢复，剩下粘塑性变形不能恢复，宾汉体的卸载曲线与马克斯威尔体相似，如图 3-41 所示。

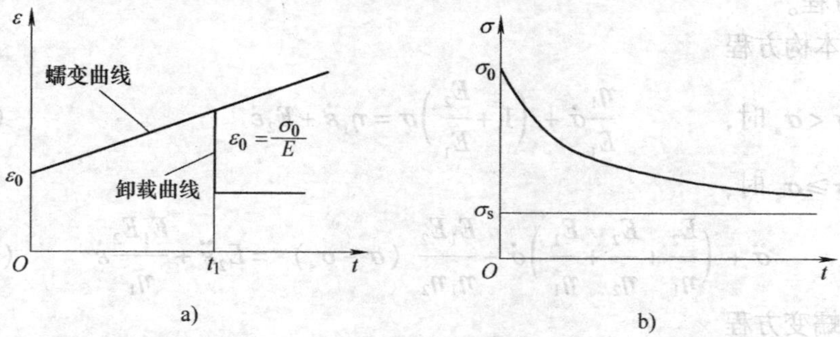

图 3-41 宾汉体蠕变与松弛曲线

a）蠕变曲线与卸载曲线 b）松弛曲线

4）松弛方程。松弛条件下，应变恒定，则 $\dot{\varepsilon} = 0(\sigma > \sigma_s)$，代入本构方程，可知 $\frac{1}{E}\dot{\sigma} + \frac{\sigma - \sigma_s}{\eta} = 0$，即

$$\frac{\eta}{E}\dot{\sigma} + \sigma = \sigma_s \tag{3-34}$$

解微分方程，并利用当 $t = t_1$ 时，$\sigma = \sigma_0$，得

$$\sigma = \sigma_s + (\sigma_0 - \sigma_s)\mathrm{e}^{-\frac{E}{\eta}(t-t_1)} \tag{3-35}$$

当$t\to\infty$时，应力最终降到σ_s，宾汉体为非完全松弛体，其松弛曲线如图3-41所示。

（7）西原体　西原体由胡克体、开尔文体和理想粘塑性体串联而成，最能全面反映岩石的弹性-粘弹性-粘塑性特性，其力学模型如图3-42所示。

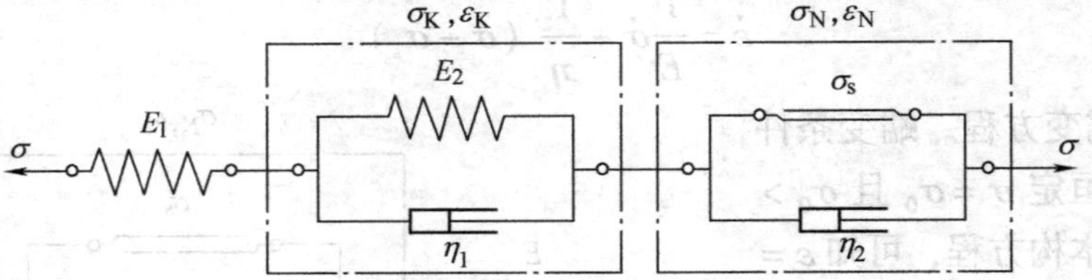

图3-42　西原体力学模型

这种模型，当$\sigma<\sigma_s$时，摩擦片为刚体，因此模型与广义开尔文体完全相同，其流变特性具有蠕变和松弛性能。当$\sigma\geqslant\sigma_s$时其性能类似伯格斯（Burgers）模型，所不同的仅是模型中的应力中应扣去克服摩擦片阻力σ_s的部分。因此，不必详细推导，可直接在伯格斯体的流变方程中用$\sigma-\sigma_s$取代σ而得到西原体的流变方程。

1）本构方程

当$\sigma<\sigma_s$时，

$$\frac{\eta_1}{E_1}\dot{\sigma} + \left(1+\frac{E_2}{E_1}\right)\sigma = \eta_1\dot{\varepsilon} + E_2\varepsilon \tag{3-36}$$

当$\sigma\geqslant\sigma_s$时，

$$\ddot{\sigma} + \left(\frac{E_2}{\eta_1}+\frac{E_2}{\eta_2}+\frac{E_1}{\eta_1}\right)\dot{\sigma} + \frac{E_1E_2}{\eta_1\eta_2}(\sigma-\sigma_s) = E_2\ddot{\varepsilon} + \frac{E_1E_2}{\eta_1}\dot{\varepsilon} \tag{3-36$'$}$$

2）蠕变方程

当$\sigma<\sigma_s$时，

$$\varepsilon = \frac{\sigma_0}{E_1} + \frac{\sigma_0}{E_2}\left(1-\mathrm{e}^{-\frac{E_2}{\eta_1}t}\right) \tag{3-37}$$

当$\sigma\geqslant\sigma_s$时，

$$\varepsilon = \frac{\sigma_0}{E_1} + \frac{\sigma_0}{E_2}\left(1-\mathrm{e}^{-\frac{E_2}{\eta_1}t}\right) + \frac{\sigma_0-\sigma_s}{\eta_2}t \tag{3-37$'$}$$

西原体模型反映当应力水平较低时，开始变形较快、一段时间后逐渐趋于稳定成为稳定蠕变，当应力水平等于和超过岩石某一临界应力值（如σ_s）后，逐渐转化为不稳定蠕变。由于能反映许多岩石蠕变的上述两种状态，西原体模型在岩石流变学中应用广泛，特别适用于反映软岩的流变特征。

3. 经验方程

经验方程是根据岩石流变试验结果，通过数理统计的方法拟合出经验表达式。

岩石蠕变方程的经验表达式可表示为

$$\varepsilon(t)=\varepsilon_0+\varepsilon_1(t)+\varepsilon_2(t)+\varepsilon_3(t) \tag{3-38}$$

式中 $\varepsilon(t)$——t 时刻的应变；

ε_0——瞬时应变；

$\varepsilon_1(t)$、$\varepsilon_2(t)$、$\varepsilon_3(t)$——初始阶段、等速阶段与加速阶段的应变。

典型的岩石蠕变方程经验表达式包括幂函数方程、指数方程、混合方程等。

(1) 幂函数方程 图 3-43 所示为大理岩轴向和侧向蠕变试验得出典型的应变-时间 ($\varepsilon-t$) 曲线，拟合成幂函数方程。

第一、二阶段轴向蠕变

$$\varepsilon(t)=0.42t^{0.50}\times10^{-4} \tag{3-39}$$

第一、二阶段的侧向蠕变

$$\varepsilon(t)=1.16t^{0.57}\times10^{-4} \tag{3-40}$$

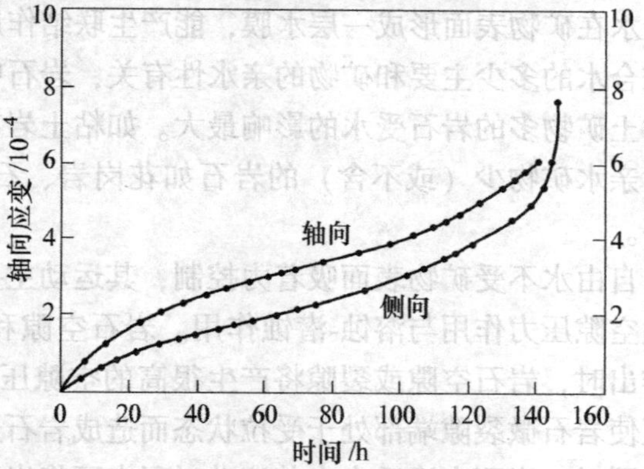

图 3-43 在 87.7MPa 恒压下大理石的轴向和侧向蠕变曲线

(2) 指数方程 通过对闪长玢岩试件进行弹簧式单轴压缩蠕变试验，加载到 5t 后产生加速蠕变，其蠕变曲线拟合为指数方程

$$\varepsilon(t)=0.02\times e^{0.260t} \tag{3-41}$$

(3) 幂函数、指数函数、对数函数混合方程 在室温 (20±4)℃和大气压 (0.102±0.05)MPa 的条件下，在实验室对几种岩石进行单轴蠕变试验，并用计算机进行拟合分析，得到相应的岩石蠕变方程

干燥的钙质石灰岩 $\varepsilon=(2822+5\lg t+48t^{0.651})\times10^{-6}$ (3-42)

干燥的白云质石灰岩

$$\varepsilon=[648+56t^{0.489}+0.7e^{0.49t})\times10^{-6} \tag{3-43}$$

干燥的砂岩 $\varepsilon=[1858+410t^{0.687}-58e^{0.01t}]\times10^{-6}$ (3-44)

3.6 影响岩石力学性质的主要因素

影响岩石力学特性的因素很多，主要包括岩石本身性质和试验与环境条件两个方面的因素，前者如矿物组成、结构构造（颗粒大小、联结及微结构发育特征等)、密度、风化程度及各向异性等，后者涉及的因素主要有水、温度、加载

速率、围压的大小等。

1. *水对岩石力学性质的影响*

岩石中的水通常以两种方式赋存，一种称之为结合水（或称束缚水），一种为自由水（或称重力水），它们对岩石的力学性质的影响主要体现在以下五个方面，即连接作用、润滑作用、水楔作用、孔隙压力作用、溶蚀-潜蚀作用等。

结合水是由于矿物对水分子的吸附力超过了重力而被束缚在矿物表面的水，结合水在矿物表面形成一层水膜，能产生联结作用、润滑作用、水楔作用。岩石含结合水的多少主要和矿物的亲水性有关，岩石中亲水性最大的是粘土矿物，故含粘土矿物多的岩石受水的影响最大。如粘土岩在浸湿后其强度降低可达90%，而含亲水矿物少（或不含）的岩石如花岗岩、石英岩等，浸水后强度变化则小得多。

自由水不受矿物表面吸着力控制，其运动主要受重力作用控制，自由水主要产生空隙压力作用与溶蚀-潜蚀作用。岩石空隙和微裂隙中的自由水因受载而不及排出时，岩石空隙或裂隙将产生很高的空隙压力，其能降低岩石的抗剪强度，甚至使岩石微裂隙端部处于受拉状态而造成岩石连结的破坏。

同时，岩石中渗透水在其流动过程中可将岩石中可溶物质溶解带走，有时将岩石中小颗粒冲走，从而使岩石强度大为降低，变形加大，前者称为溶蚀作用，后者称为潜蚀作用。在岩体中有酸性或碱性水流时，极易出现溶蚀作用，当水力梯度很大时，对于空隙度大，联结差的岩石易产生潜蚀作用。

需要指出的是，在寒区冻融环境下，空隙、微裂隙中的水在冻融时的胀缩作用对岩石的力学强度影响很大，随着青藏铁路等西部寒区工程的建设，这一问题的研究显得越来越急迫。

岩石试件的湿度，即含水量大小也显著影响岩石的抗压强度指标值，含水量越大，强度指标值越低。水对岩石强度的影响通常以软化系数表示。

2. *温度对岩石力学性质的影响*

由于核废料深埋处置的需要，温度对岩石力学性质影响的研究已经引起广泛关注。图3-44所示为三种不同岩石在围压为500MPa，温度为25℃升高到800℃时应力-应变特征。分析可知，随着温度的增高，岩石的塑性加大，屈服点降低，强度也降低。

3. *加载速率对岩石力学性质的影响*

单轴压缩试验加载速率对岩石的变形性质和强度指标存在明显影响。加载速率越快，测得的弹性模量越大；加载速率越慢，弹性模量越小。加载速率越大，获得的强度指标值越高。加载速率通常以应变速度或应力速度来表示。一般认为，较低的加载速率和较低的荷载范围对岩石进行无侧限单轴加载时，加载速率

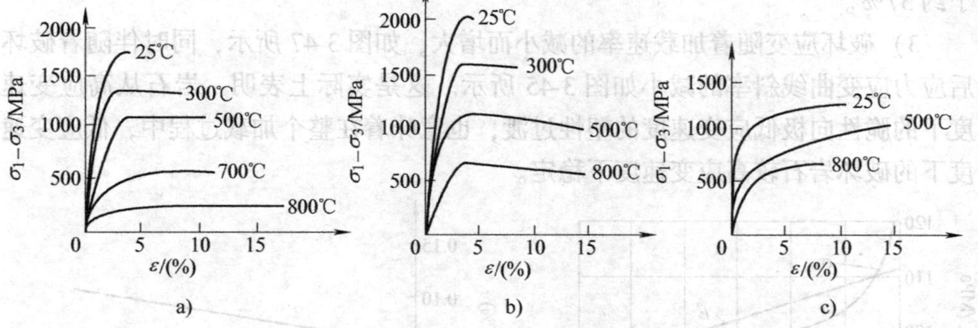

图 3-44　温度对岩石力学性质的影响（据 Griggs）

（围压均为 500MPa）

a）玄武岩　b）花岗岩　c）白云岩

对强度和变形性能影响较小。相反，在高加载速率和高荷载范围条件下加载速率非常重要。

比尼奥斯基（Z. T. Bieniawski，1970 年）曾在不同应变速度条件下，对砂岩进行了一系列重要试验。试验结果表明，加载速率具有下列三个方面的意义：

1）峰值应力随着加载速率的增加而增大（见图 3-45）。莱茵哈特（J. S. Rinehart，1962 年）提出，在冲击速度（试验持续时间 0 ~ 5ms）条件下，抗压强度可以达到低应变速度时强度的 10 倍。对于同一个岩石来说，通常动态强度约等于静态强度的 5 ~ 10 倍（见表 3-5）。在坚硬岩石中这个比较可能接近于 5 倍，在软弱岩石中多接近于 10 倍。

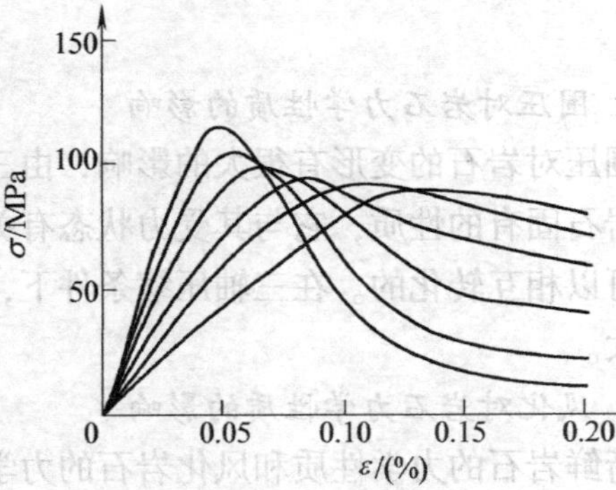

图 3-45　不同应变速率砂岩的应力应变关系

（据比尼奥斯基，1970 年）

表 3-5　岩石动静态抗拉强度的比较

岩石名称	静态/MPa	动态/MPa	比值	岩石名称	静态/MPa	动态/MPa	比值
花岗岩	7	39	5.7	石灰岩	4	28	6.5
铁燧岩	7	90	13.0	大理岩	6	48	7.8

2）弹性模量随着加载速率的减小而减小，如图 3-46 所示。根据比尼奥斯基对砂岩试验的结果，加载速率从 $1/10^{-4}$s 变化到 $1/10^{-10}$s，砂岩的弹性模量降低

了约57%。

3）破坏应变随着加载速率的减小而增大，如图3-47所示，同时伴随着破坏后应力应变曲线斜率的减小如图3-45所示。这是实际上表明，岩石从高应变速度下的脆性向极低应变速度的塑性过渡，也意味着在整个加载过程中，低应变速度下的破坏岩石较高应变速度下稳定。

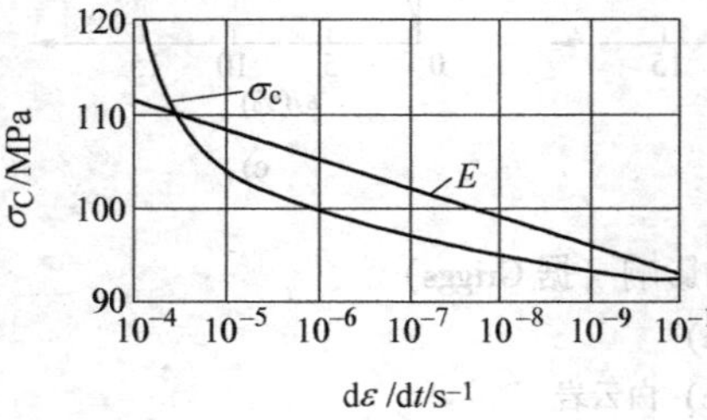

图3-46　应变速率对砂岩单轴抗压强度和弹性模量的影响（据比尼奥斯基，1970年）

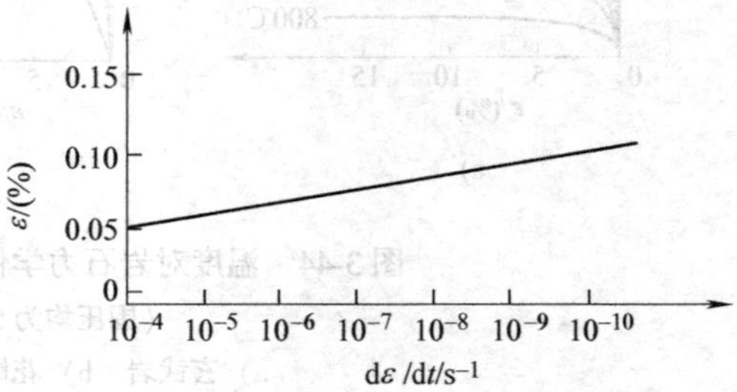

图3-47　应变速率对破坏应变的影响（据比尼奥斯基，1970年）

4. *围压对岩石力学性质的影响*

围压对岩石的变形有很大的影响，由三轴压缩试验可知，岩石的脆性和塑性并非岩石固有的性质，它与其受力状态有关，随着受力状态的改变，其脆性和塑性是可以相互转化的。在三轴压缩条件下，岩石的变形、强度和弹性极限都有显著增大。

5. *风化对岩石力学性质的影响*

新鲜岩石的力学性质和风化岩石的力学性质有着较大的区别，特别是当岩石风化严重时，其力学性质明显降低。风化程度的不同对岩石强度的影响程度是不同的。风化主要造成岩石抗水性降低、亲水性增高，也会使岩石空隙增加、透水性增强，进而降低了岩石的力学强度，使岩石压缩性加大，其中的抗压强度可由原来的几百兆帕降低到几十兆帕。

3.7　岩石的强度理论

岩石中任一点的应力或应变达到一定值时，岩石会发生破坏。岩石的破坏判据是指岩石破坏时的应力状态与岩石强度参数间的函数关系，又称强度准则或强度判据。岩石破坏判据的建立与选用，应反映实际岩石的破坏机理，由于对岩石破坏机理的认识不同，各种岩石破坏判据存在异同。所有描述岩石破坏机理、过程与条件等的理论统称为岩石强度理论。岩石强度理论是建立在大量试验的基础上，它一定程度上反映了岩石的强度特性，并用来作为岩石破坏的判据。经典的材料强度理论包括最大正应力强度理论、最大正应变强度理论、最大切应力强度理论以及切应变能强度理论，它们分别以相应的正应力、正应变、切应力、切应变能阀值作为岩石破坏与否的判据。岩体力学中常用的强度理论有库仑-纳维尔强度理论、莫尔强度理论、格里菲斯强度理论及八面体强度理论等。

3.7.1　岩石中任一点的应力状态

岩石中任一点的应力状态通常可用 σ_1，σ_2，σ_3 三个主应力表示，通常是取岩石单元体的应力状态加以分析，单元体的应力状态可用正应力与切应力描述（见图3-48a），即（σ_x，σ_y，σ_z）与（τ_{xy}，τ_{yz}，τ_{zx}，τ_{xz}，τ_{yx}，τ_{zy}），分别表示对应作用面外法线（x，y，z）方向的正应力以及对应作用面外法线（x，y，z，x，y，z）方向沿（y，z，x，z，x，y）方向的切应力，并对应力参数按正应力“压正，拉负”、切应力“以使单元体产生逆时针方向转动为正，反之为负”进行约定。单元体中的九个应力分量，六个为独立分量，其中切应力分量 $\tau_{xy}=\tau_{yx}$，$\tau_{zx}=\tau_{xz}$，$\tau_{yz}=\tau_{zy}$。

通常，可根据工程岩体的具体情况，把三向应力状态简化为二向应力状态进行研究（见图3-48b），即把三维问题简化为平面应力问题或平面应变问题。例如，在考虑大型薄板类的岩石受二维应力作用的问题可简化为平面应力问题；隧道、大坝等长轴方向单元体的受力分析可简化为平面应变问题加以分析。

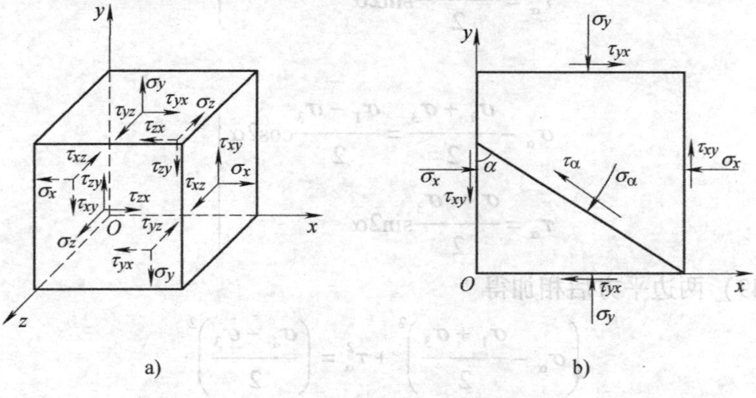

图3-48　岩石内一点的应力状态
a）三维应力状态　b）二维应力状态

对于平面问题，用弹性力学的方法进行分析所得结果可以相互转换，平面应力问题计算公式中的 E 与 μ，通过用 $E/(1-\mu^2)$、$\mu/(1-\mu)$ 替换，即可得到平面应变问题的计算公式。

平面问题（二维应力状态）中，如果已知岩石内一点的两个主应力 σ_1，σ_3，则可求解其中任一平面的应力状态。如图 3-48b 所示，与 σ_x 作用面成 α 夹角的平面上的正应力与切应力（σ_α，τ_α）为

$$\left.\begin{aligned}\sigma_\alpha &= \frac{\sigma_x+\sigma_y}{2}+\frac{\sigma_x-\sigma_y}{2}\cos2\alpha-\tau_{xy}\sin2\alpha\\ \tau_\alpha &= \frac{\sigma_x-\sigma_y}{2}\sin2\alpha+\tau_{xy}\cos2\alpha\end{aligned}\right\} \tag{3-45}$$

将式（3-45）对 α 求导（$d\sigma_\alpha/d\alpha$），所得相应的极值即为最大与最小主应力，$\sigma_1=\sigma_{\alpha\max}$，$\sigma_3=\sigma_{\alpha\min}$

$$\begin{matrix}\sigma_1\\ \sigma_3\end{matrix}=\frac{\sigma_x+\sigma_y}{2}\pm\sqrt{\left(\frac{\sigma_x-\sigma_y}{2}\right)^2+\tau_{xy}^2} \tag{3-46}$$

其中，最大主应力 σ_1 与 σ_x 的夹角 α_0 为

$$\alpha_0=\frac{1}{2}\tan^{-1}\left(\frac{2\tau_{xy}}{\sigma_x-\sigma_y}\right) \tag{3-47}$$

基于式（3-45）与式（3-46），σ_α，τ_α 可用 σ_1，σ_3 表述为

$$\left.\begin{aligned}\sigma_\alpha &= \frac{\sigma_1+\sigma_3}{2}+\frac{\sigma_1-\sigma_3}{2}\cos2\alpha\\ \tau_\alpha &= \frac{\sigma_1-\sigma_3}{2}\sin2\alpha\end{aligned}\right\} \tag{3-48}$$

移项可得

$$\left.\begin{aligned}\sigma_\alpha-\frac{\sigma_1+\sigma_3}{2} &= \frac{\sigma_1-\sigma_3}{2}\cos2\alpha\\ \tau_\alpha &= \frac{\sigma_1-\sigma_3}{2}\sin2\alpha\end{aligned}\right\} \tag{3-49}$$

将式（3-49）两边平方后相加得

$$\left(\sigma_\alpha-\frac{\sigma_1+\sigma_3}{2}\right)^2+\tau_\alpha^2=\left(\frac{\sigma_1-\sigma_3}{2}\right)^2 \tag{3-50}$$

式（3-50）在 τ—σ 坐标系中是一个圆，其圆心坐标为 $\left(\frac{\sigma_1+\sigma_3}{2},\ 0\right)$，半径为 $\frac{\sigma_1-\sigma_3}{2}$，这个圆称为莫尔应力圆。莫尔应力圆圆周上任一点的坐标，代表岩石内任一斜截面上的应力（见图 3-49a）。三维应力条件下，岩石中任一点的三个主应力（σ_1，σ_2，σ_3）已知时，同样可以用 σ—τ 坐标中的莫尔应力圆表述其

应力状态，如图3-49b中阴影部分的M点的坐标（σ_n，τ_n）表示了与（x，y，z）轴夹角确定的平面上的正应力与切应力。因此，利用莫尔应力圆可以方便地表示岩石中一点的应力状态。

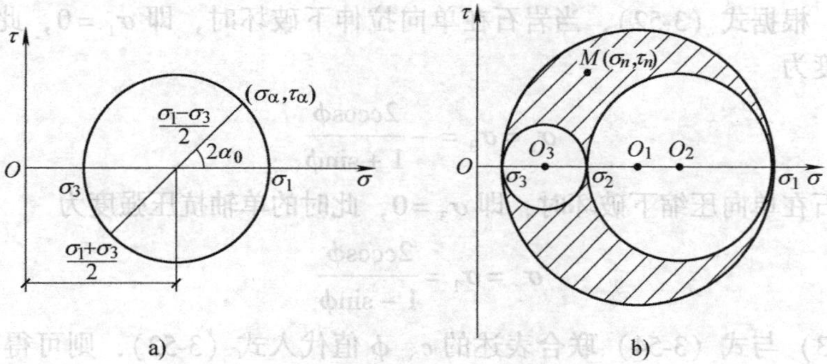

图3-49 莫尔应力圆

a）二维应力状态 b）三维应力状态

3.7.2 库仑-纳维尔强度理论

在岩石等脆性材料试验研究的基础上，纳维尔（Navier，1883年）基于库仑最大切应力理论建立了库仑-纳维尔（Coulomb-Navier）强度理论。理论认为，固体材料内任一点发生剪切破坏时，剪切破坏面上的切应力τ应不小于剪切破坏面上正应力引起的摩擦阻力$\sigma\tan\phi$与材料本身的抗切强度c之和，即

$$\tau \geqslant \sigma\tan\phi + c \tag{3-51}$$

式中 ϕ——岩石的内摩擦角。

根据库仑-纳维尔强度理论，岩石的强度包络线是一条斜直线$\tau = \sigma\tan\phi + c$，破坏面与最小主平面的夹角$\theta$恒等于（$\pi/4 - \phi/2$）（见图3-50）。库仑-纳维尔强度理论可很好解释岩体中的正断层多陡倾，而逆断层的倾角多小于45°的地质现象。

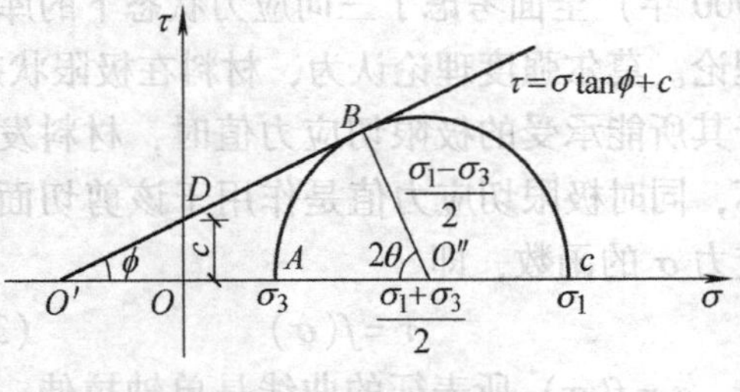

图3-50 库仑-纳维尔理论的强度包络线

利用图3-50所示的关系，可推导出库仑-纳维尔强度判据的一种表达形式

$$\sigma_1 = \frac{2c\cos\phi + \sigma_3\ (1 + \sin\phi)}{1 - \sin\phi} \tag{3-52}$$

已知岩石中某一点的应力σ_1、σ_3及抗剪强度参数c，ϕ值，即可根据式（3-52）判断岩石破坏与否：

1）当式（3-52）中，左边大于右边，岩石破坏。

2）当式（3-52）中，左边等于右边，岩石处于临界破坏状态。

3）当式（3-52）中，左边小于右边，岩石不破坏。

同时，根据式（3-52），当岩石在单向拉伸下破坏时，即 $\sigma_1=0$，此时的单轴抗拉强度为

$$\sigma_t=\sigma_3=-\frac{2c\cos\phi}{1+\sin\phi} \tag{3-53}$$

当岩石在单向压缩下破坏时，即 $\sigma_3=0$，此时的单轴抗压强度为

$$\sigma_c=\sigma_1=\frac{2c\cos\phi}{1-\sin\phi} \tag{3-54}$$

将式（3-53）与式（3-54）联合表述的 c、ϕ 值代入式（3-52），则可得到库仑-纳维尔强度判据的另一种表达形式

$$\sigma_1=\sigma_c-\frac{\sigma_c}{\sigma_t}\sigma_3 \tag{3-55}$$

式中，σ_t 值按上述约定为负值。按前面讨论的判断方式同样可判断岩石破坏与否。

库仑-纳维尔强度理论适用于坚硬、较坚硬的脆性岩石产生剪切破坏的情况，而不适用于受拉破坏的情况。库仑-纳维尔强度理论的缺点是没有考虑中间主应力 σ_2 的影响。值得指出的是，式（3-55）中的 σ_t 是指拉应力作用下发生剪切破坏时的计算抗拉强度，并不是岩石实际的抗拉强度。

3.7.3 莫尔强度理论

莫尔强度理论在岩体力学中应用最为广泛，该强度理论是莫尔（Mohr，1900 年）全面考虑了三向应力状态下的库仑-纳维尔强度理论提出并完善的强度理论。莫尔强度理论认为，材料在极限状态下，材料内某一剪切面上的切应力大于其所能承受的极限切应力值时，材料发生破坏，同时极限切应力值是作用于该剪切面上正应力 σ 的函数，即

$$\tau=f(\sigma) \tag{3-56}$$

$\tau=f(\sigma)$ 所表征的曲线是单轴拉伸、单轴压缩与三轴压缩等各种应力状态下的极限莫尔应力圆上的破坏应力点的轨迹线，称为莫尔强度包络线或莫尔强度曲线，莫尔强度包络线在 τ—σ 坐标中为一条对称于 σ 轴的曲线（见图 3-51）。

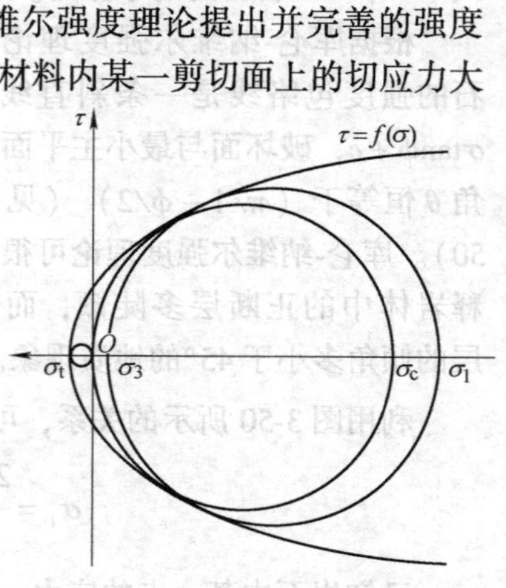

图 3-51　莫尔强度包络线

莫尔强度包络线可通过试验方法求得，由

于岩石材料的不均一性，导致试验结果有一定的离散性，试验所得莫尔强度包络线很难形成一条光滑的曲线，但其表现出一定的共性，即在正应力较小的范围内曲线斜率较大，曲线的切线较陡，在较大正应力范围内则表现出曲线斜率较小，相应的曲线切线相对平缓。用试验结果拟合相应的包络线的具体表达式时，应注意曲线为单调增且对称于 σ 轴，且曲线顶点位于拉伸区且与 σ 轴正交。

莫尔强度理论没有明确的强度参数的概念，对于不同的岩石可用不同的强度曲线来逼近，岩石类别不同、岩性不同以及应力状态不同相应的岩石强度曲线各异，目前常用的莫尔强度包络线包括直线、抛物线、双曲线等。应力不大的情形采用的直线形强度包络线与库仑-纳维尔强度理论的强度包络线基本一致，其函数表达式为 $\tau=\sigma\tan\phi+c$。抛物线形强度曲线和双曲线形强度曲线分别适用于较坚硬或较软弱岩石和坚硬或较坚硬岩石。

试验研究发现，泥灰岩、泥页岩等岩性较坚硬至较软弱的岩石的强度包络线近似于抛物线，可表示为

$$\tau^2=n(\sigma+\sigma_t) \tag{3-57}$$

式中 σ_t——岩石的抗拉强度；

n——待定系数。

可通过抛物线形莫尔强度曲线以及相应极限应力圆相切的几何关系，以及单轴条件下 $\sigma_1=\sigma_c$，$\sigma_3=0$，求得二次抛物线形包络线的主应力表达式

$$(\sigma_1-\sigma_3)^2=2n(\sigma_1+\sigma_3)+4n\sigma_t-n^2 \tag{3-58}$$

试验研究表明，砂岩、灰岩、花岗岩等坚硬、较坚硬岩石的强度包络线近似于双曲线（见图3-52），其表达式为

$$\tau^2=(\sigma+\sigma_t)^2\tan^2\eta+\sigma_t(\sigma+\sigma_t) \tag{3-59}$$

式中 η——包络线渐近线的倾角，$\tan\eta=\dfrac{1}{2}\sqrt{\dfrac{\sigma_c}{\sigma_t}-3}$。

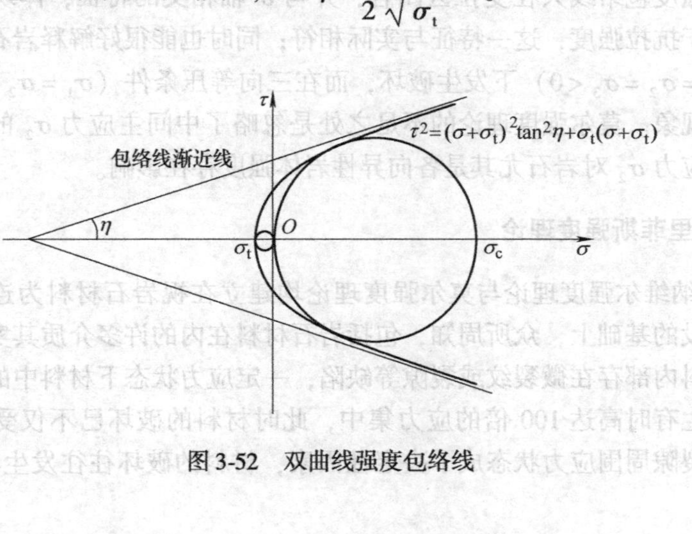

图3-52 双曲线强度包络线

由于莫尔强度包络线是岩石在各种应力状态下的极限莫尔应力圆的包络线，因此可根据该曲线判断岩石中一点破坏与否，具体方法可采用作图法或求解法进行判断。作图法是在给出的莫尔强度包络线上，绘制相应应力状态的莫尔应力圆。如果应力圆与强度包络线相割或相切，则说明该点发生破坏或处于临界破坏状态；如果应力圆位于包络线右侧区域内，则不会产生破坏。求解法即通过已知岩石内中求解点的应力状态代入相应的莫尔强度包络线函数 $\tau=f(\sigma)$。关于 σ 求解，如果函数求解结果是 σ 存在一个则说明应力圆与强度包络线相切，即求解点处于临界破坏状态；若存在两个解则说明应力圆与强度包络线相割，即求解点处于破坏状态；若函数方程式无解，则分两种情况讨论，若应力为压应力或虽然为拉应力但未达到岩石极限抗强度值，岩石求解点处不破坏，若应力为拉应力且超过了岩石极限抗强度值，则岩石处于拉破坏状态。

作为一种切应力强度理论，莫尔强度理论较为全面地反映了岩石的强度特性，其主要适用于塑性岩石与脆性岩石的剪切破坏。

莫尔强度曲线是岩石在各种应力状态下的强度特征的真实逼近，在压应力区，抗剪强度并不随剪切面上的正应力而线性增大，剪切面与最小主平面的夹角 θ（破坏角）应随应力状态的变化而不同。只有当应力值相对较小时，其强度包络线近似等同于一斜直线，此时抗剪强度随剪切面上的正应力而线性增大。各种应力状态下岩石破坏时的破坏面与最小主平面的夹角 θ 恒等于（$\pi/4-\phi/2$），这与大多数岩石的压缩破坏结果相近。但岩石在拉伸条件下的破坏面与通常垂直于拉应力，其张性破裂的破坏机制与压缩破坏完全不同。另外，在单轴拉伸条件下的岩石发生破坏时，其剪切破裂面上的正应力为拉应力，剪切破裂面趋于被拉开，此时的岩石内摩擦角已失去意义，因此莫尔强度理论只适用于剪破坏，受拉区的适用性还值得进一步探讨，也不适用于岩石膨胀或蠕变破坏。

莫尔强度包络线只在受拉区闭合，并与 σ 轴相交的特征，体现了岩石抗压强度远大于抗拉强度，这一特征与实际相符；同时也能很好解释岩石在三向等拉条件（$\sigma_1=\sigma_2=\sigma_3<0$）下发生破坏，而在三向等压条件（$\sigma_1=\sigma_2=\sigma_3>0$）下不破坏的现象。莫尔强度理论的不足之处是忽略了中间主应力 σ_2 的影响，事实上中间主应力 σ_2 对岩石尤其是各向异性岩体强度存在影响。

3.7.4 格里菲斯强度理论

库仑-纳维尔强度理论与莫尔强度理论均建立在视岩石材料为连续、均匀介质这一假设的基础上，众所周知，包括岩石材料在内的许多介质其实是一种缺陷介质，材料内部存在微裂纹或裂隙等缺陷，一定应力状态下材料中的裂纹或裂隙周边将产生有时高达 100 倍的应力集中，此时材料的破坏已不仅受自身强度控制，内部裂隙周围应力状态成了决定性因素，材料的破坏往往发生在裂隙端部，并通过裂隙的扩展导致破坏。

格里菲斯（A. A. Griffith，1920 年）在研究玻璃等脆性材料的基础上，基于微裂纹控制破坏和渐进式破坏的概念，提出了格里菲斯脆性破坏理论，即格里菲斯强度理论。该理论认为，固体材料在结构构造上并非绝对均匀与连续，其内部包含有大量的微裂纹和微孔洞，在即使平均应力幅值不大的外力作用下，材料微裂纹或微孔洞边缘上的应力集中导致边缘局部区域很大的拉应力，当拉应力达到或超过其抗拉强度时，微裂纹扩展，系列的微裂纹发生、扩展、汇聚，最终导致宏观破裂。岩石材料就是包含大量微裂纹和微孔洞的固体材料，因此，格里菲斯脆性破坏理论是岩石破坏强度理论的重要的理论基础之一。

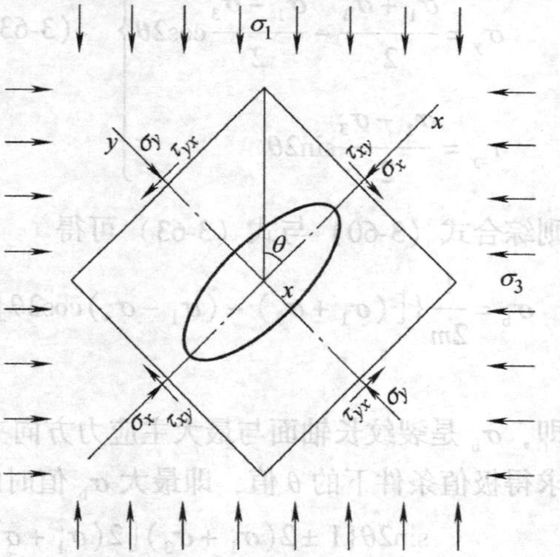

图 3-53 格里菲斯裂纹及受力示意图

格里菲斯强度理论假定材料中的微裂纹呈近似椭圆形，且相邻微裂纹间相互没有影响。在外力作用下，椭圆形裂纹的受力状态如图 3-53 所示，并假定裂纹长轴与最大主应力方向的夹角为 θ，以裂纹长轴方向为 x 轴，短轴方向为 y 轴。根据弹性理论，椭圆孔周边任意一点应力的计算公式，椭圆周边切向应力公式，可推导出裂纹周边的切向正应力 σ_b 为

$$\sigma_b = \frac{1}{m}\left[\sigma_y \pm \sqrt{\sigma_y^2 + \tau_{xy}^2}\right] \tag{3-60}$$

式中 σ_b——裂纹边壁上的切向正应力；

m——裂纹的长短轴之比；

σ_y——垂直裂纹方向的正应力；

τ_{xy}——垂直于裂纹方向的切应力。

当裂纹边壁上的 σ_b 达到或超过裂纹周边材料的局部抗拉强度 σ_t，即 $\sigma_b \geqslant \sigma_t$ 时，裂纹扩展。当裂纹尖端只受到垂直于裂纹长轴的拉应力作用发生破坏时，则有 $\tau_{xy}=0$，$\sigma_y=-\sigma_t$，此时，式（3-60）简化为

$$\sigma_b = -\frac{2}{m}\sigma_t \tag{3-61}$$

其中，已依据条件取“负”号。

将式（3-61）代入式（3-60），得到格里菲斯强度理论的切应力表达式

$$\tau_{xy}^2 = 4\sigma_t(\sigma_y + \sigma_t) \tag{3-62}$$

这说明其强度包络线为顶点在（0，$-\sigma_t$）的抛物线（见图 3-54），τ 轴上的截距为 $2\sigma_t$。

由图 3-50 的受力分析可知，σ_x，σ_y，τ_{xy} 可用主应力 σ_1，σ_3 表述为

$$\left.\begin{aligned}\sigma_x&=\frac{\sigma_1+\sigma_3}{2}+\frac{\sigma_1-\sigma_3}{2}\cos2\theta\\ \sigma_y&=\frac{\sigma_1+\sigma_3}{2}-\frac{\sigma_1-\sigma_3}{2}\cos2\theta\\ \tau_{xy}&=\frac{\sigma_1-\sigma_3}{2}\sin2\theta\end{aligned}\right\}\tag{3-63}$$

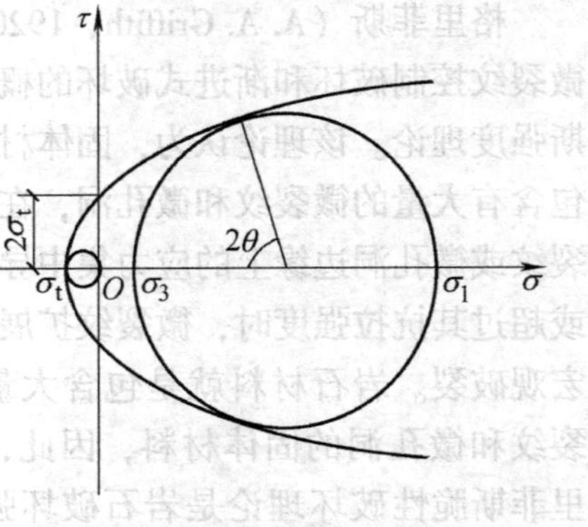

图 3-54 格里菲斯判据的强度包络线

则综合式（3-60）与式（3-63）可得

$$\sigma_b=\frac{1}{2m}\{[(\sigma_1+\sigma_3)-(\sigma_1-\sigma_3)\cos2\theta]\pm[2(\sigma_1^2+\sigma_3^2)-2(\sigma_1^2-\sigma_3^2)\cos2\theta]^{\frac{1}{2}}\}\tag{3-64}$$

即，σ_b 是裂纹长轴面与最大主应力方向夹角 θ 的函数。那么，令 $d\sigma_b/d\theta=0$，可求得极值条件下的 θ 值，即最大 σ_b 值时的危险角。由 $d\sigma_b/d\theta=0$ 整理后得

$$\sin2\theta\{1\pm2(\sigma_1+\sigma_3)[2(\sigma_1^2+\sigma_3^2)-2(\sigma_1^2-\sigma_3^2)\cos2\theta]^{-1/2}\}=0\tag{3-65}$$

上式又可分解为

$$\sin2\theta=0 \text{ 或 } \cos2\theta=(\sigma_1-\sigma_3)/2(\sigma_1+\sigma_3)\tag{3-66}$$

1）当 $\cos2\theta=(\sigma_1-\sigma_3)/2(\sigma_1+\sigma_3)$ 时，由式（3-64）计算相应的最大拉应力

$$\sigma_{bmax}=-\ (\sigma_1-\sigma_3)^2/4m\ (\sigma_1+\sigma_3)\tag{3-67}$$

同时，由于 $\cos2\theta=(\sigma_1-\sigma_3)/2(\sigma_1+\sigma_3)\leqslant1$，即（$\sigma_1+3\sigma_3$）$\geqslant0$，此时最大拉应力 σ_{bmax} 若为式（3-61）给定的临界值，岩石破裂，相应的破坏条件应为

$$\sigma_{bmax}=-(\sigma_1-\sigma_3)^2/4m(\sigma_1+\sigma_3)=-2\sigma_t/m\tag{3-68}$$

即

$$(\sigma_1-\sigma_3)^2/(\sigma_1+\sigma_3)=8\sigma_t\quad((\sigma_1+3\sigma_3)\geqslant0)\tag{3-69}$$

2）当 $\sin2\theta=0$ 时，$\theta=0$，由式（3-64）计算此时的最大拉应力

$$\sigma_{bmax}=2\sigma_3/m\tag{3-70}$$

最大拉应力 σ_{bmax} 仍若达到式（3-61）给出的最大拉应力临界值时，岩石破裂，相应的破坏条件为

$$\sigma_{bmax}=2\sigma_3/m=-2\sigma_t/m\tag{3-71}$$

即

$$\sigma_3 = -\sigma_t \tag{3-72}$$

此时，应为拉破坏条件下的岩石破裂，裂纹的扩展方向与最大主应力方向 σ_1 一致。具体来说应满足（$\sigma_1+3\sigma_3$）<0 的条件，即

$$\sigma_3 = -\sigma_t \quad (\sigma_1+3\sigma_3<0) \tag{3-73}$$

根据上述分析，格里菲斯强度理论的用主应力 σ_1，σ_3 表述的函数表达式为

$$\left.\begin{array}{l}(\sigma_1+3\sigma_3)\geqslant 0 \text{ 时},(\sigma_1-\sigma_3)^2/(\sigma_1+\sigma_3)=8\sigma_t \\ (\sigma_1+3\sigma_3)<0 \text{ 时},\sigma_3=-\sigma_t\end{array}\right\} \tag{3-74}$$

式（3-74）即为格里菲斯强度判据，用主应力 σ_1，σ_3 表示的格里菲斯强度曲线如图3-55所示，在 σ_1—σ_3 坐标中格里菲斯强度曲线为一段直线与抛物线的组合曲线。

用格里菲斯强度判据判断岩石中一点是否破坏时，应根据应力 σ_1，σ_3 的大小，即（$\sigma_1+3\sigma_3$）小于0与否区别对待，当（$\sigma_1+3\sigma_3$）$\geqslant$0时，按第一个式子判断，即用 σ_1，σ_3 及 σ_t（σ_t 取正值）代入，左边$\geqslant$右边，岩石中的该点破坏或临界破坏状态，左边<右边，岩石不破坏；当（$\sigma_1+3\sigma_3$）<0时，按第二个式子判断，左边$\leqslant$右边，岩石中的该点破坏或临界破坏状态，左边>右边，岩石不破坏。根据格里菲斯强度理论，当 $\sigma_3=0$ 时，$\sigma_1=\sigma_c=8\sigma_t$，基本上与库仑-纳维尔强度理论相接近。格里菲斯强度理论适用于脆性岩石的拉破坏情况。格里菲斯强度理论的优点是，岩石破坏考虑到裂隙，从一定程度讲，这符合岩石的实际情况，并能解释诸如岩石抗压强度大于抗拉强度等现象；但其缺点是忽略了中间主应力的影响，且把裂隙过于理想化，这与岩石裂隙通常呈不规则网状分布不相符。

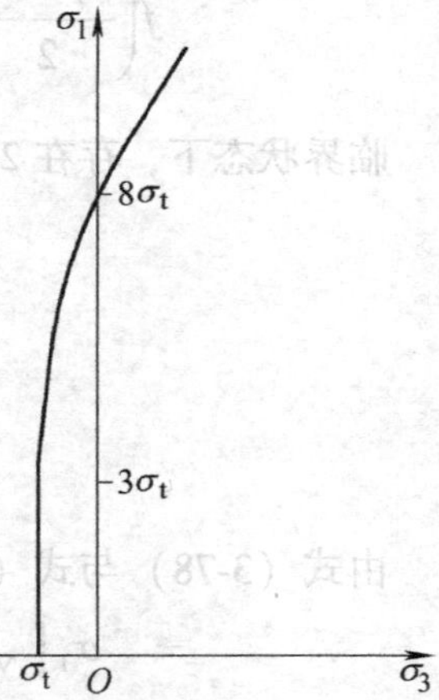

图3-55 格里菲斯强度曲线

格里菲斯强度理论建立在假设固体材料中裂纹为张裂纹的基础上，麦克林托克（F. A. Moclintock）、瓦尔西（J. B. Walsh）、布勒斯（W. F. Brace）等对格里菲斯强度理论进行了修正。

麦克林托克等（1962年）考虑到岩体中的应力主要为压应力，压应力作用下裂纹会发生闭合同时产生裂纹壁面的摩擦效应，这势必提高岩石强度，因此需要对格里菲斯强度理论进行修正。麦克林托克等认为，当 σ_y 达到某一临界值时（布勒斯认为这一临界值很小，在计算中可忽略不计），裂纹会发生闭合，在裂纹表面产生正应力 σ_y 与摩擦力 $f\sigma_y$，其中 f 为闭合裂纹的摩擦系数 $f=\tan\phi$，当

$$\sigma_b = \frac{1}{m}(f\sigma_y - \tau_{xy}) = \frac{-2\sigma_t}{m} \tag{3-75}$$

时，岩石开始破坏，即

$$f\sigma_y - \tau_{xy} = -2\sigma_t \tag{3-76}$$

此处，正应力 σ_y 与相应的切应力 τ_{xy} 用主应力 σ_1，σ_3 表述时，应按式（3-48）表述，即

$$\left.\begin{aligned} \sigma_y &= \frac{\sigma_1+\sigma_3}{2}+\frac{\sigma_1-\sigma_3}{2}\cos2\theta \\ \tau_{xy} &= \frac{\sigma_1-\sigma_3}{2}\sin2\theta \end{aligned}\right\} \tag{3-77}$$

那么，式（3-76）可用主应力 σ_1，σ_3 表述的函数表达式为

$$f\left(\frac{\sigma_1+\sigma_3}{2}+\frac{\sigma_1-\sigma_3}{2}\cos2\theta\right)-\frac{\sigma_1-\sigma_3}{2}\sin2\theta = -2\sigma_t \tag{3-78}$$

临界状态下，存在 $2\theta = \frac{\pi}{2}-\phi$，即

$$\left.\begin{aligned} \cos2\theta &= \frac{\tan\phi}{\sqrt{1+\tan^2\phi}} = \frac{f}{\sqrt{1+f^2}} \\ \sin2\theta &= \frac{1}{\sqrt{1+\tan^2\phi}} = \frac{1}{\sqrt{1+f^2}} \end{aligned}\right\} \tag{3-79}$$

由式（3-78）与式（3-79）得

$$\sigma_1\left[\sqrt{1+f^2}-f\right]-\sigma_3\left[\sqrt{1+f^2}+f\right] = -4\sigma_t \tag{3-80}$$

式（3-80）即为修正的格里菲斯强度判据。单轴压缩条件下，$\sigma_3=0$，$\sigma_1=\sigma_c$，由式（3-80）得

$$\sigma_c\left[\sqrt{1+f^2}-f\right] = -4\sigma_t \tag{3-81}$$

由式（3-80）与式（3-81）得到由单轴抗压强度及主应力 σ_1，σ_3 表述的修正的格里菲斯强度判据

$$\sigma_1-\left[\sqrt{1+f^2}+f\right]^2\sigma_3 = \sigma_c \tag{3-82}$$

修正的格里菲斯强度理论与库仑-纳维尔强度理论相似，在 σ_1—σ_3 坐标中修正的格里菲斯强度曲线为一条斜直线，但两个准则存在本质区别，修正的格里菲斯强度理论相应的岩石强度值要比后者小，且库仑-纳维尔强度理论可直接预报岩石的宏观破坏，而修正的格里菲斯强度理论只是预报微裂纹的扩展，而并非宏观上的破坏，这也是两种强度理论的相应强度值存在差别的主要原因。

3.7.5 德鲁克-普拉格强度准则

上述各岩石强度理论均未体现中间主应力的作用，不能充分解释岩石在静水

压力条件下屈服的现象。德鲁克-普拉格（Drucker-Prager）强度准则（又称 *D-P* 准则）计入了中间主应力的影响，并考虑了静水压力作用。

德鲁克-普拉格强度准则是建立在莫尔准则与塑性力学中的米赛斯准则的基础之上，是米赛斯准则的广义表达。米赛斯（Von Mises）认为，岩石单轴应力状态下发生屈服时，即

$$\left.\begin{aligned}\sigma_1&=\sigma_s\\ \sigma_2&=\sigma_3=0\end{aligned}\right\}\tag{3-83}$$

式中　σ_s——岩石的屈服极限。

同时，八面体强度理论认为岩石破坏的原因是八面体上的切应力达到了临界值所致。八面体是指三维空间坐标中各卦限八个等斜面构成的多面体，即

$$\tau_8=\tau_{8s}\tag{3-84}$$

式中　τ_8——八面体上的切应力，$\tau_8=\dfrac{1}{3}\sqrt{(\sigma_1-\sigma_2)^2+(\sigma_2-\sigma_3)^2+(\sigma_3-\sigma_1)^2}$；

τ_{8s}——岩石屈服时八面体切应力的临界值，由式（3-83）得 $\tau_{8s}=\dfrac{\sqrt{2}}{3}\sigma_s$。

由式（3-83）与式（3-84），可得米赛斯强度判据

$$(\sigma_1-\sigma_2)^2+(\sigma_2-\sigma_3)^2+(\sigma_3-\sigma_1)^2=2\sigma_s^2\tag{3-85}$$

试验研究表明，米赛斯强度准则适用于以延性破坏为主的岩石。虽然这一强度理论在实际中较少采用，但其的广义形式的德鲁克-普拉格强度准则应用较广，尤其是在弹塑性数值分析中广泛应用，相应的判据表达式为

$$aI_1+\sqrt{J_2}=K_f\tag{3-86}$$

式中　I_1——应力张量第一不变量，$I_1=\sigma_{ii}=\sigma_1+\sigma_2+\sigma_3=\sigma_x+\sigma_y+\sigma_z$；

J_2——第二应力偏量不变量，$J_2=\dfrac{1}{6}[(\sigma_1-\sigma_2)^2+(\sigma_2-\sigma_3)^2+(\sigma_3-\sigma_1)^2]$；

a、K_f——只与岩石内摩擦角 ϕ 与内聚力 c 有关的常数，其中

$$a=\frac{\sin\phi}{\sqrt{9+3\sin^2\phi}}$$

$$K_f=\frac{3c\sin\phi}{\sqrt{9+3\sin^2\phi}}$$

思考与练习

1. 名词解释：单轴抗压强度，单轴抗拉强度，泊松比，变形模量，流变，蠕变，残余强度，强度理论，抗剪强度，岩石三轴强度，脆性，延性，弹性，塑性，粘性。

2. 试阐述岩石全应力-应变曲线的几个阶段及其特征。

3. 试阐述常用岩石强度理论基本思路及其适用条件。

4. 岩石双向受力，其中最大主应力为 30MPa，最小主应力为 10MPa，试验测得岩石的内聚力为 3MPa，试用摩尔应力圆绘制岩石的应力状态。若岩石服从库仑强度理论，求该岩石的内摩擦角。

5. 影响岩石力学性质的因素有哪些?

6. 三块边长为 5cm 立方体岩石试件，分别进行倾角为 48°、55°、64°的抗剪强度试验，剪切破坏时施加的最大荷载分别为 45kN，28kN 和 20kN，试求该种岩石的抗剪强度指标 c、ϕ 值，并绘出相应的抗剪强度曲线。

7. 有一组共三块岩石立方柱体试件，每块边长 a 为 5cm，高度 h 为 12cm。岩石单轴试验测得试件破坏时受压荷载分别为 60kN、62kN、65kN。岩石试件单轴抗压强度的尺寸修正公式为 $\sigma_e = 9\sigma_c / [7 + (2a/h)]$，试求该组岩石试件的单轴抗压强度。

8. 已知隧道顶部岩层某点的最大主应力 $\sigma_1 = 45\text{MPa}$，最小主应力 $\sigma_3 = -10\text{MPa}$，岩石的单轴抗拉强度 $\sigma_t = -15\text{MPa}$。试分别用 Mohr 强度理论［强度包络线为 $\tau = \sigma_t(\sigma + \sigma_t)$］与 Griffith 强度理论判断隧道顶部岩层岩石破坏与否。

第 4 章 岩体的力学特性

4.1 概述

岩体是岩石处在一定应力环境中、被各种结构面所分割而成的地质体。岩体不同于岩石，其内部含有各种不同类型的结构面，诸如层面、层理、节理、片理、片麻理、不整合面、断层、错动带、软弱夹层、火山喷发间断面和其他各种裂隙等，由于结构面的存在，岩体的强度通常要远低于岩石的强度。同时，结构面也导致了岩体力学性能的不连续性、非均质性和各向异性。岩体工程起决定作用的是岩体的强度和稳定性，如果只依赖室内岩样实验结果进行岩体工程的设计与施工，势必产生一系列工程问题，甚至是工程事故。因此，不仅应研究岩石的力学性质，而且要研究岩体的力学性质。

岩体的力学性能是指岩体抵抗外力作用的能力，包括岩体的稳定性、强度特征和变形特征。岩体力学性质取决于结构面和结构体的力学性质，结构面的存在和结构体本身的赋存条件对岩体的力学特性具有很大的控制作用。结构体的赋存条件包括地应力、地下水和地温等。结构体的形状、大小、数量与结构等决定了结构体的力学性质；结构面的数量、产状、密度等延伸情况以及粗糙度、充填物决定了结构面的力学性质，结构面内摩擦角和内聚力等物理力学参数的不同，岩体表现出不同的力学性能。

4.2 岩体中的结构面与结构体

岩体由结构面与结构体（岩块）组成。结构面是指地质过程中在岩体内形成的具有一定的延伸方向和长度、厚度相对较小的地质界面或带，又称为不连续面。结构面包括物质分异面和不连续面。其中，规模较大、强度低、易变形的结构面又称为软弱结构面。被结构面切割成的岩石块体就称为结构体。

4.2.1 岩体中的结构面及其特征

1. 结构面的类型及其特征

岩体中的结构面分类原则和具体方案较多，常见的方法主要是分别按规模与成因分类两种。根据发育规模与岩体工程性状，结构面可分为 A、B、C 类三个级别，分别对应贯通性结构面、半贯通性结构面（显现结构面）以及或非贯通性结构面（隐微结构面），这一分类方法与工程关系较为密切。按照地质成因的不同，结构面可划分为原生结构面、构造结构面、次生结构面三类，这是最基本的结构面分类方法。

（1）原生结构面　原生结构面是指在成岩过程中所形成的结构面，其特征和岩体成因密切相关，又可进一步分为岩浆结构面、沉积结构面和变质结构面三类。

1）岩浆结构面是指岩浆侵入及冷凝过程中所形成的结构面，如岩体中冷凝的原生节理、流层、流线、火山岩流接触面、各种蚀变带以及挤压破碎带等，其产状往往受侵入岩体与围岩接触面所控制。岩浆结构面一般不会造成大规模岩体破坏，但存在构造断裂时易形成岩体滑移，因此对同时存在岩浆结构面和构造断裂的地下岩体工程和岩体边坡工程，应予以重视。

2）沉积结构面是指在沉积过程中所形成的物质分异面，包括层面、层理、软弱夹层、沉积间断面等。该类结构面均为层间结构面，产状一般与岩层一致。沉积结构面的层面特征最为典型多样，常见的有泥裂、波浪、交错层理等；原生软弱夹层在后期构造运动及地下水作用下，极易软化、泥化，使岩体强度大大降低。

3）变质结构面是岩体由于变质作用所形成的结构面，如片理、片麻理、板理及软弱夹层等，其产状与岩层基本一致，延展性差，但它们一般分布密集。片理结构面最为常见，多为波浪状光滑结构面；片麻理面通常为凸凹不平状粗糙结构面；软弱夹层主要是黑云母、绿泥石、滑石等片状矿物，其抗剪强度低，遇水后性质就更差。

（2）构造结构面　构造结构面是指岩体在构造应力作用下形成的结构面，如节理、断层、劈理以及由于层间错动而引起的破碎层等。其中，以断层的规模最大，节理的分布最广。

1）节理面沿走向和倾向发展的范围都是有限的，大者一般不超过上百米，小的只有几厘米。节理根据成因不同主要可分为张节理和剪节理。张节理是岩体在张应力作用下形成的一系列裂隙的组合，一般粗糙、宽窄不一且延展性较差。剪节理是岩体在切应力作用下形成的一系列裂隙的组合，一般平直光滑，延展性相对较好。

2）断层根据成因条件不同可分为张性断层、压性断层及剪性断层，即正断层、逆断层及平断层。张性断层是由张应力或与张断层平行的压应力形成，该类断层张裂面粗糙，宽窄不一，常充填有岩石碎块，或有岩脉、矿脉充填以及岩浆岩侵入；压性断层主要是指压性逆断层、逆掩断层，断层面上经常有与走向大致垂直的逆冲擦痕，大致平行集中出现的一系列压性断层构成挤压断层带；剪性断层主要指平移断层以及部分正断层，剪裂面产状稳定，断面平整光滑。断层规模大小差异很大，大断层深切岩石圈几十千米，小断层则只有数米到数十米。

3）劈理是指在地应力的作用下，岩石沿着一定方向产生大致平行的破裂面。

（3）次生结构面　次生结构面是指岩体在风化、卸载、应力变化、人工爆破等外界条件作用下而形成的无序状、不平整、不连续的结构面，主要包括风化裂隙、卸载裂隙、爆破裂隙以及泥化夹层。

1）风化裂隙是指风化的作用下在地壳表层形成的裂隙。风化裂隙极易在岩石层理、节理部位，是既有软弱面的扩大与加深，又形成新的软弱面。由于风化裂隙多存在于地表，其下部岩层完整一般都比较好。

2）卸载裂隙是岩体表面的某一部分被剥落掉，引起重力和构造应力释放或调整，使得岩体向自由空间膨胀而产生了平行于地表面的张裂隙。卸载风化也可以由地下水压引起。卸载裂隙的产状多与临空面有关，一般近水平，且多为曲折不连续状态。卸载裂隙延续性不强，常在地表20～40m内发育。

3）爆破裂隙也是岩体工程中常见的一种次生结构面，其状态受其他结构面及岩性控制。

4）泥化夹层是由于水的作用使夹层内的松软物质泥化而成，其产状与岩层基本一致。

2. 结构面的分级

结构面是决定结构体形状、方位和大小，进而控制岩体力学性能的重要因素。因此，根据结构面发育程度、规模大小和组合形式等进行分级就显得非常必要，具体分级见表4-1。Ⅰ、Ⅱ、Ⅲ级结构面属实测结构面，其产状可以直接体现在工程地质图上；Ⅳ、Ⅴ级结构面则是统计结构面，产状只能通过结构面密度统计，认识其规律。

3. 结构面的自然特征及其基本参数

（1）结构面的自然特征　结构面的自然特征主要包括结构面的贯通性、充填胶结特征和形态特征等。

1）贯通性。如前所述，结构面可分为贯通性的、半贯通性的和非贯通性的三类结构面。具有贯通性结构面的岩体中至少有一组结构面贯穿整个岩体，而且往往对岩体的破坏起决定性作用；半贯通性结构面有一定长度，但不足以贯通整个岩体或岩块；非贯通性结构面比较短，不能贯通岩体或岩块。图 4-1 分别列出了不同结构面的状态特征。

表 4-1 结构面分级及其特征

级序	分级依据	地质类型	力学属性	对岩体稳定性的作用
Ⅰ	延伸数十千米，深度可切穿一个构造层，破碎带宽度在数米至数十米以上	主要指区域性深大断裂或大断裂	属于软弱结构面，构成独立的力学介质单元	影响区域稳定性，如直接通过工程区，是岩体变形或破坏的控制条件，形成岩体力学作用边界
Ⅱ	延伸数百米至数千米，破碎带宽度比较窄，几厘米至数米	主要包括不整合面、假整合面、原生软弱夹层、层间错动带、风化夹层等	属于软弱结构面，形成块裂边界	控制山体稳定性，与Ⅰ级围岩结构面组合可形成大规模的块体破坏，即控制岩体变形和破坏方式
Ⅲ	延展十米或数十米，无破碎带，面内不含泥，有的具有泥膜，仅在一个地质时代的地层中分布，有时仅仅在某一种岩性中分布	各种类型的断层、原生软弱夹层、层间错动带等	多数属于坚硬结构面，少数属软弱结构面	控制岩体的稳定性，与Ⅰ、Ⅱ级围岩结构面组合可形成不同规模的块体破坏，是划分Ⅱ类围岩的重要依据
Ⅳ	延展数米，未错动，有的呈弱结合状态，统计结构面	节理、劈理、片理、层理、卸载裂隙、风化裂隙等	坚硬结构面	划分Ⅱ类岩体结构的基本依据，是岩体力学性质、结构效应的基础，破坏岩体的完整性，与其他结构面结合形成不同类型的边坡破坏方式
Ⅴ	连续性极差，刚性接触的细小或隐微裂面，统计结构面	微小节理、隐微裂隙和线理等	硬性结构面	分布随机，降低岩块强度，是岩块力学性质效应基础，若十分密集，又因风化，可形成松散介质

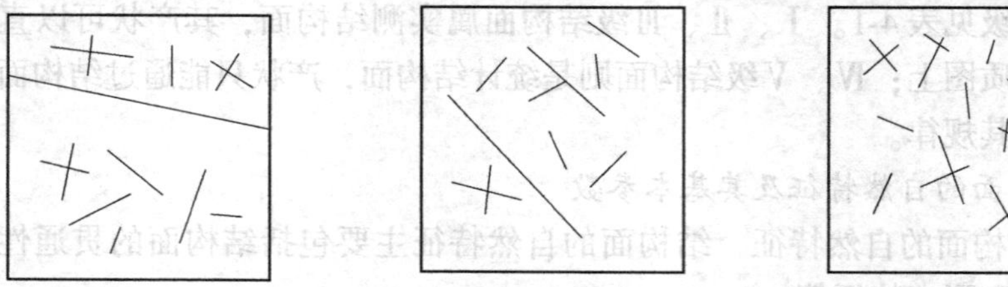

a) b) c)

图 4-1 结构面的贯通性

a）贯通 b）半贯通 c）非贯通

2）充填胶结特征。结构面对岩体的力学性质的影响很大程度上是因为结构面之间软弱充填物的存在。结构面的充填情况总的来说可以分为无充填物和有充填物的两种。当结构面之间无充填物时，结构面间处于闭合状态，岩块之间结合较为紧密，这时结构面的强度受制于岩石的力学特性和结构面本身的几何形态。

有充填物存在的结构面强度除与岩石的力学特性和结构面本身的几何形态有关外，充填物的成分对结构面也有很大的影响。若充填物为硅质、铁质、钙质以及部分岩脉，其强度通常不低于岩体的强度，该类结构面不属于软弱结构面的范围。若结构面充填物质是蒙脱石、高岭石、绿泥石等软弱充填物，结构面强度将大大降低。

此外，充填物颗粒粒度大小以及充填物的厚度也是影响结构面强度的重要因素。

3）形态特征。结构面的形态特征是指在地质构造作用等作用下，岩体发生变形，结构面在三维空间展布的几何属性。结构面的几何形态包括平直形、波浪形、锯齿形、台阶形和不规则齿形，如图4-2所示。它们是根据结构面的凹凸度来进行划分的，从平直形到台阶形，凹凸度是不断增大的。可以将凹凸度分为起伏度和粗糙度两个等级。结构面的抗剪能力首先取决于起伏度，当第一级的突起部分被剪断后，粗糙度才开始发挥作用。形态特征决定结构面抗滑力的大小，当结构面的起伏度大，粗糙度高时，其抗滑力就大。

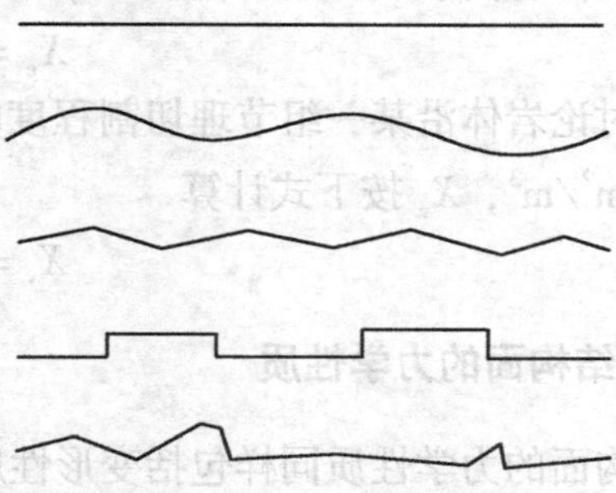

图4-2 结构面的起伏特征

（2）结构面的基本状态参数 结构面的状态主要包括结构面的产状、延展尺度和密集程度等，它们对岩体工程的力学性质有很大的控制作用。产状包括结构面的走向、倾向和倾角，对岩体是否沿某一结构面滑动起控制作用；延展尺度是指结构面在某一方向上的连续性，可以用结构面的贯通性来反映；密集程度表示结构面的发育程度，以岩体裂隙度 K 和切割度 X_e 来表征。其中裂隙度 K 是指沿取样线方向单位长度上的节理数量，即

$$K = n/L \tag{4-1}$$

式中 n——沿取样线方向长度内出现的节理数量；

L——取样线长度（m）。

而沿取样线方向节理的平均间距 d 为

$$d = 1/K = L/n \tag{4-2}$$

如果取样线与结构面不垂直，那么首先应使测线水平，并与结构面走向垂

直。此时，如果结构面的倾角为 α，则

$$K = n/L\sin\alpha \tag{4-3}$$

当岩体上有几组结构面时，测线上的裂隙度为各级裂隙度之和（见图 4-3）

$$K = K_a + K_b + K_c + \cdots \tag{4-4}$$

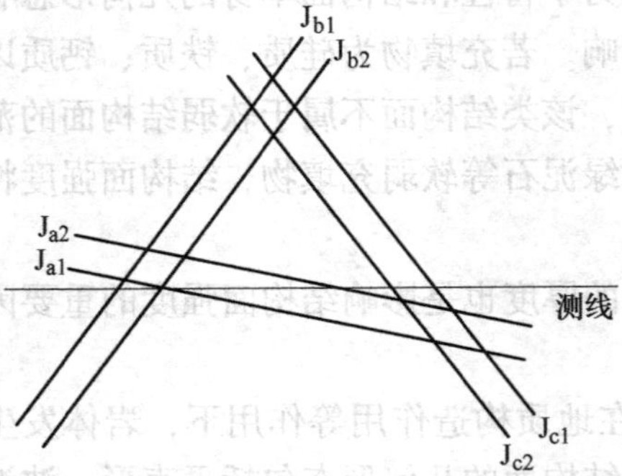

图 4-3　多组节理的裂隙度计算图

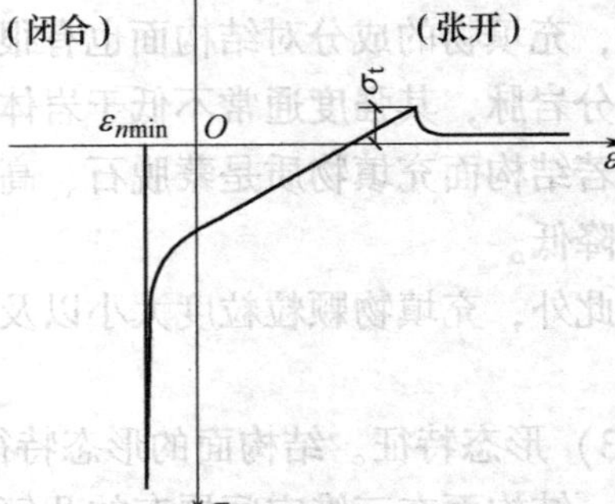

图 4-4　结构面正应力-应变曲线

切割度 X_e 是指岩体被节理割裂分离的程度。当岩体仅含一个节理时，可沿着节理面在岩体中取一个贯通整体的假想平直断面，则节理面面积 a 与该断面面积 A 之比即称为该岩体的切割度 X_e，即

$$X_e = a/A \tag{4-5}$$

当讨论岩体沿某一组节理切割程度时，可以用 X_v 来表示其实际切割度，X_v 单位为 m^2/m^3，X_v 按下式计算

$$X_v = KX_e \tag{4-6}$$

4.2.2　结构面的力学性质

结构面的力学性质同样包括变形性质和强度性质，前者包括法向变形和剪切变形，后者则主要是抗剪强度。

1. 结构面的法向变形

法向变形包括受拉作用下的拉伸变形和受压作用下的压缩变形。如图 4-4 所示，由于初始压应力存在，刚开始受拉，岩体抵抗初始压应力作用，没有拉伸变形，当拉力达到一定值时，结构面开始张开，张开度越来越大，当达到抗拉强度 σ_t 时，结构面就失去抵抗能力，张开度可无限增大。

压缩变形是岩体力学中常见的现象，因此研究压缩变形与正应力的关系具有重要的实用价值。在压应力作用下，结构面间隙呈非线性减小，如图 4-5 所示，应力与变形呈指数关系。

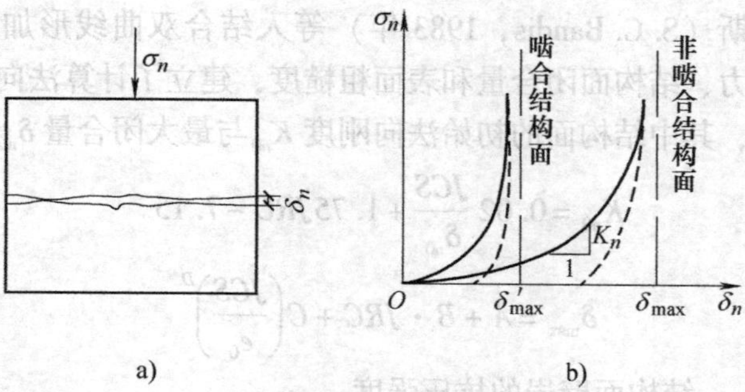

图4-5 结构面法向变形曲线

古德曼（R. E. Goodman，1974年）通过试验研究建立了正应力 σ_n 与结构面闭合量 δ_n 的关系式

$$\frac{\sigma_n-\sigma_0}{\sigma_0}=s\left(\frac{\delta_n}{\delta_{max}-\delta_n}\right)^t \tag{4-7}$$

式中 σ_0——原位压力，由结构面初始条件决定；

δ_{max}——最大闭合量；

s、t——与结构面几何特征、岩石力学性质有关的两个参数。

图4-5中变形曲线斜率 K_n 为法向变形刚度，反映了结构面产生单位法向变形的正应力梯度。法向变形刚度取决于岩石本身的力学性质、结构面的接触点数、接触面积和接触面两侧微凸体相互啮合程度，并且与结构面的应力水平有关。古德曼研究得出法向刚度 K_n 可表示为

$$K_n=K_{n0}\left(\frac{K_{n0}\delta_{max}+\delta_n}{K_{n0}\delta_{max}}\right)^2 \tag{4-8}$$

式中 K_{n0}——结构面的初始法向刚度。

班迪斯（S. C. Bandis，1984年）等人通过对大量的天然、不同风化程度和表面粗糙程度的非填充结构面的试验研究，提出双曲线形正应力 σ_n 与结构面闭合量 δ_n 的关系式

$$\sigma_n=\frac{\delta_n}{a-b\delta_n} \tag{4-9}$$

式中 a、b——常数。

显然，当正应力 $\sigma_n\to\infty$ 时，$\delta_n\to\delta_{max}=\dfrac{a}{b}$。

同时，根据式（4-9）可推导出法向刚度 K_n

$$K_n=\frac{\partial\sigma_n}{\partial\delta_n}=\frac{\partial}{\partial\delta_n}\left(\frac{\delta_n}{a-b\delta_n}\right)=\frac{1}{(a-b\delta_n)^2} \tag{4-10}$$

另外，班迪斯（S. C. Bandis，1983 年）等人结合双曲线形加卸载曲线，同时考虑有效正应力、结构面闭合量和表面粗糙度，建立了计算法向刚度的经验公式，即式（4-8），其中结构面的初始法向刚度 K_{n0} 与最大闭合量 δ_{max} 分别为

$$K_{n0}=0.02\frac{JCS}{\delta_{n0}}+1.75JRC-7.15 \tag{4-11}$$

$$\delta_{max}=A+B\cdot JRC+C\left(\frac{JCS}{e_0}\right)^D \tag{4-12}$$

式中 JCS——结构面壁岩的抗压强度；

JRC——结构面的表面粗糙度系数；

e_0——每次加载或卸载开始时结构面的张开度；

A、B、C、D——取决于结构面受载历史的常数。

2. 结构面的剪切变形

一定法向力的作用下的结构面在剪切作用下产生切向变形（剪切变形），其特征与结构面表面形态、结构体与填充物质特征密切相关。通过含结构面岩块试件的剪切试验，可得到图 4-6b 所示的切应力-结构面剪切位移曲线（τ-δ_t 曲线）。试验研究表明，结构面的剪切变形曲线均为非线性曲线，根据剪切变形机理不同，可分为脆性变形型（图 4-6b 所示的 A 曲线）和塑性变形型（图 4-6b 所示的 B 曲线）两类曲线。

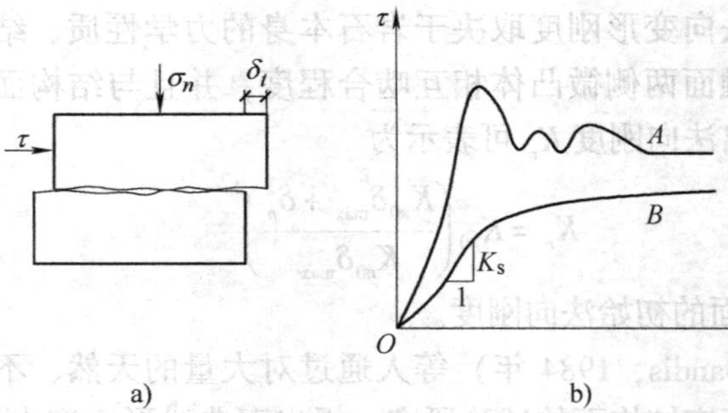

图 4-6 结构面的剪切变形曲线

无充填物粗糙硬性结构面的 τ-δ_t 曲线属于脆性变形型。其特点是，开始时剪切变形随应力增加缓慢，曲线较陡；峰值后剪切变形增加较快，有明显的峰值强度和应力降，并产生不规则的峰后变形或滞滑现象，当应力降至一定值后趋于稳定，残余强度明显低于峰值强度。

具有一定宽度的构造破碎带、挤压带、软弱夹层及含有较厚充填物的裂隙、节理、泥化夹层和夹泥层等软弱结构面的 τ-δ_t 曲线，多属于塑性变形型。其特点是，曲线无明显的峰值强度和应力降，且峰值强度与残余强度相差很小，曲线的

斜率是连续变化的，且具流变性。平直光滑结构面在剪切过程中基本不发生法向位移，只有水平切向位移，其 τ-δ_t 曲线与有充填物情况相似。

结构面的剪切变形曲线一般包括峰前应力上升区（弹性区）、切应力峰值区和峰后应力降低区（塑性区或恒应力区），剪切过程通常伴随有微凸体的弹性变形、劈裂、磨粒的产生与迁移、结构面的相对错动等多种力学过程。因此，结构面的剪切变形被认为是不可恢复的，即便是在“弹性区”也是如此。

（1）平直光滑且局部连结或啮合台阶状结构面的剪切变形　平直光滑且局部连结或啮合台阶状结构面的 τ-δ_t 曲线如图4-7所示，峰值抗剪强度与残余抗剪强度相差较大。这是因为局部连接部分和啮合部分岩石的内聚力起了抗剪作用。

对于规则齿状（波状）结构面（见图4-8），当正应力 σ_n 较小时，在切应力 τ 作用下将沿齿面向上滑动，结构面产生沿结构面位移 δ_t 与垂直结构面位移 δ_n，即出现剪胀（爬坡）现象，剪切面积逐渐减小，最终剪断齿尖部分。当正应力 σ_n 足够大时，剪胀现象被阻止，切应力 τ 作用下结构面发生沿齿根剪断。

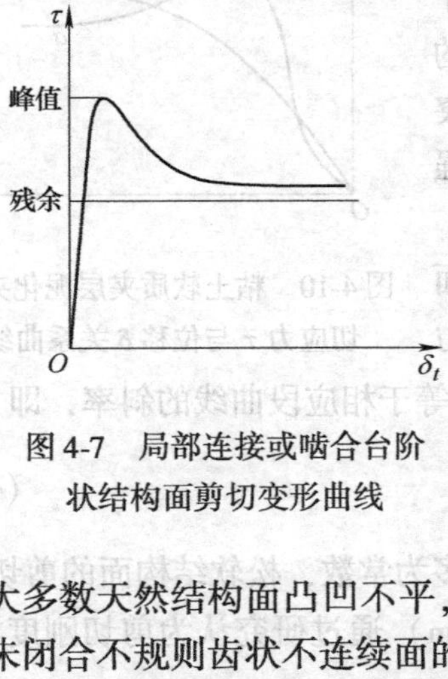

图4-7　局部连接或啮合台阶状结构面剪切变形曲线

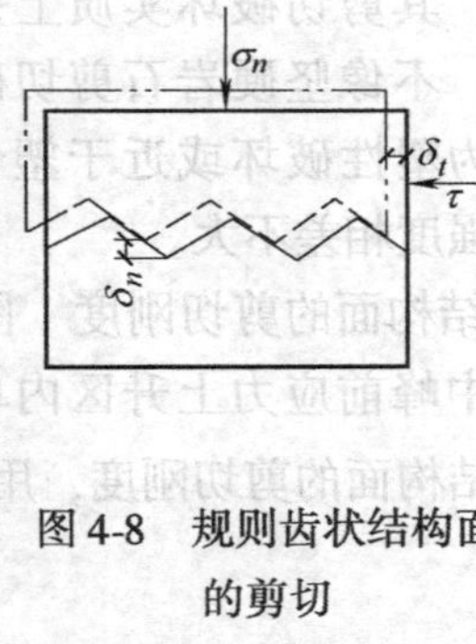

图4-8　规则齿状结构面的剪切

大多数天然结构面凸凹不平，呈不规则齿状，在剪切过程中会发生剪胀现象。未闭合不规则齿状不连续面的情况多发生在经过人工扰动过的结构面，上下两盘齿不啮合，呈松开错位状态，开始剪切很少发生剪胀，甚至出现垂直结构面方向的负位移，切应力增长缓慢，并最终趋于稳定。

齿状（波状）结构面可简化为图4-9a所示的力学模型。受剪切结构面上有凸台，凸台角（或称起伏角）为 i，模型上半部分作用有剪力 T 和法向力 N，模型下半部固定不动。在切应力作用下，模型上半部沿凸台斜面滑动，除了有切向运动外，还产生向上的移动。在剪切变形过程中，剪力和法向力的复合作用可能使凸台剪断或拉坏，此时剪胀现象消失（见图3-9b）。当法向力较大，或结构面强度较小时，T 持续增加，使凸台沿根部剪断或拉破坏，结构面剪切过程中没有明显的剪张（见图3-9c）。从这个模型里可以看出，结构面的剪切变形与岩石强度、结构面粗糙度和法向力有关。

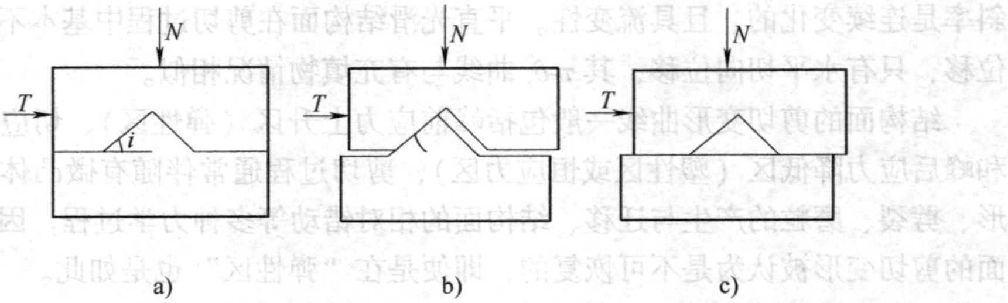

图 4-9 齿状（波状）结构面的剪切

（2）充填结构面的剪切变形　充填结构面有胶结与未胶结之分，填充物成分、粒度及厚度对结构面的变形性质都有影响，情况十分复杂。粘土质软夹层、泥化夹层和次生夹泥层等软弱夹层的剪切变形曲线一般有两种形式（见图 4-10），一种是峰值强度与残余强度相等，另一种是峰值强度大于残余强度，其剪切破坏实质上是充填物夹层的剪切破坏，不像坚硬岩石剪切破坏那样带有突然性，均为塑性破坏或近于塑性破坏，峰值强度与残余强度相差不大。

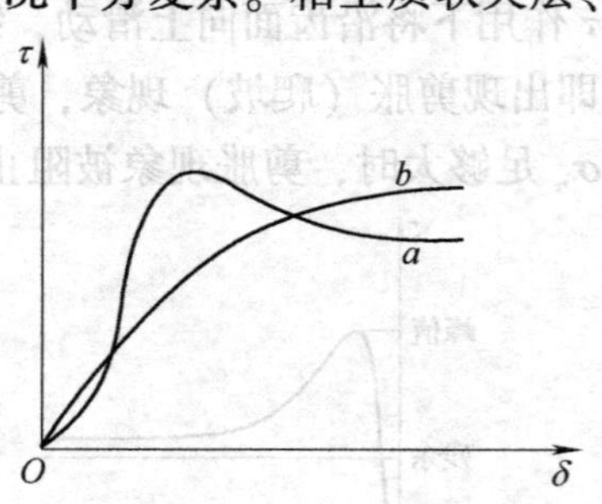

图 4-10　粘土软质夹层泥化夹层切应力 τ 与位移 δ 关系曲线

（3）结构面的剪切刚度　图 4-6b 中结构面剪切变形中峰前应力上升区内单位变形的应力梯度称为结构面的剪切刚度，用 K_s 表示，其值等于相应段曲线的斜率，即

$$K_s = \frac{\partial\tau}{\partial\delta_t} \tag{4-13}$$

试验研究表明，较坚硬结构面的剪切刚度多为常数，松软结构面的剪切刚度则随正应力变化而变化。古德曼（R. E. Goodman）通过研究认为剪切刚度 K_s 可表示为

$$K_s = K_{s0}\left(1 - \frac{\tau}{\tau_s}\right) \tag{4-14}$$

式中　K_{s0}——初始剪切刚度；

τ_s——产生较大剪切位移时的切应力渐近值。

3. 结构面的抗剪强度

结构面的抗剪强度可以定义为结构面发生剪切错动或滑动时的极限切应力，它是结构面最重要的力学性质之一。从结构面的变形分析可以看出，结构面在剪切过程中的力学机制比较复杂。构成结构面抗剪强度的因素是多方面的，大量试验结果表明，结构面抗剪强度一般形式与莫尔-库仑破坏准则相似，即

$$\tau = \sigma_n \tan\phi_j + c_j \tag{4-15}$$

式中　σ_n——结构面上的正应力（MPa）；

ϕ_j——结构面上的内摩擦角（°）；

c_j——结构面上的内聚力（MPa）。

其中

$$\phi_j = \phi_b + i$$

式中　ϕ_b——岩石平坦表面基本内摩擦角（°）；

i——结构面上凸台斜坡角（起伏角）（°）。

ϕ_b 可以通过简单的试验得到，而在无试验资料可供利用的情况下，可参考巴顿（Barton）试验所得到的常见岩石基本内摩擦角（见表4-2）进行选择。

表4-2　常见岩石基本内摩擦角

序号	岩石名称	ϕ_b（°）	序号	岩石名称	ϕ_b（°）
1	角闪岩	32	8	花岗岩（粗粒）	31~35
2	玄武岩	31~38	9	石灰岩	33~40
3	砾岩	35	10	斑岩	31
4	白云岩	27~31	11	砂岩	25~35
5	白垩岩	30	12	页岩	27
6	片麻岩（片状）	23~39	13	粉砂岩	27~31
7	花岗岩（细粒）	29~35	14	板岩	25~30

图4-11所示为结构面凸台模型的切应力与正应力的关系曲线，结构面开始剪切阶段，切应力上升较快，随着切应力和剪切变形增加，结构面上部分凸台会被剪断，此后切应力上升梯度减小，直到达到峰值抗剪强度。但是，不同特征结构面的抗剪强度曲线存在差异，这里介绍几种典型特征的结构面抗剪强度曲线。

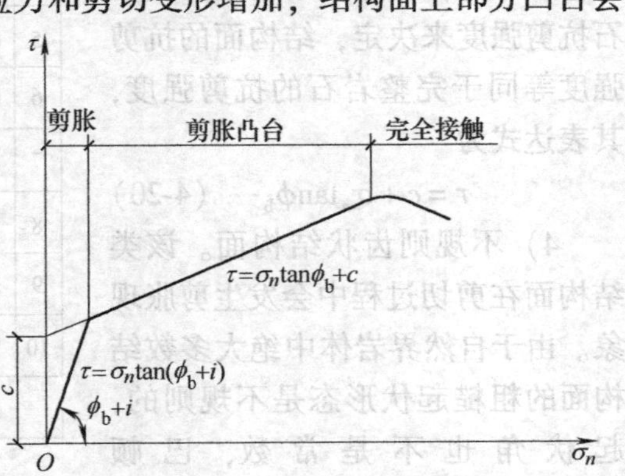

图4-11　凸台模型的切应力与正应力的关系曲线

（1）无充填物的结构面

1）平直光滑结构面。该类结构面上的内聚力 c 可忽略不计，且起伏角 $i=0$，抗剪强度仅随正应力 σ_n 增大而增大，相应的抗剪强度曲线可表示为

$$\tau = \sigma_n \tan\phi_b \tag{4-16}$$

2）平直光滑且局部连接或啮合台阶状结构面。该类结构面的抗剪强度由于

结构面中的局部连接或台阶啮合处岩石的抗剪作用，抗剪强度曲线可表示为

$$\tau = \frac{(c + \sigma_n \tan\phi)\ A_1 + A_2 \sigma_n \tan\phi_b}{A} = \frac{A_1}{A} c + \sigma_n \left(\frac{A_1 \tan\phi + A_2 \tan\phi_b}{A} \right) \tag{4-17}$$

式中 c、ϕ——完整岩石抗剪强度参数，反映连接和啮合部分岩石的作用；

A_1、A_2、A——啮合部分的接触面积、未啮合部分的接触面积和接触总面积。

式（4-17）可以简化为

$$\tau = c_1 + \sigma_n \tan\phi_1 \tag{4-18}$$

式中 c_1——与啮合部分面积与总面积之比有关的广义内聚力；

ϕ_1——同时与啮合部分面积、未啮合部分面积、不连续面内摩擦角以及完整岩石内摩擦角有关的广义内摩擦角。

3）规则齿状（波状）结构面。该类不连续面在正应力 σ_n 很小时，将沿齿面滑动，结构面张开，发生剪胀现象。而在正应力 σ_n 足够大时，则会完全阻止剪胀现象而沿齿根部位剪断。因此，不同的正应力条件的抗剪强度表达式不同。

当正应力 σ_n 很小时，结构面将沿齿面向上滑动。单位齿面面积的齿面的水平投影面积为 $1 \times \cos i$，即相应部分结构面的水平投影面积为 $\cos i$，可以导出相应的抗剪强度表达式

$$\tau = \sigma_n \tan\ (\phi_b + i) \tag{4-19}$$

当正应力足够大时，结构面将沿齿根部位剪断，这时的结构面抗剪强度不再取决于齿面基本内摩擦角和起伏角，而是由结构面两侧岩石抗剪强度来决定，结构面的抗剪强度等同于完整岩石的抗剪强度，其表达式为

$$\tau = c + \sigma_n \tan\phi_b \tag{4-20}$$

4）不规则齿状结构面。该类结构面在剪切过程中会发生剪胀现象。由于自然界岩体中绝大多数结构面的粗糙起伏形态是不规则的，起伏角也不是常数，巴顿（N. Barton）建议用剪胀角 α_d 代替起伏角 i，剪胀角即剪切时剪切位移的轨迹线与水平线的夹角，可用沿结构面位移 δ_t 与垂直结构面位移 δ_n 来表述（见图 4-8），即

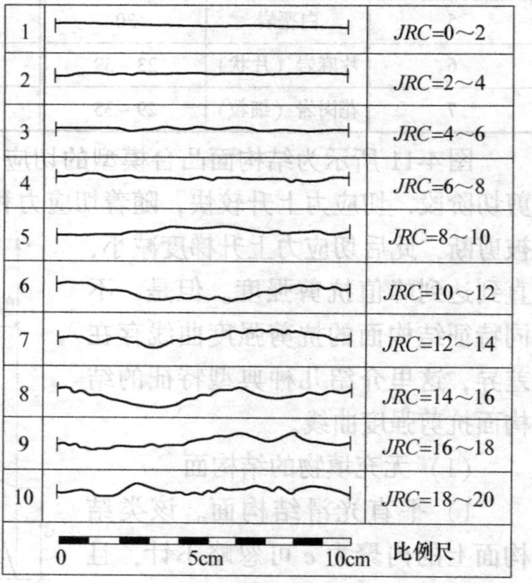

图 4-12 标准粗糙程度剖面与 *JRC* 值

（据 Barton 和 Choubey，1977 年）

$$\alpha_{d} = \arctan\left(\frac{\delta_{n}}{\delta_{t}}\right) \tag{4-21}$$

试验结果统计发现，峰值剪胀角不仅与凸起高度有关，而且与作用于结构面上的正应力 σ_n、结构面的抗剪强度 τ 以及结构面壁岩强度 JCS 相关。可表示为

$$\alpha_{d} = \frac{JRC}{2}\lg\left(\frac{JCS}{\sigma_{n}}\right) \tag{4-22}$$

式中 JCS——结构面壁岩强度，一般用斯密特锤来确定其大小，未风化结构面的 JCS 可取为结构面岩石的单轴抗压强度；

JRC——结构面粗糙度系数，分10级，取值为0~20，根据结构面粗糙程度，可参照标准粗糙程度剖面与 JRC 值（见图4-12）来确定。

巴顿等（N. Barton，V. Choubey，1977年）综合考虑正应力 σ_n、粗糙度系数 JRC 和结构面壁岩强度 JCS 三个因素，提出了结构面的抗剪强度公式

$$\tau = \sigma_{n}\tan\left[JRC\lg\left(\frac{JCS}{\sigma_{n}}\right) + \phi_{b}\right] \tag{4-23}$$

式中符号同前。

表4-3列出了各类无充填物结构面的抗剪强度指标。

表4-3 各类无充填物的结构面抗剪强度指标

结构面形状	内摩擦角 ϕ（°）	内摩擦系数 f	内聚力 c /MPa	结构面地质类型
平直或呈波状、光滑	<20	<0.36	<0.05	滑石片岩片理面、绢云母岩片理面、云母片岩片理面等
平直、表面细致	0~30	0.36~0.58	0.05~0.1	粘土岩层面、泥灰岩层面、页岩层面、千枚岩片理面、绿泥岩片理面等
平直或呈微波状起伏	30~40	0.58~0.84	0.05~0.1	砂岩层面、灰岩层面、部分页岩层面、平直光滑X节理劈理面等
波状起伏，表面角粗糙，有些呈锯齿状，追踪张裂隙	>40	>0.84	≥0.08~0.1	各种坚硬岩体的构造裂隙、部分灰岩层面、砂岩层面等

（2）有充填物的结构面 由于充填有软弱物质，且充填物质发生了不同程度的胶结，因此，有充填物的结构面抗剪强度曲线与无充填物的结构面一样，即为式（4-15），但充填物成分、厚度不同，抗剪强度参数不同。

依据不同的充填物颗粒成分，常见的有泥化夹层和夹泥层、碎屑夹层和角砾

碎屑夹层等几种类型的充填结构面。充填物颗粒成分对结构面抗剪强度影响较大，碎屑颗粒越粗，含量越高，结构面抗剪强度则越高；而碎屑颗粒越细且含量多时，结构面抗剪强度越低。尤其当粘土颗粒含量多时，强度降低更为显著。当结构面充填不夹泥的薄层角砾且结构面两盘岩石较软时，结构面抗剪强度不但不降低，反而较无充填物的结构强度高。如含铁锰角砾石碎屑夹层直剪试验测得的层面摩擦系数 $f=0.65 \sim 0.85$。表 4-4 为常见有充填物软弱结构面抗剪强度指标。

表 4-4　有充填物的结构面抗剪强度指标

夹层类型	摩擦系数 f	内聚力 c/MPa
泥化夹层	0.15 ~ 0.25	0.049 ~ 0.02
碎屑夹泥层	0.3 ~ 0.4	0.02 ~ 0.04
碎屑夹层	0.5 ~ 0.6	0 ~ 0.1
含铁锰角砾石碎屑夹层	0.65 ~ 0.85	0.03 ~ 0.15

充填物厚度对结构面的抗剪强度影响较大，其影响程度可用充填物厚度 d 与结构面起伏差 Δh 来体现。这里用充填物厚度 d 与结构面起伏差 Δh 之比表示充填度，即 $d/\Delta h$。根据中国科学院地质研究所对朱庄水库试验资料整理，充填物与结构面摩擦系数 f 的关系如图 4-13 所示。可以看出，当结构面内夹泥层厚度小于起伏差，即充填度小于 100% 时，充填度对结构面的影响很大，摩擦系数随充填度增大而急剧降低。当充填度大于 200%，即充填厚度大于起伏差两倍时，结构面抗剪强度才趋于稳定，不再随厚度增大而降低。此时，结构面强度取决于充填物的强度。表 4-5 列出了各类粘土软夹层的抗剪强度的指标。

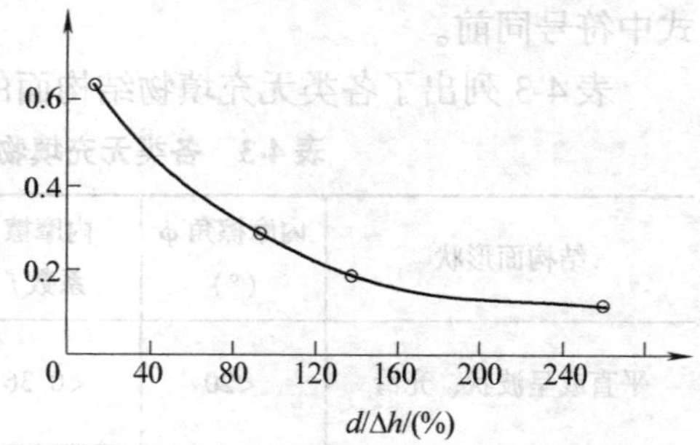

图 4-13　充填度与结构面摩擦系数 f 的关系曲线

4. 影响结构面力学性质的因素

结构面力学性质的影响因素除了前面提到的结构面两侧结构体的力学性质、结构面几何特征及填充物的力学性质外，还与结构面的尺寸大小、前期变形历史、含水量和后期加载过程等有关。

(1) 尺寸效应　结构面的力学性质具有尺寸效应。巴顿等（N. Barton, S. C. Bandis, 1982 年）用不同尺寸的结构面进行了试验，研究结果表明，当含结构面的试件长度从 5 ~ 6cm 增加到 36 ~ 40cm 时，平均峰值内摩擦角降低约 8° ~ 12°。随着试件面积的增加，平均峰值切应力呈减小趋势。结构面的尺寸效应还体现在以下几个方面：

表4-5　国内外某些粘土质软弱夹层的抗剪强度指标

（长江水利水电科学院资料）

工程名称	结构面类型	摩擦系数 f			内聚力 c/MPa
		室内	现场	室外	
朱庄水库	泥质砂岩中泥化夹层	0.352	0.339	0.019	0.028
朱庄水库	页岩全部泥化	0.354	0.380	0.01	0.014
朱庄水库	粘土夹层层面、石英砂岩中夹泥层	0.2	0.15		0
桓仁水电站	安山凝灰岩中泥化层	0.20	0.20	0.005	0.05
上犹江水电站	软弱夹泥层	0.28	0.27	0.041	0.05
四川某坝址	软弱夹泥层	0.52	0.51	0	0.044
辽宁浑河某坝址	软弱夹泥层	0.23	0.19	0.014	0.014
梅多班克支墩坝（澳大利亚）	粉土质软弱夹层	0.65	0.35	0.014	0.014
梅多班克支墩坝（澳大利亚）	砂岩裂隙中塑性粘土充填物	0.15	0.25	0.046	0.007

1）随着结构面尺寸的增大，达到峰值强度的位移量增大。

2）随着尺寸的增大，剪切破坏形式由脆性破坏向延性破坏转化。

3）尺寸加大，峰值剪胀角减小。

4）随结构面粗糙度减小，尺寸效应也减小。

结构面的尺寸效应在一定程度上与表面凸台受剪破坏有关。对试验过的结构面观察发现，大尺寸结构面最大的凸台发生剪断破坏，剪切过程中真正接触点数很少，但接触面积大；小尺寸结构面接触点数多，而每个点的接触面积较小。

研究还发现，结构面壁岩的抗压强度 *JCS* 与试件的尺寸成反比，结构面壁岩的抗压强度与峰值剪胀角是引起尺寸效应的基本因素。不同尺寸的结构面上述各种因素在抗剪阻力中所占的比例不同，小尺寸结构面凸台破坏和峰值剪胀角所占比例均高于大尺寸结构面。当正应力增大时，结构面尺寸效应将随之减小。

（2）前期变形历史　自然界中结构面在形成过程中和形成之后，大多经历过位移变形。结构面的抗剪强度与变形历史密切相关，即新鲜结构面的抗剪强度明显高于受过剪切作用的结构面的抗剪强度。耶格（J. C. Jaeger）通过试验发现，当第1次进行新鲜结构面剪切试验时，试样具有很高的抗剪强度。沿同一方向重复进行到第7次剪切试验时，试验还保留峰值与残余值的区别，当进行到第15次时，已看不出峰值与残余值的区别。说明在重复剪切过程中结构面上凸台被剪断、磨损，岩粒、碎屑产生并迁移，使结构面的抗剪力学行为逐渐由凸台粗糙度和起伏度终止转化为由结构面上碎屑的力学性质所控制。

（3）含水量　由于水对泥夹层的软化作用，含水量的增加使泥质矿物内聚力和结构面摩擦系数急剧下降，使结构面的法向刚度和抗剪强度大幅度下降。暴雨引发岩体滑坡事故正是由于结构面含水量剧增的缘故，因此，水对岩体稳定性的影响不可忽视。在岩土工程中经常遇到岩体软弱夹层和断层破碎带，它的存在常导致岩体滑坡和隧道坍塌，这也是岩土工程治理的重点。软弱夹层力学性质与其岩性矿物成分密切相关，其中以泥化物对软弱结构面的软化作用最为显著。同时，矿物粒度的大小与分布也是控制变形与强度的主要因素。有研究表明，泥化物中存在大量诸如蒙脱石、伊利石、高岭石等亲水性粘土矿物，一般水稳性都比较差，对岩体的力学性质影响显著。

（4）时效性　泥化夹层有时效性，在恒定荷载下会产生蠕变变形。一般认为充填结构面长期抗剪强度比瞬时强度低15%～20%。在抗剪参数中，泥化夹层的时效作用主要表现在 c 值的降低，对内摩擦角的影响较小。因为软化夹层的存在表现出时效性，必须注意岩体长期抗剪强度的变化和预测，保证岩体的长期稳定性，从而确保岩石边坡等工程结构的安全。

4.2.3　岩体中结构体的特征

岩体中不同规模的结构面切割出不同大小的结构体，大结构体包含了小规模的结构面，从而进一步切割出小结构体，形成一系列不同级次的结构体。不同规模的结构面及其组合特征，决定了结构体的特征，导致了特征各异的岩体力学特性的复杂性。

结构体的形状与切割岩体的结构面组数有关。结构体可按形状可分为柱状（见图4-14a～c）、板状（见图4-14d～f）、锥形（见图4-14g～j）等类别。板状结构体通常是由一组平行结构面分割形成的结构体，如劈理、剪切节理和层间错动形成的结构体。

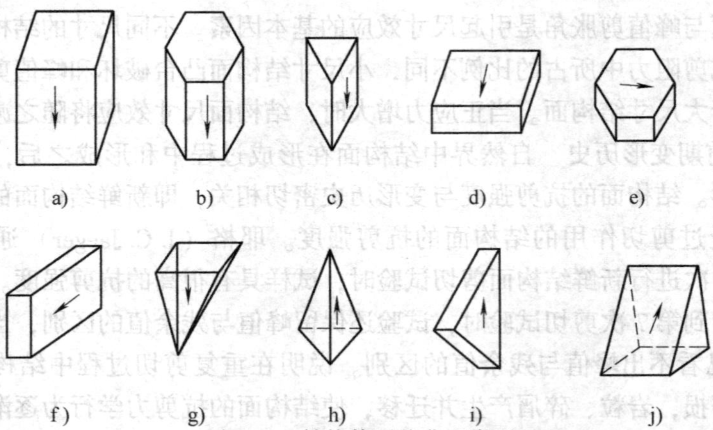

图4-14　结构体形状典型类型

结构体形状还与岩石类型有关。例如，玄武岩、流纹岩常由单一的柱状或块状结构体组成，花岗岩、闪长岩由原生节理切割成短柱状或块状结构体，厚层砂岩与灰岩常由块状结构体组成，薄层及中厚层砂页岩互层岩体在层间错动下常形成板状结构体。

同时，结构体形状与区域构造运动强度密切相关。在轻微构造运动带大多发育棋盘格式节理，它切割成的结构体多数为短柱状六面体。在强烈构造运动带，节理组数多，大多3~4组，常成米字形组合，在它的切割下形成的结构体常呈多边形、角柱状、楔锥体，在劈理发育地区，则发育有板状结构体。

工程岩体的破坏方式与结构体形状有关。例如，地下岩体工程拱顶部位水平临空板状结构体可能出现弯曲折断，而边墙部位直立板状结构体则可能发生溃屈破坏；如果是临空锥形结构体，在拱顶部位可能会导致拱顶岩石冒落或边墙滑动破坏。

4.2.4　岩体结构基本类型

如前所述，结构面和结构体是岩体的两个基本要素，根据结构面类型（软弱结构面与坚硬结构面）与结构面切割程度或结构体类型，可将岩体结构划分为不同级次与类型。

1）以结构面类型作为第一划分依据，规定软弱结构面为Ⅰ级岩体结构，坚硬结构面为Ⅱ级岩体结构。

2）以结构面切割程度与结构体类型作为第二划分依据，规定岩体结构类型如图4-15所示。

- Ⅰ级岩体结构
  - 块状结构体——块裂结构
  - 板状结构体——板裂结构
- Ⅱ级岩体结构
  - 结构面贯通切割——碎裂结构
  - 结构面断续切割——断续结构
  - 无显结构面切割——完整结构
- 过渡型岩体结构：软硬结构面混杂、结构面无序状排列——散体结构

图4-15　岩体结构类型

岩体结构分类的最终目的是为了服务于岩体工程。值得提出的是，岩体结构具有相对性，工程岩体结构则具有惟一性。岩体结构随工程规模的不同而改变，只有在确定的地质条件和工程尺寸条件下，工程岩体结构才是惟一确定的。如图4-16所示，在图中的工程岩体中，建设1、2、3、4、5不同规模的洞室，不同洞室中的岩体结构类型是不同的。

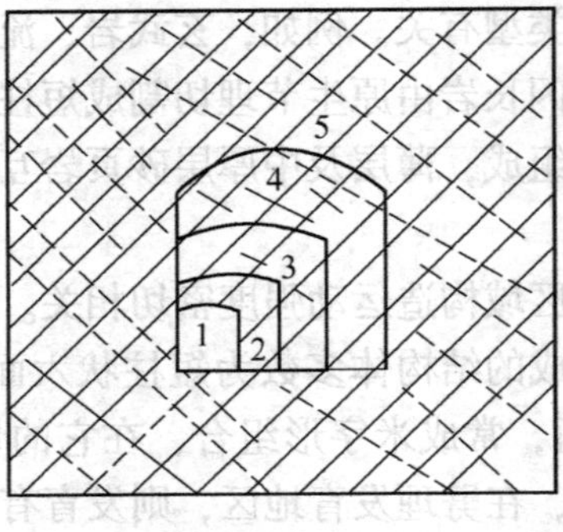

图 4-16 岩体结构与硐室工程尺寸之间的关系

1—完整结构 2—板裂结构 3—块裂结构 4—断续结构 5—碎裂结构

4.3 岩体的变形性质

岩体变形是岩体工程的设计与施工控制的基本参数之一，同时也是评价工程岩体稳定性的重要指标。岩体中存在大量的结构面，结构面中往往又有各种充填物。一定应力条件下的岩体变形应该是岩石（块）材料变形和结构变形之和，主要包括结构面闭合、充填物压密以及结构体滑移与转动等变形，岩体的结构变形通常起着控制作用。岩体的变形性质主要通过原位岩体变形试验进行研究。与结构面的变形类似，岩体的变形也主要是包括压缩变形和剪切变形。

4.3.1 岩体变形曲线及其特征

1. 岩体压缩变形

岩体变形试验中，可对岩体进行逐级循环加载，并对每级加载变形稳定时的变形量 W 与荷载 p 进行记录，得到图 4-17 所示的现场岩体循环加载压力-变形全过程曲线（p-W 曲线）。由于岩体内部的结构调整、结构面压密与闭合，使得 p-W 曲线通常呈上凸形。同时，由于岩体压缩过程结构面的闭合、滑移与错动，加载过程中卸载回弹变形有滞后现象，并出现不可恢复的残余变形（永久变形）。随着外荷载的增加，残余变形量的增长速度变小，累计残余变形增大。岩体内结构面数量越多、岩体越破碎，岩体的弹性越差，卸载变形曲线滞后变形量越大。岩体弹性变形差的原因是结构面非弹性变形部分消耗能量所致，该部分能量主要用于岩体结构的调整、结构面的压密以及结构体相互滑移与错动。当加载达到岩体峰值压力后，岩体开始出现破坏，压力随之下降，岩体的破坏过程一般呈柔性特征，由于岩体的结构效应，破坏后岩体仍存在一定的残余强度。岩体破坏后的压力下降与岩体完整性密切相关，通常，岩体完整性越差，岩体越破碎，应力下降就越小，岩体脆性越差。

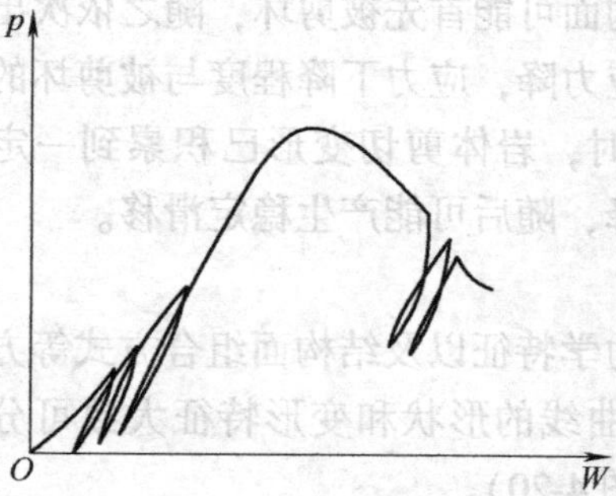

图 4-17 岩体循环加载 p-W 曲线

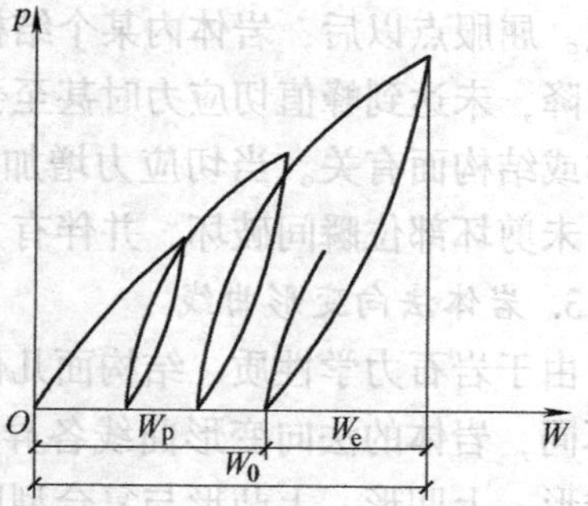

图 4-18 岩体塑性变形与弹性变形

循环荷载作用下岩体卸载段曲线与下一级加载曲线形成回滞环，卸载荷载不降至零时（见图 4-17），随外荷载加大或循环次数的增多，回滞环逐级向后移动，究其原因主要是岩体裂隙结构面逐级被压密与啮合所致。循环加、卸载次数越多，结构体与结构面压密程度越高，回滞环上的滞后变形量越小，甚至回滞环会逐渐演变成一条线，岩体变形也由结构控制转变为结构效应的消失。外荷载降至零且持续一定时间后，岩体产生较大的回弹变形，即岩体弹性变形能释放（见图 4-18）。岩体变形由弹性变形 W_e 与残余变形 W_p（或称塑性变形）组成，那么岩体总变形量 W_0 可以表示为

$$W_0 = W_e + W_p \tag{4-24}$$

如果岩体的总变形量 W_0 与荷载压力 p 确定，可针对不同的岩体变形试验用相应计算公式确定岩体变形模量 E_m。岩体的弹性模量 E_{me} 亦可由岩体弹性变形值 W_e 与相应的荷载压力 p 来确定。岩体的弹性模量是指无侧限压缩条件下的应力与弹性应变的比。

表征岩体变形的力学指标有 W_e/W_0、W_p/W_0 以及 E_{me}/E_m 等，不同国家与地区各有取舍。由于不同荷载压力条件下的岩体变形指标各异，因此，用到上述表征指标必须明确具体的荷载级别水平。

2. *岩体剪切变形*

岩体的剪切变形是许多岩体工程特别是边坡工程中最常见的一种变形模式，如隧道与地下工程拱肩失稳、边坡滑坡以及坝基底部剪滑等。实际岩体变形具有单因素性或几种变形兼而有之。沿某一组结构面剪切滑移或沿岩体内部薄弱部位剪断则体现岩体变形的单因素性。

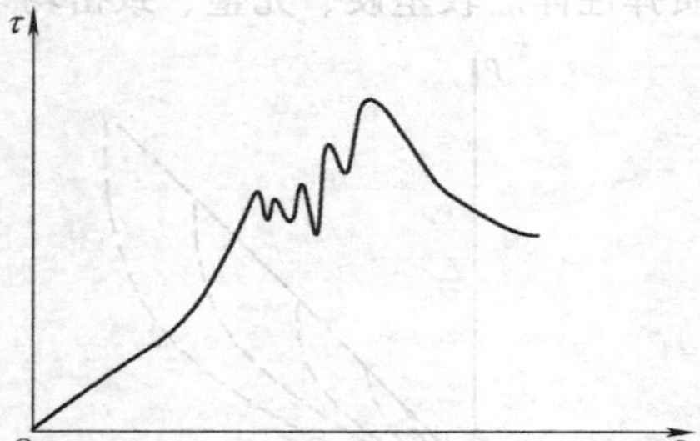

图 4-19 岩体原位抗剪试验曲线

图 4-19 为岩体剪切变形曲线，未达到屈服点时，剪切变形曲线与压缩变形

相似。屈服点以后，岩体内某个结构体或结构面可能首先被剪坏，随之依次出现应力降，未达到峰值切应力时甚至会有多次应力降，应力下降程度与被剪坏的结构体或结构面有关。当切应力增加到一定值时，岩体剪切变形已积累到一定程度，未剪坏部位瞬间破坏，并伴有大的应力降，随后可能产生稳定滑移。

3. *岩体法向变形曲线*

由于岩石力学性质、结构面几何特征与力学特征以及结构面组合方式等方面的不同，岩体的法向变形曲线各异。按 p-W 曲线的形状和变形特征大致可分为直线形、上凹形、上凸形与复合型四类（见图 4-20）。

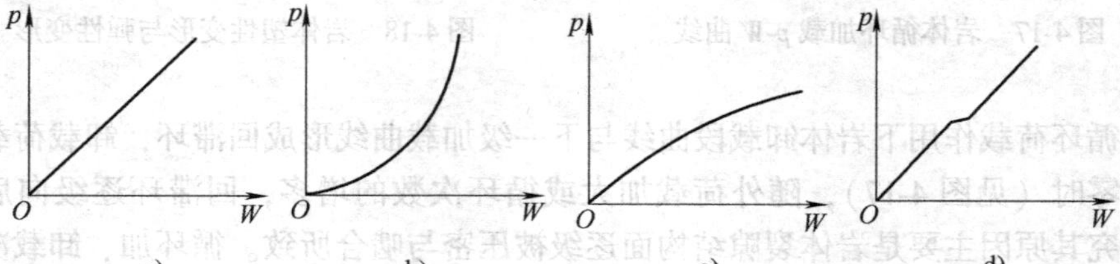

图 4-20　岩体变形曲线类型示意图

a）直线形　b）上凹形　c）上凸形　d）复合型

（1）直线形　该类线型为一通过原点的直线（见图 4-20a），反映了岩体在加压过程中 W 随着 p 成正比增加。岩性均匀且结构面不发育或结构面分布均匀的岩体法向变形曲线多呈直线形。根据斜率大小与卸压曲线特征，又可分为陡直线形与缓直线形两类。

陡直线形（见图 4-21a）p-W 曲线斜率较大，直线较陡，说明岩体刚度大，不易变形。卸压后变形几乎恢复到原点，以弹性变形为主，反映出岩体接近于均质弹性体。较坚硬、完整、致密均匀、少裂隙的岩体多具陡直线特征。

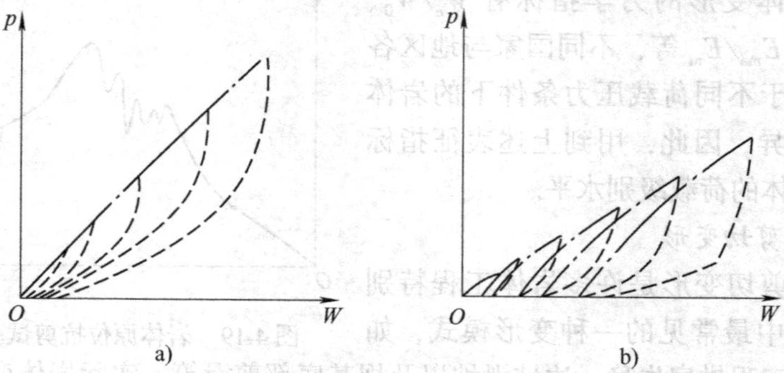

图 4-21　直线型法向变形曲线

a）陡直线形曲线　b）缓直线形曲线

缓直线形（见图 4-21b）p-W 曲线斜率较小，直线较缓，反映出岩体刚度低、易变形。卸压后岩体变形只能部分恢复，有明显的塑性变形和回滞环。该类线型虽是直线，但不呈弹性，相应的岩体多为由多组结构面切割且结构面分布较均匀的岩体或岩性较软弱的均质岩体。另外，平行层面加压的层状岩体的法向变形曲线也多呈缓直线形。

（2）上凹形　层状及节理岩体的变形曲线多呈上凹形（见图 4-20b）。根据加卸载曲线也可分为两类（见图 4-22）。

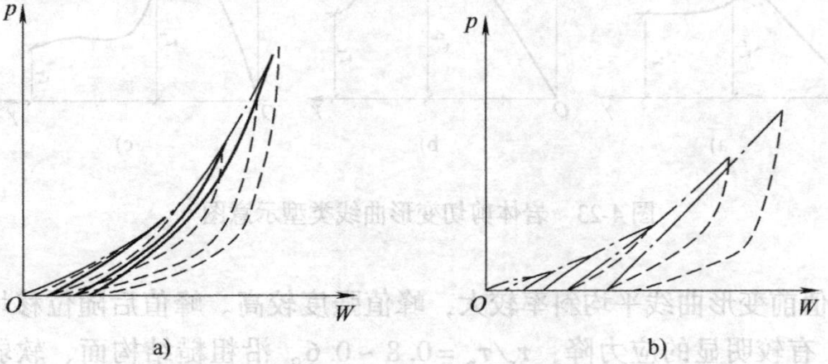

图 4-22　上凹形法向变形曲线

1）一类是每次加压曲线的斜率随加、卸压循环次数的增加而增大（见图 4-22a），即岩体刚度随循环次数增加而增大。各次卸压曲线相对较缓，且相互近于平行。弹性变形 W_e 和总变形 W_0 之比随 p 的增大而增大，说明岩体弹性变形成分较大。该类曲线多出现于垂直层面加压的较坚硬层状岩体中。

2）一类是加压曲线的斜率随加压循环次数的增加而增大，但卸压曲线较陡（见图 4-22b），说明卸压后变形大部分为塑性变形，不能恢复。存在软弱夹层的层状岩体及裂隙岩体常呈这类曲线。另外，垂直层面加压的层状岩体也可出现该类曲线。

（3）上凸形　p-W 曲线呈上凸形（见图 4-20c）。结构面发育且由泥质充填的岩体，以及埋藏较深且有软弱夹层或岩性软弱的岩体（粘土岩、风化岩）等常呈该类曲线。

（4）复合型　p-W 曲线呈阶梯或 S 形（见图 4-20d）。结构面发育不均匀或岩性不均匀的岩体常呈该类曲线。

实际岩体的 p-W 曲线是比较复杂的，应注意结合实际岩体地质条件加以分析。

4. 岩体剪切变形曲线

原位岩体剪切试验研究表明，岩体的剪切变形曲线十分复杂。沿结构面剪切和剪断岩体的剪切曲线明显不同，同时，沿平直光滑结构面和粗糙结构面的剪切曲线也各异。根据切应力-应变（τ-γ）曲线的形状及残余强度（τ_r）与峰值强度（τ_p）的比值，可将岩体剪切变形曲线分为图4-23所示的三类。

1）峰值前变形曲线的平均斜率小，破坏位移大，一般可达2~10mm；峰值后随位移增大强度损失很小或不变，$\tau_r/\tau_p=1.0\sim0.6$。沿软弱结构面剪切时的变形曲线常呈该类曲线，如图4-23a所示。

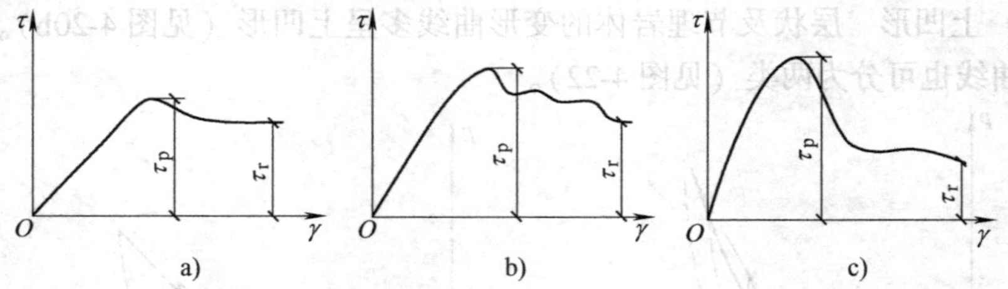

图4-23 岩体剪切变形曲线类型示意图

2）峰值前变形曲线平均斜率较大，峰值强度较高。峰值后随位移增大强度损失较大，有较明显的应力降，$\tau_r/\tau_p=0.8\sim0.6$。沿粗糙结构面、软弱岩体及强风化的岩体剪切时的变形曲线多属于这类曲线，如图4-23b所示。

3）峰值前变形曲线斜率大，曲线具有较明显的线性段和非线性段，比例极限和屈服极限较易确定。峰值强度高，破坏位移小，一般约1mm左右。峰值后随位移增大强度迅速降低，残余强度较低，$\tau_r/\tau_p=0.8\sim0.3$。剪断坚硬岩体时的变形曲线多属此类曲线，如图4-23c所示。

4.3.2 岩体变形试验

1. 岩体变形试验

岩体法向变形试验主要有承压板法，狭缝法，单、双、三轴压缩试验等。岩体剪切变形试验主要是倾斜剪切仪试验等。这里介绍现场常用的几种试验方法。

（1）承压板法 承压板法广泛用于地下工程、水利工程和边坡工程中。按承压板的刚度不同可分为刚性承压板法和柔性承压板法。

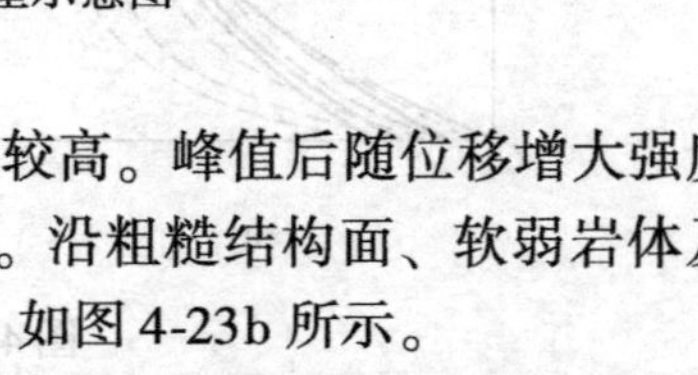

图4-24 承压板变形试验装置示意图

1—液压千斤顶 2—传力柱 3—钢板 4—混凝土顶板 5—变形计 6—承压板

刚性承压板法试验通常是在水平坑道中进行，其装置如图4-24所示。首先，选择好具代表性的岩体部位，避开岩体中大的断层与破碎带，并清除相应岩面浮石，平整岩面。然后，依次装上承压板、液压千斤顶、传力柱和变形计等。随后，将洞顶作为反力装置，通过液压千斤顶对岩面施加荷载，并由变形计测量并记录岩体的变形值。试验岩面的受荷面积应根据岩体裂隙发育情况与加载设备的加载值大小而定，通常以0.25 ~1.0m^2为宜。承压板尺寸应与受荷面积相同，并具有足够的刚度。试验时，先将预定的最大荷载分为若干级，采用逐级依次循环法加压。在加压过程中，同时测量并记录各级压力（p）下的岩体变形值（W），绘制p-W曲线（见图4-18）。通过某级压力下的变形值，用布辛奈斯克（J. Boussineq）公式计算岩体的变形模量E_m和弹性模量E_{me}。

$$E_m=\frac{pD(1-\mu_m^2)\omega}{W_0} \tag{4-25}$$

$$E_{me}=\frac{pD(1-\mu_m^2)\omega}{W_e} \tag{4-26}$$

式中 p——承压板单位面积上的压力（MPa）；
D——承压板的直径或边长（cm）；
W_0、W_e——对应压力p时的岩体总变形和弹性变形（cm）；
ω——与承压板形状与刚度相关的系数，圆形板取$\omega=0.785$，方形板取$\omega=0.886$；
μ_m——岩体的泊松比。

柔性承压板法与刚性承压板法试验类似，试验采用了柔性承压板，岩体的变形模量也要根据相应的公式进行计算。

上述承压板法可归结为表面承压板法，研究发现表面承压板法测得的岩体变形模量偏低，分析认为主要是工程爆破扰动、开挖引起岩体表面应力释放等原因造成围岩表面附近岩体大多发生了不同程度的松动所致。也就是说，表面承压板法必须在清除岩体表面浮石的条件下进行试验，且不能完全排除岩体松动的影响。目前，已开始应用孔底承压板法来测定岩体变形模量（见图4-25）。孔底承压板法计算公式与表面承压板法相同。测试结果表明，孔底承压板法测得的原位岩体变形参数比表面承压板试验测试结果高得多，有时甚至高达10余倍。

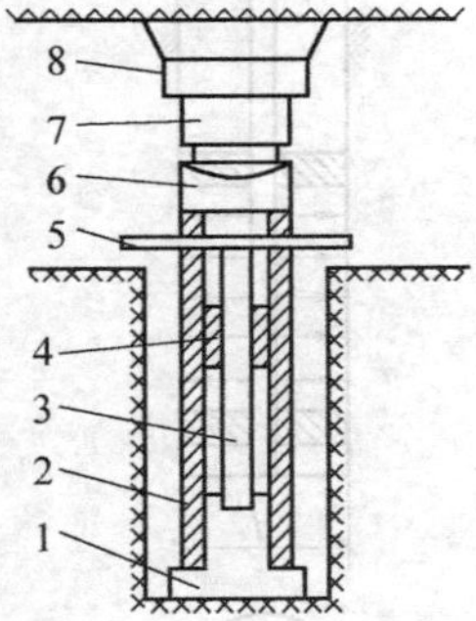

图4-25 孔底承压板法装置示意图
1—刚性呈压板 2—刚性传力柱 3—变形传递杆 4—定位块 5—变形测量杆 6—球面座 7—液压千斤顶 8—反力架

工程中，也将承压板法的测试成果与地质勘查、声波测试、原位钻孔等试验成果进行分析对比，以发挥其在工程设计与施工中的作用。

（2）钻孔变形法　钻孔变形法（见图4-26）是利用钻孔膨胀计（径向位移计或径向应变计）、水泵、压力计等仪器设备，在选定的典型岩体部位钻孔；然后，通过往两端密封的钻孔输送压力水，以对孔壁施加均匀的径向荷载，使一定尺寸的密封孔壁产生径向位移，并测量并记录各级压力（p）下的径向变形（U_r）；再利用基于厚壁筒理论推导出的相应公式计算岩体变形模量 E_m

$$E_m = \frac{pd(1+\mu_m)}{U_r} \tag{4-27}$$

式中　p——计算压力（MPa）；

d——钻孔孔径（cm）；

U_r——对应压力 p 时的钻孔壁径向变形（cm）；

其他符号同前。

类似的钻孔径向荷载试验也可采用径向压力枕与径向位移（应变）计实现，即通过径向压力枕同步对孔壁施加压力，用径向位移（应变）计量测相应条件下的径向变形。

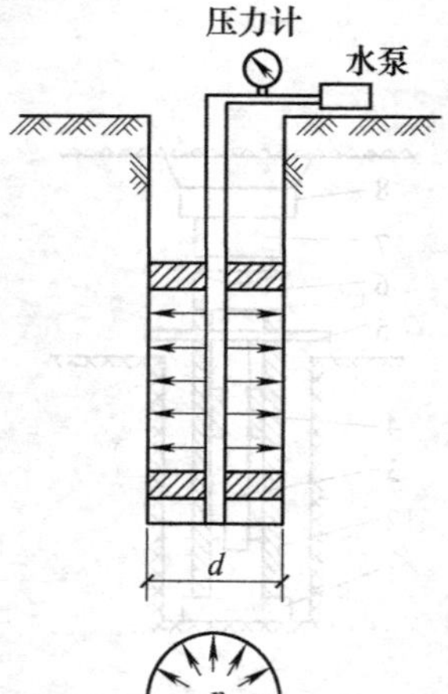

图4-26　钻孔变形试验示意图

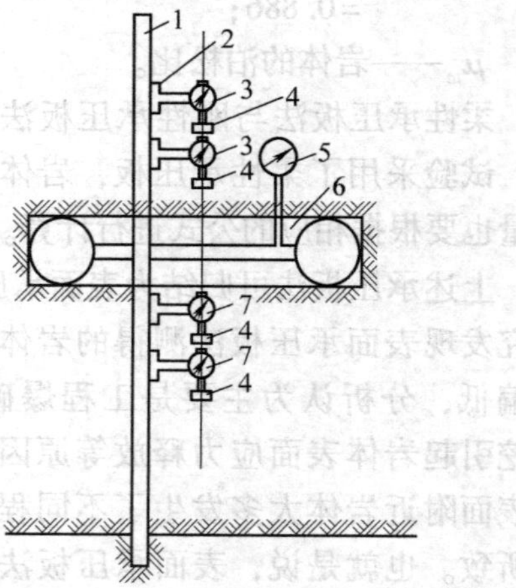

图4-27　狭缝法试验示意图

1—测杆　2—固定表架　3—百分表（绝对测量）
4—测量标点　5—压力表　6—扁液压千斤顶
7—千分表（相对测量）

（3）狭缝法　狭缝法即扁千斤顶法（见图4-27），是在选定的典型岩体部位的岩面凿出一条适合放置扁千斤顶的槽沟，并在槽沟安装好扁液压千斤顶（压力枕)，通过扁液压千斤顶对槽壁岩体分级施加法向压力，利用百分表或千分表测量并记录相应压力（p）下的变形值（W_r）。通过下式计算岩体的变形模量 E_m

$$E_m = \frac{pL}{2W_r}[(1-\mu_m)(\tan\theta_1 - \tan\theta_2) + (1+\mu_m)(\sin 2\theta_1 - \sin 2\theta_2)] \quad (4\text{-}28)$$

式中　p——作用于槽壁上的压力（MPa）；

L——放置量扁液压千斤顶的槽沟长度（cm）；

W_r——量测点 A_1 与 A_2 间的相对位移值（cm）（见图 4-28），$W_r = y_2 - y_1$；

θ_1、θ_2——量测点 A_1 与 A_2 与槽沟两端竖向中点夹角的 1/4（见图 4-28）（°）；

其他符号同前。

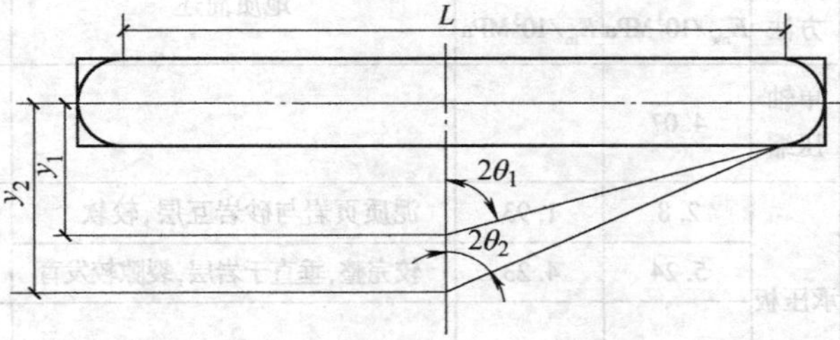

图 4-28　相对变形计算示意图

2. 几种试验方法对比

由于试验方法以及工具与手段等方面的差别，岩体变形试验各有优缺点，岩体变形参数的试验与计算结果也存在差异。

钻孔变形法相对承压板法，就存在以下优点：

1）对岩体扰动小。

2）可在地下水位以下及较深岩体部位进行。

3）试验方向基本上不受限制，试验压力可以达到很大值。

4）一次试验可以同时测量几个方向的变形，便于研究岩体的各向异性。

但是由于钻孔变形法试验涉及的岩体体积小，代表性受到限制，因此，钻孔变形法宜采用多点测试，测量参数取平均值。另外，钻孔变形法不适合测量受水影响较大的软岩、膨胀岩等岩体变形。

狭缝法对岩体扰动也较小，但是计算公式中参数较多，容易产生较大试验误差。

表 4-6 为不同试验方法测量几种岩体的弹性模量。表 4-7 为常见岩体的弹性模量和变形模量。

表 4-6　不同试验方法测定的弹性模量

岩体类型	弹性模量 $E_{me}/10^3$ MPa				备注
	无侧限受压（实验室，平均）	承压板法（现场）	狭缝法（现场）	钻孔变形法（现场）	
裂隙和成层的闪长片麻岩	80	3.72～5.84		4.29～7.25	Tehacapi 隧道
大块中等节理的花岗片麻岩	53	3.5～35.0		10.8～19.0	Dworshak 坝
大块的大理岩	48.5	12.2～19.1	12.6～21.0	9.5～12.0	Crestmore 矿

表 4-7　常见岩体的弹性模量和变形模量（据李先炜，1990 年）

岩体名称	承压面积/cm^2	应力 p /MPa	试验方法	弹性模量 $E_{me}/10^3$ MPa	变形模量 $E_m/10^3$ MPa	地质简述	备　注
煤	2025	4.03～18.0	单轴压缩	4.07			南非
页岩		3.5	承压板	2.8	1.93	泥质页岩与砂岩互层，较软	隔河岩，垂直岩层
				5.24	4.23	较完整，垂直于岩层，裂隙较发育	
				7.5	4.18	岩层受水浸，页岩泥化变松软	隔河岩，平行岩层
		0.7	水压法	19	14.6	薄层的黑色页岩	摩洛哥，平行岩层
				7.3	6.6	薄层的黑色页岩	
砂质页岩			承压板	17.26	8.09	二叠三叠纪砂质页岩	
				8.64	5.48	二叠三叠纪砂质页岩	
砂岩	2000		承压板	19.2	16.4	新鲜，完整，致密	万安
				3.0～6.3	1.4～3.4	弱风化，较破碎	
				0.95	0.36	断层影响带	
石灰岩	2500		承压板	35.4	23.4	新鲜，完整，局部有微风化	隔河岩
				22.1	15.6	薄层，泥质条带，部分风化	
			狭缝法	24.7	20.4	较新鲜完整	
				9.15	5.63	薄层，微裂隙发育	
			承压板	57.0	46	新鲜完整	乌江渡
				23	15	断层影响带，粘土充填	
					104	微晶条带，坚硬，完整	
					1.44	节理发育	
白云岩					7～12		鲁布格
			承压板	11.5～32.0			德国

（续）

岩体名称	承压面积/cm^2	应力 p /MPa	试验方法	弹性模量 $E_{me}/10^3MPa$	变形模量 $E_m/10^3MPa$	地质简述	备　注
片麻岩		4.0	狭缝法	30～40		密实	意大利
		2.5～3.0	承压板	13.0～13.4	6.9～8.5	风化	德国
花岗岩		2.5～3.0		40～50			丹江口
		2.0	承压板		12.5	裂隙发育	
				3.7～4.7	1.1～3.4	新鲜微裂隙至风化强裂隙	日本
玄武岩		5.95	承压板	38.2	11.2	坚硬，致密，完整	以礼河三级
		5.95		9.75～15.68	3.35～3.86	破碎，节理多，且坚硬	
		5.11		3.75	1.21	断层影响带，且坚硬	
辉绿岩				83	36	变质，完整，致密，裂隙微岩脉充填	丹江口
					9.2	有裂隙	德国
闪长岩		5.6	承压板		62	新鲜，完整	太平溪
					16	弱风化，局部较破碎	
石英岩			承压板	40～45		密实	摩洛哥

3. 岩体变形参数及其确定

岩体变形参数主要包括岩体的变形模量（E_m）与岩体泊松比（μ_m）两个参数。岩体泊松比在岩体变形分析中相对变形模量并不很敏感，一般可根据岩体优劣，在0.2（硬岩）～0.4（软岩）间选取适当值。岩体的变形模量可由现场试验直接求取，也可通过经验公式估算，或基于室内岩石试验获取岩石弹性模量（E_e）的同时，结合实际工程岩体质量评分指标适度折减估算确定，还可通过基于现场地质调查和室内岩石试验建立岩体地质力学模型来确定与计算相应的岩体变形参数。另外，还可结合应力波或声波测试资料来估算岩体的变形模量。

（1）现场试验直接求得　通过现场试验，如利用钻孔变形法试验或承载板法试验，均可直接求得岩体变形参数。但利用钻孔变形法试验时，变形试验段受压岩体体积甚为有限，结果通常不够准确。承载板法试验所得结果较具代表性。与室内岩石试验不同，在现场岩体变形试验存在工艺相对复杂与试验成本高、周期长的特点，因此，通常是在重要工程或大型工程中进行，岩体的变形参数往往需要运用现场岩体试验外手段与方法来确定与计算。

（2）经验公式估算　经验公式估算岩体变形参数主要基于岩体质量评价与大量岩石试验资料的岩体分类指标与岩体变形参数的经验公式。其中又可分为两类，第一类是只考虑岩体分级指标，另一类则同时考虑岩石材料单轴抗压强度（σ_c）与岩体分类指标。

1）仅考虑岩体分类指标。南非学者比尼奥斯基（Z. T. Bieniawski，1978 年）曾搜集大量钻孔变形法试验资料进行统计，提出钻孔岩石质量指标 *RQD* 和岩体变形模量与岩石弹性模量之比（E_m/E_e）的经验关系（见图 4-29），但其中较低 *RQD* 类岩体变形模量资料很少，同时钻孔 *RQD* 所能反应的岩体特性不够完整，因此该经验公式应用并不广。为克服钻孔 *RQD* 所体现的岩体特性不完整的缺点，比尼奥斯基提出了用岩体地质力学分类指标 *RMR* 估算岩体变形模量 E_m（单位：GPa）的经验公式，但公式仅适用于 $RMR>50$ 的岩体，即

$$E_m = 2RMR - 100, (RMR > 50) \tag{4-29}$$

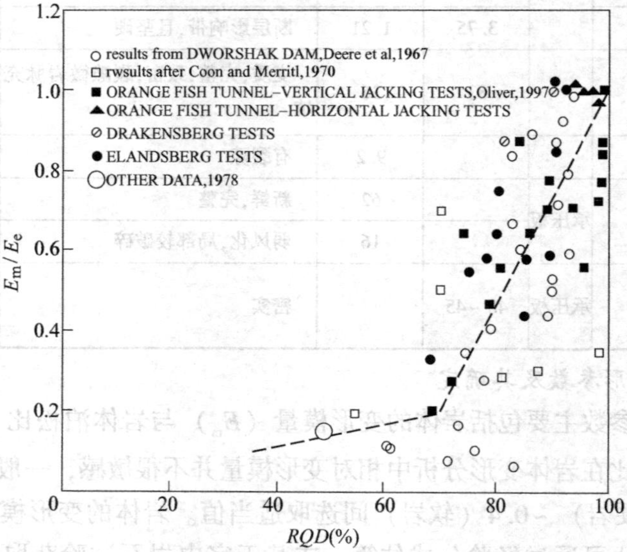

图 4-29　钻孔 *RQD* 与岩体变形模量比的关系

塞拉芬和佩瑞拉（J. L. Serafim，J. P. Pereira，1983 年）在比尼奥斯基提出的经验公式基础上，依据更为广泛的现场试验资料（见图 4-30），提出了更具一般性的经验公式以利用 *RMR* 值估算岩体变形模量，并可适用于更广泛的 *RMR* 值岩体，即

$$E_m = 10^{\left(\frac{RMR-10}{40}\right)} \tag{4-30}$$

随后，挪威的巴顿等人（N. Barton，1994 年）又在比尼奥斯基、塞拉芬和佩瑞拉提出的经验公式的基础上，主要依据巴顿岩体质量分类指标体系的应用经验，提出了以巴顿岩体质量分类指标 *Q* 值来估算岩体变形模量的经验公式

$$E_m = 10Q^{\frac{1}{3}}$$

上述以岩体质量评分值来估算岩体变形模量的经验公式，在随后的多年国际

应用中也还普遍存在争议。究其原因主要在于岩体特性存在区域差异，不同地区的岩体特性不同，使得上述经验公式并不能完全正确反映岩体变形特性。基于这方面的原因，国内外许多学者先后提出了更进一步的观点，如同时考虑岩体质量评分值与岩石材料特性或与岩石工程施工因素等相关条件以正确计算与选取岩体变形参数。

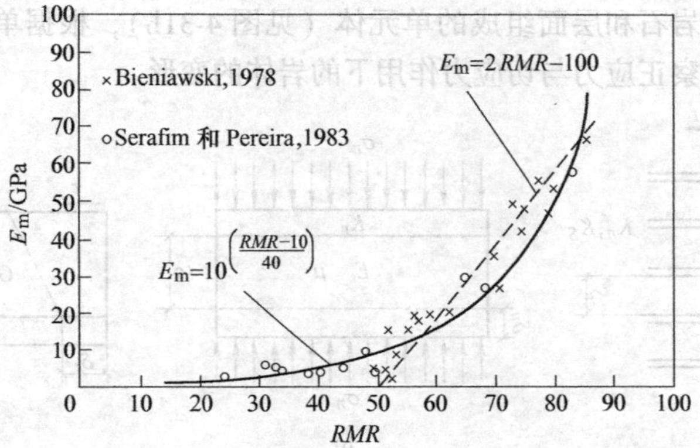

图4-30 岩体变形模量 E_m 与 RMR 关系

2）同时考虑岩石材料与岩体评分等级。印度学者拉曼迈西(T. Ramamurthy，1993年）提出均匀节理岩体变形模量的估算经验公式，同时考虑了岩石弹性模量 E_e 与 RMR 值，即

$$E_m = E_e e^{(0.056RMR-5.64)} \tag{4-31}$$

加拿大学者霍克和布朗（E. Hoek，E. T. Brown，1997年）建议同时考虑岩石单轴抗压强度（σ_c）与 RMR（GSI）值来估算岩体变形模量，并提出了相应的经验公式，经验公式主要是对塞拉芬和佩瑞拉经验式的修正，即

$$E_m = \sqrt{\frac{\sigma_c}{100}} \times 10^{\left(\frac{GSI-10}{40}\right)} \tag{4-32}$$

式中 GSI——不考虑节理方向与地下水时的 RMR 值。

针对采用爆破开挖的隧道与地下工程，考虑到爆破对岩体的损伤，霍克等人(E. Hoek，2002年）进一步建议可视实际开挖质量或施工对结构的扰动程度予以折减，相应的修正经验公式为

$$E_m = \left(1-\frac{D}{2}\right)\sqrt{\frac{\sigma_c}{100}} \times 10^{\left(\frac{GSI-10}{40}\right)} \tag{4-33}$$

式中 D——扰动系数，$0<D<1$。

(3）建立岩体地质力学模型　经验公式法主要用来估算裂隙岩体的变形参数，层状岩体可采用建立地质力学模型的方法来确定与计算其变形参数，如图

4-31a 所示。

假设各岩层岩石均质同性，岩层厚度为 S，但层面厚度或张开度忽略不计。在层状岩体的地质力学模型中建立 n-t 坐标系，其中 n-t 轴分别与岩层垂直和平行。由岩石室内试验确定岩石的变形模量 E、泊松比 μ、切变模量 G，并将岩体层面法向刚度与剪切刚度分别设为 K_n，K_s。

取一由岩层岩石和层面组成的单元体（见图 4-31b），根据单元体的不同受力情况，分别考察正应力与切应力作用下的岩体的变形。

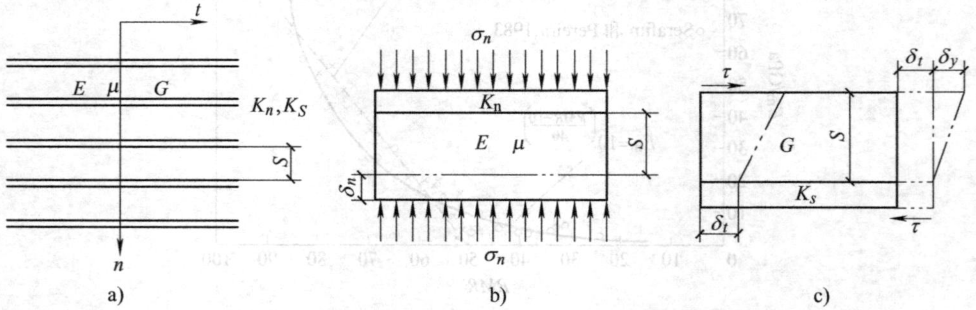

图 4-31 层状岩体地质力学模型及变形参数估算

1）正应力 σ_n 作用下的岩体变形参数。根据荷载作用方向又可分为法线方向和切线方向加 σ_n 两种情况。

①沿法向方向加载时（见图 4-31b），σ_n 作用下岩层岩石和层面产生法向方向变形 δ_n 与 δ_j

$$\delta_n = \frac{\sigma_n}{E}S \tag{4-34}$$

$$\delta_j = \frac{\sigma_n}{K_n} \tag{4-35}$$

岩体总变形为

$$\delta = \frac{\sigma_n}{E_{mn}}S \tag{4-36}$$

式中 E_{mn}——沿法线方向加载时正应力 σ_n 作用下的岩体变形模量（MPa）。

岩体总变形又可表示为

$$\delta = \delta_n + \delta_j = \frac{\sigma_n}{E}S + \frac{\sigma_n}{K_n} = \sigma_n\left(\frac{S}{E} + \frac{1}{K_n}\right) \tag{4-37}$$

综合式（4-36）与式（4-37），整理得到层状岩体垂直层面方向加载时的变形模量 E_{mn}

$$E_{mn} = \frac{EK_nS}{E + K_nS} \tag{4-38}$$

正应力作用下，上述单元体横向变形即为岩层岩石的横向变形

$$\delta_t=\mu\delta_n=\mu\frac{\sigma_n}{E}S \tag{4-39}$$

单元体横向变形又可表示为

$$\delta_t=\mu_{mn}\delta=\mu_{mn}\frac{\sigma_n}{E_{mn}}S \tag{4-40}$$

式中　μ_{mn}——沿法线方向加载时正应力 σ_n 作用下的岩体泊松比。

综合式（4-39）与式（4-40），整理得到层状岩体垂直层面方向加载时的泊松比 μ_{mn}

$$\mu_{mn}=\frac{E_{mn}}{E}\mu \tag{4-41}$$

②沿切向方向加载时，正应力 σ_n 作用下岩体变形主要发生在岩层岩石，因此岩体的变形模量 E_{mt} 和泊松比 μ_{mt} 分别为岩石的变形模量 E 与泊松比 μ，即

$$E_{mt}=E,\mu_{mt}=\mu \tag{4-42}$$

2）切应力 τ 作用下的岩体变形参数。如图4-31c所示，对岩体施加切应力 τ 时，则岩体剪切变形由沿层面滑动变形 δ_t 和岩层岩石的剪切变形 δ_γ 组成，δ_t 与 δ_γ 分别为

$$\delta_t=\frac{\tau}{G}S \tag{4-43}$$

$$\delta_\gamma=\frac{\tau}{K_s} \tag{4-44}$$

岩体的剪切变形 δ_{m} 为

$$\delta_{\mathrm{m}}=\delta_t+\delta_\gamma=\frac{\tau}{G}S+\frac{\tau}{K_s} \tag{4-45}$$

岩体的剪切变形 δ_{m} 又可表示为

$$\delta_{\mathrm{m}}=\frac{\tau}{G_{\mathrm{m}}}S \tag{4-46}$$

综合式（4-45）与式（4-46），整理得到相应层状岩体的切变模量 G_{m}

$$G_{\mathrm{m}}=\frac{GK_sS}{K_sS+G} \tag{4-47}$$

当各层岩石和层面变形参数以及岩层厚度不同时，层状岩体的变形参数的确定与计算会比较复杂。其中，可引用等效变形模量的概念，即先求出各层岩体的变形模量 E_{mi}，再求出层状岩体的等效变形模量 E_{m}'。例如，针对式（4-38），其等效变形模量 E_{mn}'

$$E_{mn}' = \frac{1}{\sum_{i=1}^{n} \frac{S_i}{E_{mni} S}} \tag{4-48}$$

式中 S_i——层状岩体中的各岩层厚度；

S——层状岩体总厚度，$S = \sum_{i=1}^{n} S_i$；

E_{mni}——层状岩体中的各岩层相应的变形模量。

4.3.3 影响岩体变形性质与试验结果的因素

影响岩体变形性质与试验结果的因素很多，如岩体性质、岩体中结构面发育特征、岩体试验加载速率、温度、岩体侧向压力等岩体赋存条件以及结构面等因素引起的各向异性等。岩体性质与结构面的发育程度对岩体变形的影响显而易见，并在前面有所阐述，这里简单介绍加载速率、温度等因素的影响。

1. 加载速率

岩体变形试验时，如果加载速率过快，会导致岩体变形不充分，结构面不能及时发生压碎或发生爬坡现象，相同加载速率差表现出来的法向变形和剪切变形较小，试验得出的变形模量值偏大。因此，岩体变形试验应该按一定的速率加载，直到既定的荷载等级。必须指出的是，一般岩体力学试验中的加载速率与实际岩体承受的加载速率往往不同，因此不同加载速率条件下岩石强度一直是一个重要的研究课题。

2. 温度

一般来说，随着温度的增高，岩体的延性加大，屈服点随之降低。根据地热随地层深度变化情形来看，深度每增加 100m，温度升高 3℃，而目前的工程活动的最大深度 3000m 内，岩石的温度约为 90℃，这一温度对岩体不可能产生显著的影响。因此，岩体工程中除一些特殊项目外，通常并不需要研究温度对岩体力学性质的影响。

3. 尺寸效应

由于结构面大小相对于不同的岩体，其贯通性存在差异，即岩体结构存在相对性，相同岩性的岩石在相同的荷载条件下也会表现出不同的变形性质。在软硬互层状岩体的承压板试验中，硬岩层面法向方向加载时，如果承压板直径较大，应力可以充分传递到软岩上，会引起较大变形，相应的岩体等效变形模量较小。反之，应力如果不能很好地传递到软岩上，软岩变形不充分，变形模量则较大。图 4-32 为长江科学院岩基研究所周火明教授的试验成果，通过选定的软硬互层状岩体的相关试验与研究获得的等效变形模量与加载面直径的关系曲线发现，随着加载面直径的增大，等效变形模量会减小。

4. 侧向压力

侧向压力对岩体变形性质存在显著影响，由于侧向压力的存在减小了主动压力方向的变形，岩体的弹性模量会增大。因此，室内变形试验很有必要模拟现场岩体的围压等环境条件。但是室内变形试验与实际工程总量存在差别，这也使得原位变形试验在某些大型工程显得尤为必要。

5. 各向异性

各向异性的存在对岩体变形性质具有很大的影响，由于变形机制不同，竖直向分布的节理岩体变形模量明显会大于水平分布节理岩体的变形模量。垂直层面的压碎变形量主要是由岩块和结构面（软弱夹层）压密汇集而成，平行层面方向的压缩变形量主要是岩块和少量结构面错动构成。层状岩体中，不仅开裂层面压缩变形量大，而且成岩过程中由于沉积规律的变化，层面出现在矿物联结力弱、致密度低的部位，这也是层面方向压缩变形大的又一个原因。构成岩体变形各向异性的两个基本要素是物质成分和物质结构的方向性以及节理、结构面和层面的方向性，因此，节理岩体力学性质通常呈各向异性。

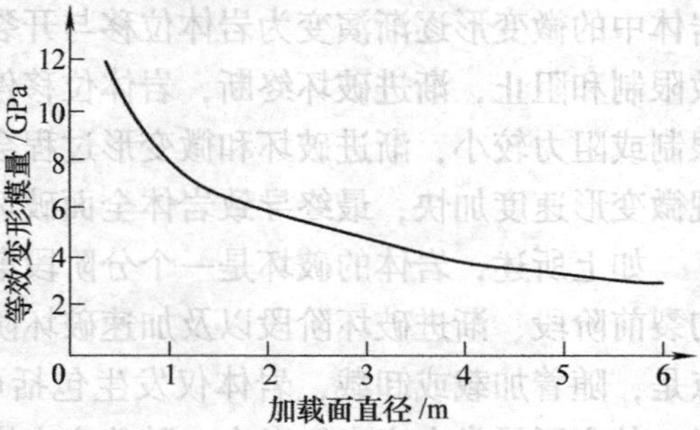

图 4-32　岩体等效变形模量与加载面直径关系曲线

4.4 岩体的强度性质

岩体的强度是指岩体抵抗外力破坏的能力，即岩体开始破坏时的最大应力，主要包括抗压强度和抗剪强度。岩体的强度是岩体力学性质的又一重要特征参数，可通过现场原位试验测定，但因其成本高、工期长，难以大量进行。在不做现场原位试验或试验条件不能满足要求时，也应用经验公式估算岩体强度。

岩体强度主要取决于岩石和结构面强度以及岩体结构。一般情况下，岩体的强度既不同于岩石的强度，也不同于结构面的强度。结构面不发育岩体，以及结构面发育但呈整体结构或完整结构的岩体，其强度接近于岩石强度。岩体沿某一特定结构面产生滑动破坏时，其强度主要取决于该结构面的强度。而裂隙岩体的强度通常介于岩石强度与结构面强度之间。

4.4.1 岩体破坏及其方式

1. 岩体破坏

岩体中某些点的破坏一旦开始，便会进入一个渐进破坏过程，即岩体可能破坏面上应力达到或超过峰值强度的特定点后，相应的峰值强度随之降低。渐进破坏同时导致另外一些特定点的应力增大至峰值强度进而该点破坏。在极限情况下，渐进破坏能使整个滑动面上的强度降低到残余强度。随着渐进破坏的发展，岩体中的微变形逐渐演变为岩体位移与开裂。如果岩体的移动受到邻近岩体的有效限制和阻止，渐进破坏终断，岩体位移停止；相反，如果岩体位移未受到任何限制或阻力较小，渐进破坏和微变形过程会克服阻力继续发展到一定程度后，出现微变形速度加快，最终导致岩体全面破坏。

如上所述，岩体的破坏是一个分阶段渐进发展的复杂过程，大体上可划分为初裂前阶段、渐进破坏阶段以及加速破坏阶段等三个阶段。初裂前阶段的主要特点是，随着加载或卸载，岩体仅发生包括可逆变形和不可逆变形在内的狭义变形，其变形量常在毫米级以内。随着应力增加，岩体进入渐进破坏阶段。该阶段从岩体中某些点的破坏开始，直到出现显著的微变形，包括不同部位岩体出现不同程度的位移和开裂，但变形发展较缓慢。该阶段持续时间的长短，变形达到的严重程度，均随着具体条件不同而变化。一般来说，由于剪切带的厚度不同，重剪破坏持续的时间短，变形量小；剪断破坏则相反。位移岩体前方受有限制时，该阶段持续时间较长，局部变形量较大，没有限制时情况则相反。渐进破坏的持续发展，促使岩体进入加速破坏阶段。该阶段的主要特点是，宏观变形加速发展，并导致岩体发生全面破坏。该阶段持续的时间通常较渐进破坏阶段为短。

2. 岩体破坏方式

岩体破坏影响因素复杂，而且工程岩体破坏与构造应力引起的岩体破坏应区别对待。一般来说，前者主要受岩体本身的特性、天然应力状态、工程引起的荷载作用、时间因素以及地下水等因素的综合影响，后者除岩体本身的力学特性和地应力活动特点外，还不能忽视围压效应、温度效应及时间效应等。但就破坏方式而言，可大致分为剪切破坏和拉伸破坏两大类。

工程岩体沿既有破坏面的滑移，软弱岩体的剪断破坏，均属剪切破坏。至于工程岩体的拉伸破坏，除深埋硐室脆性围岩偶尔出现岩爆，以及高陡边坡发生倾覆破坏外，绝大部分宏观的拉伸破坏都伴随有岩体滑移或洞室边壁出现纵向 V 形裂缝。从发生频率来看，以剪切破坏居多，究其原因，主要是因为岩体中的应力以压应力为主，而剪切破坏可发生在压应力条件或具有拉应力的环境中，拉伸破坏则仅发生在拉应力达到或超过岩体抗拉强度的应力状态。现代地壳上部应力状态量测结果与地壳破裂构造力学性质多属剪性的事实，已证实岩体中的应力以压应力为主。同时，莫尔强度包络线所体现的岩体的拉伸破坏只是在包络线的顶点，包络线上所有的其他点都表征着岩体剪切破坏的发生。

工程岩体破坏实例、岩体模型试验资料以及地壳岩体剪切破裂构造的具体情况等均表明，岩体剪切破坏相当复杂，其中存在多种相互区别的具体形式，并在工程岩体破坏与破裂构造中表现出不尽相同特点。例如，现经常发生在破裂构造中的高温高压下的剪破裂，在工程岩体破坏中一般不会发生。根据破坏机理，岩体剪切破坏可划分为重剪破坏、剪断破坏和复合剪切破坏三种方式，这些也是裂隙岩体常见的破坏方式。

(1) 重剪破坏　重剪破坏就是沿着岩体中既有剪断面或其他类型的软弱面再次发生剪切破坏，与原位岩体重复剪切试验（摩擦试验）类似。重剪破坏在破裂构造中表现为某些古老断裂在后期构造运动中再次或多次发生的滑动错位，在工程岩体破坏中表现为岩体沿着一个或多个软弱面的滑动。由于工程岩体中的应力一般较小，沿软弱面的抗剪强度最低，因而重剪破坏成为岩体破坏的最普遍形式。相对其他剪切破坏，重剪破坏时岩体的抗剪强度最低，重剪破坏强度接近于岩体的残余抗弯强度。同时，重剪破坏时岩体的滑移方向，通常受应力状态和滑动软弱面或其交线产状的双重控制。

(2) 剪断破坏　横过既有的已分离软弱面的剪切破坏，通称为剪断破坏。虽然剪断破坏是地壳运动的普遍产物，但在工程岩体中却比较少见，主要发生在严重风化或非常软弱的岩体中。由于坚硬岩体抗剪断强度远大于软弱面的抗剪强度，加之工程岩体中的应力较小，所以很少发生剪断破坏。与重剪破坏不同，剪断破坏面的形态与方位，主要受岩体应力状态控制，随应力状态变化而变化。通常，通过各点的破裂面均平行于相应点的中间主应力，并与最大主应力成（$45°-\phi/2$）的角度。

(3) 复合剪切破坏　部分沿着软弱面、部分横过软弱面的剪切破坏，称为复合剪切破坏。复合剪切破坏主要发生在软弱岩体和严重风化岩体中，其特征介于重剪破坏和剪断破坏两者之间，属过渡型或混合型破坏。

4.4.2 岩体强度及其测定

1. 岩体的抗剪强度

岩体的抗剪强度是工程岩体强度的主要参数指标，它是指岩体中可能剪切破坏面在正应力作用下发生剪切破坏时的最大切应力。根据岩体破坏特征的不同，岩体的抗剪强度具体又包括抗剪断强度、摩擦强度和抗切强度三种。

抗剪断强度是指正应力作用下岩体发生剪断破坏时的最大切应力。抗剪断强度可通过原位岩体剪切试验或经验估算方法求得，不具备这些资料时，可依据岩石的抗剪断强度确定。

摩擦强度是指正应力下岩体沿既有破裂面发生剪切破坏时的最大切应力，即结构面的摩擦强度。

抗切强度是指剪切破坏面上的法向应力为零时的最大切应力。

与岩石类似，岩体的抗剪强度的表征指标是岩体的内摩擦角（ϕ_m）与内聚力（c_m），各类岩体的抗剪强度参数（ϕ_m，c_m）值见表4-8。比较表4-8与表3-4发现，岩体的内摩擦角与岩石很接近，但岩体的内聚力则大大低于岩石，这与岩体中存在结构面密切相关。

表4-8 各类岩体的抗剪强度参数（ϕ_m，c_m）值

序号	岩体名称	内摩擦角 ϕ_m/(°)	内聚力 c_m/MPa	序号	岩体名称	内摩擦角 ϕ_m/(°)	内聚力 c_m/MPa
1	辉长岩	38~41	0.76~1.38	10	花岗岩	30~70	0.01~4.16
2	泥灰岩	20~41	0.07~0.44	11	粉砂岩	29~59	0.07~1.70
3	玄武岩	36~61	0.06~1.40	12	闪长岩	30~59	0.20~0.75
4	石英岩	22~40	0.01~0.53	13	安山岩	53~74	0.89~2.45
5	大理岩	24~60	1.54~4.90	14	片麻岩	29~68	0.35~1.40
6	页岩	33~70	0.03~1.36	15	灰岩	13~65	0.02~3.90
7	砂岩	28~70	0.04~2.88	16	褐煤	15~18	0.014~0.03
8	泥岩	23	0.01	17	粘土岩	10~45	0.002~0.18
9	砂质页岩	42~63	0.07~0.18	18	正长岩	53~74	0.89~2.45

岩体的抗剪强度也主要受结构面、应力状态、岩石性质、风化程度及其含水状态等因素的影响。结构面导致了岩体的各向异性。重剪破坏时，岩体抗剪强度最小，即结构面的抗剪强度；剪断破坏时，岩体抗剪强度最高；复合破坏时，岩体强度介于以上两者之间。因此，岩体的抗剪强度通常并不是某一定值，而是具有一定上限和下限的值域，上限为岩体的抗剪断强度，下限为结构面的摩擦强度。也就是说，高应力条件下的岩体的抗剪强度较接近于岩石的强度，而低应力条件下的岩体的抗剪强度主要受结构面发育特征及其组合关系的控制。相应地，岩体的强度包络线也并非某一简单曲线，应当为确定上、下限的曲线簇，具体曲线随着应力条件的变化而改变（见图4-33）。

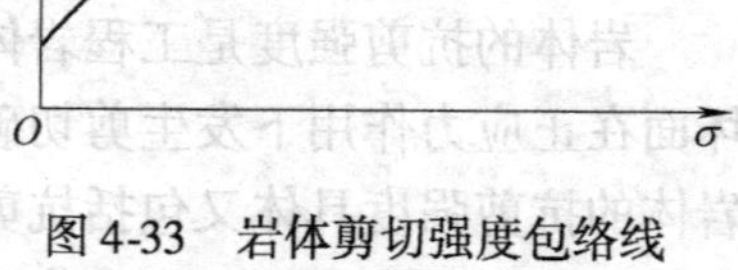

图4-33 岩体剪切强度包络线示意图

同时，由图4-33可知，当正应力σ较小时，强度变化范围较大，随着正应力增大，范围逐渐变小。当正应力σ高到一定程度时，包络线变为一条曲线，此时，岩体强度将不再受结构面影响而趋于各向同性体。由于作用在岩体上的工程荷载通常在10MPa以下，因此，工程岩体的破坏基本上受结构面特征控制。

严重风化岩体与软弱岩体剪断破坏时，其内摩擦角分布在30°~40°之间，内聚力集中在0.01~0.50MPa的范围。相应的强度包络线上、下限比较接近，

变化范围小，而且强度值总体上比较低。

坚硬岩体剪断破坏时的内摩擦角多在45°以上，内聚力也在0.1～4.0MPa之间。相应的强度包络线的上、下限落差大，变化范围也大。此时，很难准确确定工程岩体的抗剪强度，必需依据原位剪切试验和经验估算数据，并结合工程荷载及结构面的发育特征等综合确定。

2. 岩体强度的测定

岩体强度的测定，是指在现场原位切割较大尺寸岩石试验部位进行岩体强度试验，主要包括单轴压缩、三轴压缩和抗剪强度试验。为了保持试验岩体部位的原有力学条件，试验部位附近宜使用钻机、风镐等机械破岩，按设计的试验尺寸切割或凿出相应的几何形状，一般是边长为0.5～1.5m的立方体，加载设备可用液压千斤顶和扁液压千斤顶（压力枕）。

（1）岩体单轴抗压强度的测定　如图4-34所示，在拟加压的试验部位表面用水泥砂浆抹平，并在其上放置方木和工字钢组成的垫层，以便把液压千斤顶施加的荷载经垫层均匀传递到试验部位。根据试验部位破坏时千斤顶的最大荷载与试验部位受荷面积，计算岩体的单轴抗压强度。

（2）岩体抗剪强度的测定　一般采用双液压千斤顶法：一个垂直液压千斤顶施加正压力 p，另一个液压千斤顶施加横推力 T，如图4-35所示。为使剪切面上不产生力矩效应，合力必须通过剪切面中心，使其接近于纯剪切破坏，另一个液压千斤顶成倾斜布置，一般采取倾角 $\alpha=15°$。试验时，每组试体应有5个以上，剪断面上应力按下式计算，然后根据（σ，τ）值绘制岩体强度曲线。

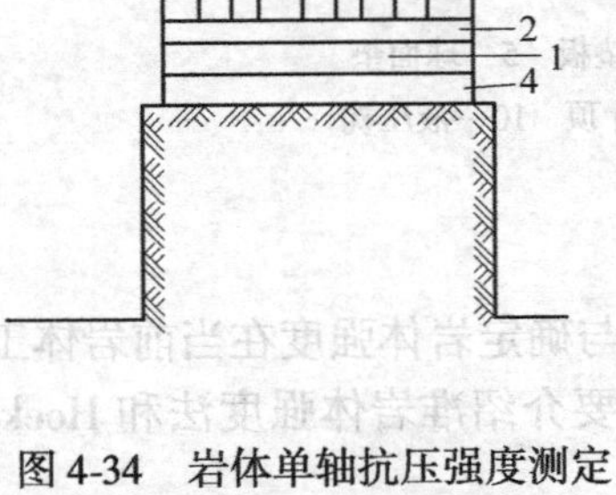

图4-34　岩体单轴抗压强度测定

1—方木　2—工字钢

3—液压千斤顶　4—水泥砂浆

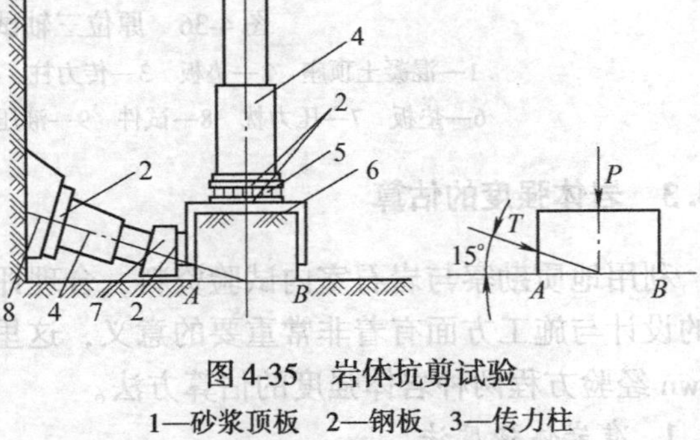

图4-35　岩体抗剪试验

1—砂浆顶板　2—钢板　3—传力柱

4—千斤顶　5—滚轴排　6—钢筋混凝土保护罩　7—斜垫板　8—混凝土后座

$$\left.\begin{aligned}\sigma &= \frac{p + T\sin\alpha}{F} \\ \tau &= \frac{T}{F}\cos\alpha\end{aligned}\right\} \tag{4-49}$$

式中 p、T——垂直与横向液压千斤顶施加的荷载（MPa）；

F——试件剪切面积（cm^2）。

（3）岩体三轴压缩强度试验 由于现场原位三轴力学试验在技术上很复杂，只在非常必要时才进行。现场岩体三轴试验装置如图4-36所示，用液压千斤顶施加轴向荷载，用压力枕施加侧向荷载。侧向荷载分布的不同，现场岩体三轴试验又可分为等围岩三轴试验（$\sigma_2 = \sigma_3$）和真三轴试验（$\sigma_1 > \sigma_2 > \sigma_3$）。研究表明，中间主应力在岩体力学性质中起着不可忽视的作用，多节理岩体尤为如此。因此，尽管等围压三轴试验实用性很强，真三轴试验将会越来越受到重视。

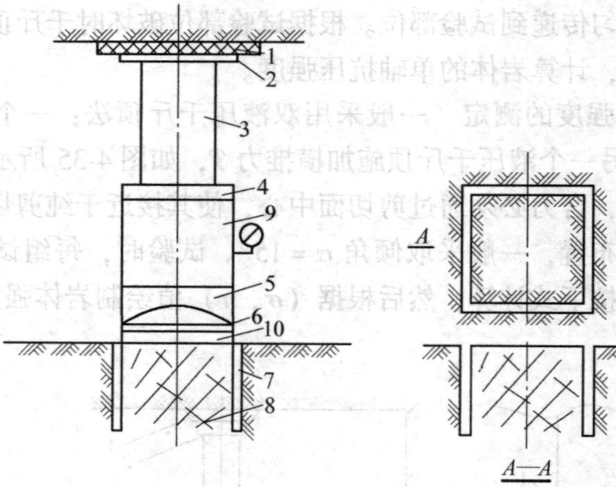

图4-36 原位三轴试验

1—混凝土顶座 2—垫板 3—传力柱 4—垫板 5—球面垫 6—垫板 7—压力枕 8—试件 9—液压千斤顶 10—液压枕

4.4.3 岩体强度的估算

利用地质勘察与岩石室内试验资料，合理评估与确定岩体强度在当前岩体工程的设计与施工方面有着非常重要的意义，这里简要介绍准岩体强度法和Hoek-Brown经验方程两种岩体强度的估算方法。

1. *准岩体强度法*

准岩体强度法实质上是用些简单的试验指标来修正岩石强度，以修正后的值作为岩体强度的估算值。

如前所述，节理、裂隙等结构面是影响岩体强度的主要因素，岩体中结构面的分布情况可通过弹性波法检测。其原理是，弹性波穿过岩体时，遇到裂隙便发生绕射或被吸收，传播速度将有所降低，裂隙越多，波速降低越大。小尺寸岩石试件含裂隙少，因此其传播速度大，根据弹性波在岩石试件与岩体中的传播速度比，可判断岩体中的裂隙发育程度。岩石与岩体中的纵波传播速度比值的平方称之为岩体完整性系数，又称龟裂系数，以 K 表示。

$$K=\left(\frac{v_{\mathrm{Pm}}}{v_{\mathrm{P}}}\right)^2 \tag{4-50}$$

式中 v_{Pm}——岩体中弹性波纵波传播速度（m/s）；

v_{P}——岩石中弹性波纵波传播速度（m/s）。

各类岩体的完整性系数列于表4-9。岩体完整系数确定后，便可计算准岩体强度。准岩体抗压强度为 $\sigma_{\mathrm{cm}}=K\sigma_{\mathrm{c}}$，准岩体抗拉强度为 $\sigma_{\mathrm{tm}}=K\sigma_{\mathrm{t}}$，$\sigma_{\mathrm{c}}$、$\sigma_{\mathrm{t}}$ 分别为岩石的单轴抗压强度与抗拉强度。

表4-9 各类岩石的完整性系数 K 值

岩体种类	完整岩体	块状岩体	碎裂状岩体
岩体完整性系数 K	>0.75	0.45～0.75	<0.45

2. Hoek-Brown 经验方程

霍克和布朗（E. Hoek，E. T. Brown，1980年）根据岩体性质的理论和实践经验，用试验法导出了岩石和岩体破坏时主应力之间的关系

$$\sigma_1=\sigma_3+\sqrt{m\sigma_{\mathrm{c}}\sigma_3+S\sigma_{\mathrm{c}}^2} \tag{4-51}$$

式中 σ_1、σ_3——破坏时的最大与最小主应力（MPa）；

m、S——与岩性及结构面情况有关的常数，可查表4-10得出；

其他符号同前。

根据式（4-51），并令 $\sigma_3=0$，可得岩体的单轴抗压强度

$$\sigma_{\mathrm{cm}}=\sqrt{S}\sigma_{\mathrm{c}} \tag{4-52}$$

完整岩石 $S=1$，则 $\sigma_{\mathrm{cm}}=\sigma_{\mathrm{c}}$，其强度即为岩石抗压强度。裂隙岩石 $S<1$。

将 $\sigma_1=0$ 代入式（4-51），即得关于 σ_3 的二次方程，对 σ_3 求解即得岩体的单轴抗拉强度

$$\sigma_{\mathrm{tm}}=\frac{1}{2}\left(m-\sqrt{m^2+4S}\right)\sigma_{\mathrm{c}} \tag{4-53}$$

另外，式（4-51）的切应力表达式为

$$\tau=A\left(\frac{\sigma}{\sigma_{\mathrm{c}}}-T\right)^B\sigma_{\mathrm{c}} \tag{4-54}$$

式中 τ——岩体的抗剪强度（MPa）；

σ——岩体的正应力（MPa）；

A、B、T——常数，可查表4-10求得，其中 $T=\frac{1}{2}\left(m-\sqrt{m^2+4S}\right)$。

用Hoek-Brown经验方程估算裂隙岩体的强度时，首先要通过工程地质勘察与室内岩石试验，确定岩体质量指标（RMR 和 Q 值）、岩石类型与岩石单轴抗压强度，再基于式（4-51）～式（4-54）与表4-10，即可估算裂隙岩体的三轴压缩强度（σ_{1m}）、单轴抗压强度与单轴抗拉强度，并可求得岩体的抗剪强度指标 c_m 和 ϕ_m 值。

霍克（E. Hoek，1983年）曾指出，经验常数 m 与莫尔-库仑判据中的内摩擦角 ϕ 非常类似，而 S 则相当于内聚力 c 值。那么，根据表4-10所提供的经验常数，m 最大时 $m=25$，此时用式（4-51）估算出的岩体强度显然偏低，对于低围压下的较坚硬完整岩体的强度估算值尤为偏低。不过对于受构造扰动与结构面较发育的裂隙化岩体，霍克（E. Hoek，1987年）认为Hoek-Brown经验方程估算的岩体抗剪强度值是合理的。

表4-10 Hoek-Brown经验方程中各类岩体经验常数表（据Hoek-Brown，1980年）

岩体质量评价	经验常数	岩石种类				
		具有很好结晶节理的碳酸盐类岩石，如白云岩，灰岩、大理岩	成岩的粘土质岩石，如泥岩、粉砂岩、页岩、板岩（垂直于板理）	强烈结晶，结晶节理不发育的砂质岩石，如砂岩、石英岩	细粒、多矿物结晶岩浆岩。如安山岩、辉绿岩、玄武岩、流纹岩	粗粒、多矿物结晶岩浆岩和变质岩。如角闪岩、辉长岩、片麻岩、花岗岩、石英闪长岩等
完整岩块试件，实验室试件尺寸，无节理，$RMR=100$，$Q=500$	m	7.0	10.0	15.0	17.0	25.0
	S	1.0	1.0	1.0	1.0	1.0
	A	0.816	0.918	1.044	1.086	1.220
	B	0.658	0.677	0.692	0.696	0.705
	T	−0.140	−0.099	−0.067	−0.059	−0.040
非常好质量岩体，紧密互锁，未扰动、未风化岩体，节理间距3m左右，$RMR=85$，$Q=100$	m	3.5	5.0	7.5	8.5	12.5
	S	0.1	0.1	0.1	0.1	0.1
	A	0.651	0.739	0.848	0.883	0.998
	B	0.679	0.692	0.702	0.705	0.712
	T	−0.028	−0.020	−0.013	−0.012	−0.008

（续）

岩体质量评价	经验常数	岩石种类				
		具有很好结晶节理的碳酸盐类岩石，如白云岩，灰岩、大理岩	成岩的粘土质岩石，如泥岩、粉砂岩、页岩、板岩（垂直于板理）	强烈结晶，结晶节理不发育的砂质岩石，如砂岩、石英岩	细粒、多矿物结晶岩浆岩。如安山岩、辉绿岩、玄武岩、流纹岩	粗粒、多矿物结晶岩浆岩和变质岩。如角闪岩、辉长岩、片麻岩、花岗岩、石英闪长岩等
好质量岩体，新鲜至微风化，轻微构造变化岩体，节理间距1～3m左右，*RMR*=65，*Q*=10	*m*	0.7	1.0	1.5	1.7	2.5
	S	0.004	0.004	0.004	0.0004	0.004
	A	0.369	0.427	0.501	0.525	0.603
	B	0.669	0.683	0.695	0.698	0.707
	T	−0.006	−0.0004	−0.003	−0.002	−0.002
中等质量岩体，中等风化，岩体中发育有几组节理，间距为0.3～1m左右，*RMR*=44，*Q*=1.0	*m*	0.14	0.20	0.30	0.34	0.50
	S	0.0001	0.0001	0.0001	0.0001	0.0001
	A	0.198	0.234	0.280	0.295	0.346
	B	0.662	0.675	0.691	0.691	0.700
	T	−0.0007	−0.0005	−0.0003	−0.0003	−0.0002
差质量岩体，大量风化节理，间距30～500mm，并含有一些夹泥，*RMR*=23，*Q*=0.1	*m*	0.04	0.05	0.08	0.09	0.13
	S	0.00001	0.00001	0.00001	0.00001	0.00001
	A	0.115	0.129	0.162	0.172	0.203
	B	0.646	0.655	0.672	0.676	0.686
	T	−0.0002	−0.0002	−0.0001	−0.0001	−0.0001
非常差质量岩体，具大量严重风化节理，间距小于50mm填充夹泥，*RMR*=3，*Q*=0.01	*m*	0.007	0.010	0.015	0.071	0.025
	S	0	0	0	0	0
	A	0.042	0.050	0.061	0.065	0.078
	B	0.534	0.539	0.546	0.548	0.556
	T	0	0	0	0	0

4.4.4 裂隙岩体的强度

1. 单一裂隙岩体强度

（1）重剪破坏条件　单一裂隙岩体的重剪破坏可用单结构面理论加以阐述。如图4-37所示，主应力（σ_1，σ_3）作用下的岩体中发育一组结构面*AB*，*AB*结构面法线与最大主应力σ_1的夹角为β，由莫尔应力圆理论可知，作用于*AB*面

上的正应力 σ_n 和切应力 τ 分别为

$$\left.\begin{aligned}\sigma_n &= \frac{1}{2}(\sigma_1+\sigma_3)+\frac{1}{2}(\sigma_1-\sigma_3)\cos2\beta \\ \tau &= \frac{1}{2}(\sigma_1-\sigma_3)\sin2\beta\end{aligned}\right\} \tag{4-55}$$

由式（4-15）可知结构面抗剪强度一般形式，即 $\tau=\sigma_n\tan\phi_j+c_j$

综合式（4-15）和式（4-55）两式，整理后可得到

$$\sigma_1=\sigma_3+\frac{2(\sigma_3\tan\phi_j+c_j)}{(1-\tan\phi_j\cot\beta)\sin2\beta} \tag{4-56}$$

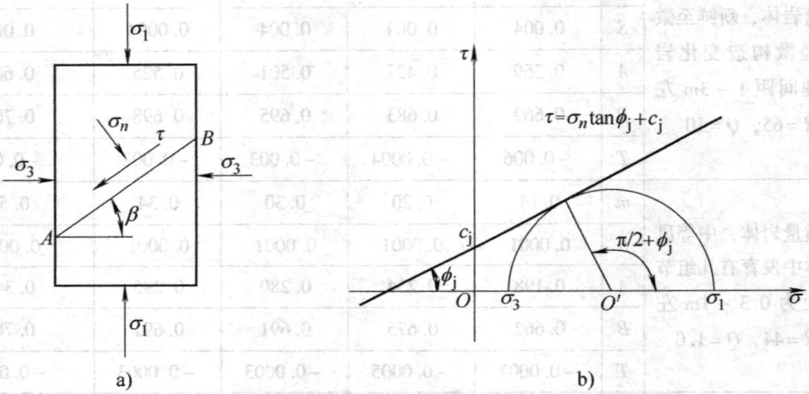

图 4-37 单结构面理论分析图

式（4-56）即为沿结构面 *AB* 发生剪切破坏的条件。其物理含义是，当作用在岩体上的主应力满足式（4-56）时，结构面上的应力处于极限平衡状态，即在一定的 σ_3 值条件下，对于确定抗剪强度（ϕ_j，c_j）的结构面，当 σ_1 达到式（4-56）右边的值时，岩体将沿着确定产状（β）的结构面 *AB* 发生重剪破坏。

上述分析同时说明，σ_1 将随结构面倾角 β 改变而改变，即 σ_1 还是 β 的函数。当 $\beta=\pi/2$ 或 $\beta=\phi_j$ 时，$\sigma_1\to\infty$，说明此时不可能沿结构面破坏，只可能产生剪断破坏，这与实际情况相符。那么，只有当 $\phi_j<\beta<\pi/2$ 时，岩体才可能发生沿结构面破坏。同时，对式（4-56）关于 β 求导 $\partial\sigma_1/\partial\beta$，并令 $\partial\sigma_1/\partial\beta=0$，即可求得极值条件下的 σ_1 值，σ_1 取得极小值 $\sigma_{1,\min}$ 的条件为

$$\tan2\beta=-\frac{1}{\tan\phi_j} \tag{4-57}$$

即

$$\beta=\frac{\pi}{4}+\frac{\phi_j}{2} \tag{4-58}$$

将式（4-58）代入式（4-56）中，可得 σ_1 值的极小值 $\sigma_{1,\min}$ 为

$$\sigma_{1,\min} = \sigma_3 + \frac{2(\sigma_3 \tan\phi_j + c_j)}{\left[1 - \tan\phi_j \cot\left(\frac{\pi}{4} + \frac{\phi_j}{2}\right)\right]\cos\phi_j} \tag{4-59}$$

此时的莫尔应力圆与结构面的强度包络曲线相切（见图4-37）。

（2）剪断破坏条件　单一裂隙岩体不沿既有结构面发生剪切破坏时，即不发生重剪破坏时，岩体强度即为岩石强度，岩体发生破坏的条件为

$$\sigma_1 = \sigma_3 + \frac{2(\sigma_3 \tan\phi_0 + c_0)}{(1 - \tan\phi_0 \cot\beta)\sin 2\beta} \tag{4-60}$$

式中　c_0、ϕ_0——岩石的粘结力和内摩擦角。

其中，破坏面与 σ_1 的夹角为 β_0（见图4-38），$2\beta_0 = \frac{\pi}{2} + \phi_0$，即

$$\beta_0 = \frac{\pi}{4} + \frac{\phi_0}{2} \tag{4-61}$$

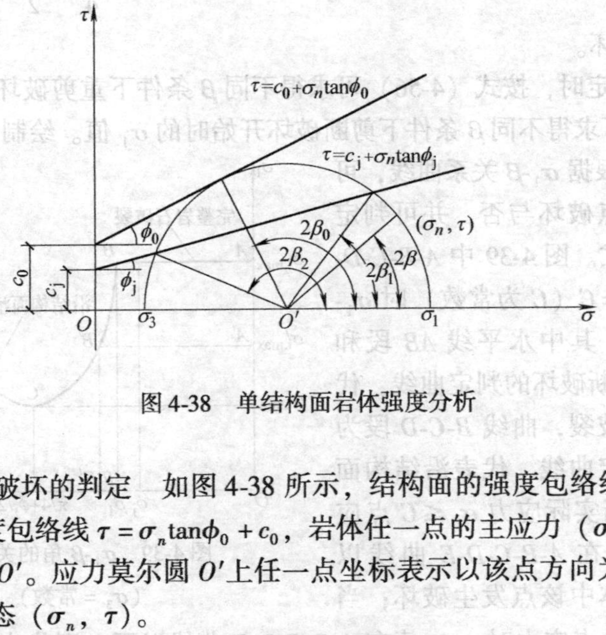

图4-38　单结构面岩体强度分析

（3）岩体破坏的判定　如图4-38所示，结构面的强度包络线 $\tau = \sigma_n \tan\phi_j + c_j$，岩石的强度包络线 $\tau = \sigma_n \tan\phi_0 + c_0$，岩体任一点的主应力（$\sigma_1$，$\sigma_3$）及相应的应力莫尔圆 O'。应力莫尔圆 O' 上任一点坐标表示以该点方向为法向方向的截面上的受力状态（σ_n，τ）。

根据莫尔强度理论，可分三种情形来判定岩体的破坏状况。

1）若莫尔应力圆 O' 上的点在结构面强度包络线下时，其理所当然在岩石强度包络线下，岩体既不会沿结构面破坏，也不会在岩体发生剪切破坏产生新的破裂面，此时结构面法线与最大主应力 σ_1 的夹角 β 为

$$2\beta < 2\beta_1, \text{或 } 2\beta > 2\beta_2 \tag{4-62}$$

其中，根据图4-37所示的几何关系以及正弦定律可推导出

$$\left.\begin{aligned}\beta_1&=\frac{\phi_j}{2}+\frac{1}{2}\arcsin\left[\frac{(\sigma_1+\sigma_3+2c_j\cot\phi_j)\sin\phi_j}{\sigma_1-\sigma_3}\right]\\ \beta_2&=\frac{\pi}{2}+\frac{\phi_j}{2}-\frac{1}{2}\arcsin\left[\frac{(\sigma_1+\sigma_3+2c_j\cot\phi_j)\sin\phi_j}{\sigma_1-\sigma_3}\right]\end{aligned}\right\}\tag{4-63}$$

2）当β满足

$$2\beta_1\leqslant 2\beta\leqslant 2\beta_2\tag{4-64}$$

时，但莫尔应力圆O'上的点仍在岩石强度包络线下时，岩体只会沿结构面破坏。

3）莫尔应力圆O'与岩石强度包络线相切时，β为

$$\beta=\beta_0=\frac{\pi}{4}+\frac{\phi_0}{2}\tag{4-65}$$

此时，岩体沿β_0的截面破坏。莫尔应力圆O'与岩石强度包络线相切割时，由于岩体总会在临界状态下即开始破坏，因此β仍为$\beta=\beta_0=\frac{\pi}{4}+\frac{\phi_0}{2}$，岩体仍开始是沿$\beta_0$的截面破坏。

当σ_3值一定时，按式（4-56）可求得不同β条件下重剪破坏开始的σ_1值，按式（4-59）可求得不同β条件下剪断破坏开始时的σ_1值。绘制σ_1-β关系曲线（见图4-39）。根据σ_1-β关系曲线，可判别岩体中一点破坏与否，并可判定破坏的具体形式。图4-39中A-B-C-D-E曲线代表$\sigma_3=C$（C为常数）时σ_1-β的关系曲线，其中水平线AB段和DE段，即为剪断破坏的判定曲线，代表完整岩石的破裂，曲线B-C-D段为重剪破坏的判定曲线，代表沿结构面的剪切滑动。当实际应力$\sigma_3\leqslant C$点应力时，σ_1值不在A-B-C-D-E曲线以下，则代表岩体中该点发生破坏；当实际应力$\sigma_3>C$点应力时，σ_1值在A-B-C-D-E曲线以下，则代表岩体中该点不发生破坏。假如软弱面大致平行于σ_1，与σ_3的夹角介于β轴的F与G之间，岩体破坏为重剪破坏；否则，为剪断破坏。

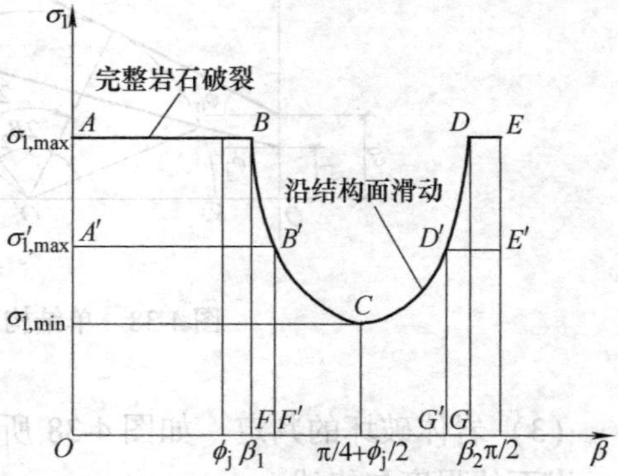

图4-39　σ_1-β角的关系图

（σ_3 = 常数）

对于软弱岩体或严重风化岩体，由于相应的（c_0，ϕ_0）值都较小，线段AB将下移，并变为$A'B'$，线段DE也将以$D'E'$代替，岩体发生重剪破坏的β角范围显著缩小，发生剪断破坏的范围随之增大（见图4-39）。至于坚硬岩体，情形则完全与软弱岩体相反。

2. 多结构面岩体的强度

如前所述，岩体结构具有相对性，多结构面岩体强度的研究是建立在单结构面岩体基础之上。

假如岩体中分布有三组节理结构面1、2和3（见图4-40），同样在σ-τ坐标中分别绘出各组结构面的强度包络线和莫尔应力圆，通过莫尔应力圆与结构面强度包络线的分布关系对多结构面岩体破坏进行判定。通常，若三组节理面的受力状态点均落在岩强度包络线之下，第一组结构面与σ_1的夹角β'满足$2\beta'_1 \leqslant 2\beta' \leqslant 2\beta'_2$，岩体则将沿第一组结构面破坏。否则，若$2\beta' < 2\beta'_1$，或$2\beta' > 2\beta'_2$，将不会沿着第一组结构面破坏，而此时若第二组结构面与σ_1的夹角β''满足$2\beta''_1 \leqslant 2\beta'' \leqslant 2\beta''_2$，则岩体将沿第二组结构面破坏，依此类推……。若三组节理面的受力状态点均落在各自的结构面强度包络线上之下，岩体将不沿三组结构面破坏或岩体不会发生破坏。岩体中节理的产状具有一定的随机性，一定应力状态下通常岩体会沿某一节理面发生破坏。

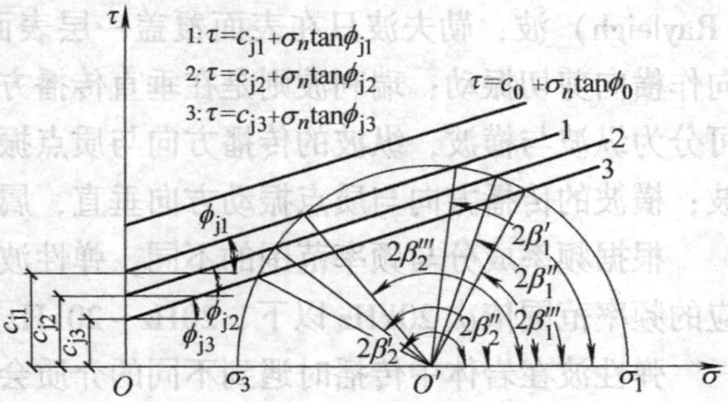

图4-40 多组结构面岩体强度分析

试验研究表明，随着岩体内结构面数量的增加，岩体整体强度削弱的同时，岩体的强度特性则趋于各向同性。霍克和布朗（E. Hoek，E. T. Brown）认为，含四组以上性质相近结构面的岩体，在地下开挖工程设计中按各向同性岩体来处理是合理的。另外，随着围压σ_3增大，岩体也会趋于各向同性化，当σ_3与岩体单轴抗压强度相当时，岩体亦可视为各向同性体。

4.5 岩体的动力学性质

动荷载作用下岩体表现出的性质即为岩体的动力学性质，主要包括岩体中弹性波的传播特性以及岩体动力变形性质与强度性质。岩体的动力学性质是岩体工程动力特性研究以及稳定性评价的重要依据与参考。

4.5.1 岩体中弹性波的传播特性

在振动、冲击与爆炸等动荷载作用下，岩体中会产生并传播应力波。高应力波对岩体存在破坏作用，如岩体中的塑性波与冲击波；低应力波不对岩体产生直接破坏，如岩体中的弹性波。弹性波在岩体中的传播速度比塑性波与冲击波要大，传播距离较远。岩体爆破时，岩体中爆炸近区产生的冲击波随着传播过程中能量的快速耗散演变为应力波，应力波作用下岩体介质会发生移动与破裂，应力波能量也随之快速耗散，最终演变为地震波，地震波属于一种低应力波。

岩体中的弹性波根据传播途径的不同分为面波与体波，面波在介质表面与界面传播，体波则在介质体内传播。目前发现的面波有勒夫（Love）波与瑞利（Rayleigh）波，勒夫波只在表面覆盖一层表面层时才出现，并只在表面水平方向作横向剪切振动；瑞利波则是在垂直传播方向的面作椭圆形逆进运动。体波又可分为纵波与横波，纵波的传播方向与质点振动方向一致，属于压缩波，简称P波；横波的传播方向与质点振动方向垂直，属于剪切波，简称S波。

根据频率成分与频率范围的不同，弹性波可分为次声波、声波与超声波，相应的频率范围依次20kHz以下、20Hz~20kHz、20kHz以上。

弹性波在岩体中传播时遇到不同的介质会发生反射与折射、绕射和散射。反射与折射主要发生在弹性波到达两种介质的无相对滑动交界面的情况，与一般的反射与折射存在一定的差别，会产生两个反射波和两个折射波；绕射主要发生在弹性波遇到裂隙等障碍物的情况下，可以用来测定裂隙深度；散射发生在弹性波遇到不光滑界面的情况下，可用来观测岩体内部的破碎程度。

根据波动理论，弹性波在介质中的传播速度仅与介质密度ρ以及岩体动力变形参数E_d、μ_d有关。在连续、均匀、各向同性弹性介质中传播的纵波与横波波速可表示为

$$v_{Pm}=\sqrt{\frac{E_d(1-\mu_d)}{\rho(1+\mu_d)(1-2\mu_d)}} \tag{4-66}$$

$$v_{Sm}=\sqrt{\frac{E_d}{2\rho(1+\mu_d)}} \tag{4-67}$$

式中 v_{Pm}、v_{Sm}——纵波与横波波速（km/s）；

E_d——动弹性模量（GPa）；

μ_d——动泊松比；

ρ——介质密度（g/cm^3）。

比较式（4-66）和式（4-67）可知，纵波传播速度大于横波传播速度，即纵波始终先于横波到达。

岩性、岩体风化程度与岩体中结构面发育特征均会影响弹性波在岩体中的传播速度。不同岩性岩体的弹性波传播速度不同，岩体越致密坚硬，波速越大；反之，则越小。岩体风化变质程度不同，弹性波传播波速不同，通常新鲜、坚硬无裂隙岩体的纵波波速为4000~6000m/s，而显著风化、粘土化岩体的纵波波速为1000m/s左右。岩性相同的岩体，弹性波传播速度与结构面特征密切相关，结构面对弹性波的传播起隔波或导波作用。结构面会导致弹性波的反射、折射与散

射，进而使合成波复杂化。弹性波通过结构面时，会引起振动能量消耗，尤其是通过泥质充填等软弱结构面时，塑性变形能导致了弹性波衰减较快，同时，还会产生能量弥散现象。弹性波沿结构面传播速度大于垂直结构面传播的速度，从而导致弹性波传播特性的各向异性。

工程上常用岩体与岩石的纵波速度比的平方（v_{Pm}/v_P）^{2} 来表示岩体的完整性。此外，应力状态、地下水及地温等地质环境因素对弹性波的传播也有明显的影响。

4.5.2　岩体中弹性波的测定

1. 常用的测定方法

岩体中弹性波的测定方法通常是声波检测。声波检测是指利用人工方法对被测介质施加动荷载，作为激发弹性波的激发源，使之在介质中进行传播，然后通过量测接收设备量测出相应的波速、振幅、频率、声谱、波形等声波信息。岩体（石）的声波检测，是将岩体（石）当做被测介质，研究弹性波在岩体（石）中的传播规律，寻求和建立声学参数与岩体物理力学性质或岩体构造特征的相关关系，为评价工程岩体稳定的性状和发展岩体力学理论提供科学依据。

声波检测的方法，按激发源的频率可以分为声波法、超声波法与地震波法，统称为广义的声波法或动力法。超声波法多用于实验室测短距离，如岩石试件的声学参数；声波法与地震波则用于现场测长距离和深层的声波特性。例如，用声波法在岩体表面或钻孔内测折射波，在矿柱测直达波，在多钻孔测孔与孔之间的直达波等。

声波法包括单孔声波和声波对穿。它是弹性波测试方法之一，其理论基础建立在固体介质中弹性波的传播特性上，该方法以人工激振的方法向介质发射声波，在一定距离上接收受介质物理特性调制后的声波，通过观测和分析声波在不同介质中的传播速度、振幅、频率等参数解决工程问题。声波法也可以用于室内测定岩石试件的纵、横波速度，原理与现场测试一致。但由于室内试验试件尺寸小，弹性波传播距离短，为提高测量精度，应使用高频换能器，其频率范围可采用 50kHz～1.5MHz。

测试时，通过声波发射仪的触发电路发生正弦脉冲，经发射换能器向岩体内发射声波。声波在岩体中传播并被接收换能器接收，经放大器放大后计时系统所记录，测得纵、横波在岩体中传播的时间。由下式计算纵波速度和横波速度

$$v_{Pm}=\frac{D}{\Delta t_P} \tag{4-68}$$

$$v_{Sm}=\frac{D}{\Delta t_S} \tag{4-69}$$

式中 v_{Pm}、v_{Sm}——岩体中纵波与横波的传播速度（m/s）；

Δt_P、Δt_S——纵波与横波在岩体中的传播时间（s）；

D——声波发射点与接收点之间的距离（m）。

地震波法包括地震波相遇法、地震波 CT 和面波法。其理论基础与声波法相同，采用频率范围为（1 ~ n）×100Hz。该方法利用人工激发的地震波在弹性性质不同的地层内传播规律，研究与岩体工程有关的地质、构造和岩体的物理力学特性，可对工程场地和人工建筑物的适应性进行评价。

声波检测的方法研究岩体的物理力学性质，是在不改变环境和岩体结构条件下的一种间接测定岩体性质的有效方法，主要具有以下特点：

1）与其他形式的能量相比，应力波能迅速而有效地穿透岩体，受外界干扰最小，因此最易接收，可以快速地用来监测岩体的变化。

2）波速和衰减的变化，直接反映了岩体结构的变化；同时，也反映岩体的应力状态及其他环境因素的相应变化。

3）波速与岩体性质有直接的函数关系。

4）岩体破坏过程发出的噪声，能够解释岩体内部应力发生的变化和结构改组的情况。

相对岩体力学静力测试方法而言，动力法更有其独特的优点。动力法对岩体的破坏和干扰最小，静力法受到自然条件的限制，如现场试验必需开挖试验洞室，往往很难控制复杂的外界因素对试验的干扰。因此，声波检测的方法对缩短工程建设周期，降低工程造价，提高工程的安全度，更具有重要意义。但是，声波检测的方法毕竟是反演岩体性质的一种间接测定方法，还必须与静力测试方法紧密配合，根据工程设计的不同阶段和对岩体力学的要求，尽可能发挥其优势，取代部分繁重的静力法试验，多快好省地满足设计的要求。

2. 弹性波的测定的主要应用

岩体中弹性波的测定主要用于下面几个方面：

1）测定岩体动弹性参数、岩体的完整性和各向异性。

2）测定坑硐围岩松动圈厚度。地下坑硐开挖后，由于爆破和应力集中的影响，周边附近围岩发生破坏，形成松动应力集中区向围岩内部转移。因此，松动圈内波速最低，在应力集中区波速最高，而在原岩区，波速又恢复常值。通过在钻孔中同步移动发射换能器和接收换能器可以测出不同区段的波速，低速区段即为松动圈。

3）测定岩柱的稳定性。孤立的岩柱，四面都可布置测试探头，在不同方向采用穿透法测定波速，可用于分析岩柱的稳定性。

4）测定岩层分布和风化破碎情况。采用单孔高差同步法，在同一钻孔中同步移动发射转换器和接收换能器，利用滑行波和发射波，测出隔段波的变化，了解地层分布和风化破碎情况，这种方式叫声波测井。

5）测定地层层位。根据波速在不同层位中的波速和埋深不同，可以采用反射波法和折射波法来测定地层层位。

3. 声发射技术

声发射简称为AE（Acoustic Emission），是指材料变形破坏时发出声波的现象。现在，声发射被用来研究岩石的破坏过程和预报岩体破坏。岩石声发射还有一个特殊现象，当外加应力小于岩石历史上所受过的最大应力时，声发射活动不明显，而当外加应力超过历史上所受最大应力时，声发射活动突然加剧，而且在各方向受力都如此，这种现象叫凯塞效应（Kaiser Effects）。人们利用岩体破坏的声发射特性，进行岩体力学特性研究、岩体应力测定和岩体破坏监测及预报，形成了声发射技术。

目前声发射技术的应用主要包括监测预报岩体的破坏、原岩应力测定以及其他应用三个方面。

（1）预报与监测岩体破坏　按岩体破坏的性态可将岩体破坏分为两种类型：一种是静态破坏，如坑硐围岩的冒落、坍塌，这种破坏，破碎岩石借助重力冒落或下滑，一般在节理裂隙比较发育的岩体中发生。在未破坏之前，由于裂隙的扩展和延伸，有声发射现象，然而其宏观破坏是静态的。

一般静态破坏有一个发展过程，初期的声发射活动稀疏，强度不大；临近破坏前，声发射时间按的密度和强度急剧加大；即将破坏时，又变得平静，接着就发生破坏。因此，这种破坏的声发射监测不能错过声发射活动的高峰期，要在可疑位置尽早布置监测探头进行监测，并根据声发射活动规律进行岩体破坏预报。

另一种破坏时由于岩体中积聚的大量弹性变形能，在岩体应力达到其强度时，弹性能突然释放，破碎岩石具有动能，从洞壁弹射出来或崩出来。小的破坏只有小岩石弹射，而大的破坏则有大量岩石崩出，产生强烈的冲击波和气浪，属动态破坏，岩体发生强烈振动，在矿山可引起地震。这种破坏像岩石爆破一样，故称之为岩爆。岩爆一般发生在高应力区的坚硬、比较完整的岩体中。岩石虽坚硬，如果节理裂隙比较发育，则不会发生，因为积蓄不起足够的弹性变形能；反之，岩石在坚硬完整的情况下也不易发生，因为岩体应力不一定能达到岩体强度。

岩爆发生前，也有声发射活动，这种声发射活动又称微振。但是，岩爆破坏具有突发性，监测预报的难度更大。

（2）原岩应力测定　声发射的凯塞效应为岩体应力测定和研究提供了一种途径。由于在各个方向对岩石试件加压都有凯塞效应发生，也就是说岩石对岩体应力有记忆功能，可以通过现场取回试件在室内进行压力试验，测出岩石在历史上所受过的最大应力。定义声发射活动加剧点为凯塞点，发生凯塞效应时对应的应力，即为该时间按轴向对应的历史上所受的最大应力。

(3) 其他应用 声发射技术还有一些其他应用，例如，钻进监测，通过测量钻头切削岩石过程中的声发射信息检查钻头工作状况、岩性变化情况、岩石破碎情况和孔底情况等。

4.5.3 岩体的动弹性参数

反映岩体动力变形性质的参数通常有动弹性模量（E_d）、动泊松比（μ_d）和动切变模量（G_d）。这些参数均可通过声波测试资料求得

$$\mu_d = \frac{(v_{Pm}^2 - 2v_{Sm}^2)}{2(v_{Pm}^2 - v_{Sm}^2)} \tag{4-70}$$

$$E_d = \frac{(1+\mu_d)(1-2\mu_d)}{1-\mu_d}\rho v_{Pm}^2 \text{或} E_d = 2(1+\mu_d)\rho v_{Pm}^2 \tag{4-71}$$

$$G_d = \frac{E_d}{2(1+\mu_d)} = \rho v_{Pm}^2 \tag{4-72}$$

式中 μ_d——动泊松比；

E_d、G_d——岩体的动弹性模量和动切变模量（MPa）；

其他符号意义同前。

试验研究表明，岩体与岩石的动弹性模量通常大于（静）弹性模量，即 $E_d > E_e$。完整坚硬岩体两者比值为 1.2 ~ 2.0 左右；风化岩体、裂隙发育岩体与软弱岩体两者的比值一般为 1.5 ~ 10.0 左右，甚至达 20.0 以上。分析其原因，主要有以下几个方面：

1) 静力法对岩体的天然结构和应力状态存在扰动。

2) 静力法持续的时间较长。

3) 静力法采用的最大应力主要分布在 1.0 ~ 10.0MPa 之间，甚至更大，而变形量级通常为 mm；动力法的作用应力约为 10^{-4}MPa 量级，相应的变形量相当小。因此，静力法必然会测得较大的不可逆变形，而动力法则测不到这种变形。

利用上述动、静弹性模量间关系，可由动弹性模量来确定岩体的静弹性模量。下式为根据岩体的完整性、结构面发育程度不同所提出的经验公式

$$E_{em} = jE_d \tag{4-73}$$

式中 E_{em}——岩体静弹性模量（MPa）；

j——折减系数，可据岩体完整性系数 K 查表 4-11 选取。

表 4-11 j 与 K 的关系

K	1.0 ~ 0.9	0.9 ~ 0.8	0.8 ~ 0.7	0.7 ~ 0.65	>0.65
j	1.0 ~ 0.75	0.75 ~ 0.45	0.45 ~ 0.25	0.25 ~ 0.2	0.2 ~ 0.1

4.6 岩体的水力学性质

4.6.1　岩体渗流及其基本概念

岩体的水力学性质是指岩体的渗透特性及其在渗流作用下所表现出的力学性质。岩体是由岩块与结构面组成的，相对结构面来说，岩块的透水性很弱，常可忽略。因此，岩体的水力学特性主要与岩体中结构面的组数、方向、粗糙起伏度、张开度及胶结充填特征等因素直接相关。同时，它还受到岩体应力状态及水流特征的影响。

1. 岩体渗流的特点

岩体与土体有别，土体的结构疏松，以孔隙为主，而岩体以裂隙渗流为主，其渗流特点主要是：

1）岩体渗流性大小取决于岩体结构中结构面的性质及岩块的岩性。

2）岩体渗流以裂隙导水，微裂隙和岩石孔隙储水为其特色。

3）岩体裂隙网络渗流具有定向性。

4）岩体一般看做非连续介质，但对密集裂隙岩体可看作等效连续介质。

5）岩体的渗流具有高度的非均匀性和各向异性。

6）一般岩体中的渗流符合达西渗流定律，岩溶管道流则一般属湍流除外。

7）岩体渗流受应力场影响明显。

8）复杂裂隙系统中的渗流，在裂隙交叉处，具有“偏流效应”，即裂隙水流经大小不等裂隙交叉处时，水流偏向宽大裂隙一侧流动。

9）岩体的空隙是地下水赋存场所和运移通道，岩体空隙的分布形状、大小、连通性以及空隙的类型等影响着岩体的力学性质和渗流特性。

2. 岩体间隙结构及相关介质

按岩体空隙形成的机理，把岩体的空隙结构划分为原生空隙结构和次生空隙结构；根据岩体空隙的表现形式把岩体空隙结构划分为准空隙结构、裂隙网络结构、空隙-裂隙双重结构、孔洞-裂隙双重结构、溶隙-管道（或暗河）双重结构等；根据岩体结构面的连续性，可将岩体划分为连续介质、等效连续介质及非连续介质（包括双重介质和裂隙网络介质）。

（1）多孔连续介质　由连续分布的多孔介质质点组成的介质称为多孔连续介质。多孔介质质点是指多孔介质的表征性体积单元（简称表征体元，RVE）内的所有流体质点与固体颗粒的总和。若表征体元内有充分多的孔隙（裂隙）和流体质点，相对工程区域表征体元充分小，则可按连续介质方法研究工程岩体的力学及水力学问题；否则，要用非连续介质方法。

（2）裂隙网络介质　包含由节理、断层等裂隙个体在空间上相互交叉形成的网络状空隙结构的含水介质称之为裂隙网络介质。由相互贯通且裂隙中的水流为连续分布的裂隙构成的网络，称之为连通裂隙网络。由互不连通或存在阻水裂隙且裂隙的水流为断续分布的裂隙构成的网络，称为非连通裂隙网络。

（3）狭义双重介质　包含由节理、断层等裂隙以及裂隙间的孔隙岩块构成的空隙结构的含水介质，由于裂隙导水，孔隙岩块储水，故称之为狭义双重介质。

（4）广义双重介质　包含由疏松大裂隙（如断层）和其间的密集裂隙岩块构成的空隙结构的含水介质，由于裂隙导水，密集裂隙岩块储水及导水，故称这为广义双重介质。

（5）岩溶管道网络介质　包含由岩溶溶蚀管道个体在空间上相互交叉形成的网络状空隙结构的含水介质称为岩溶管道网络介质。在此种介质的水流基本上符合层流条件。

（6）溶隙-管道介质　包含由稀疏大岩溶管道（或暗河）和溶蚀网络构成的空隙结构的含水介质，岩溶管道（或暗河）中水流为湍流，溶隙网络中水流符合层流条件，称之为溶隙-管道介质。

4.6.2　裂隙岩体的水力特性

岩体渗流系数是反映岩体水力学特性的核心参数，可用理论公式计算，也通过现场水文地质试验测定。现场试验主要有压水试验和抽水试验等。一般认为，抽水试验是测定岩体渗透系数比较理想的方法，但它只能用于地下水位以下的情况，地下水位以上的岩体可用压力试验来测定其渗透系数。

1. 岩体单个结构面的水力特性

研究裂隙岩体的水力学性质时，上述结构面的诸多因素不可能全部考虑到，可先研究只考虑平直光滑无充填时单个结构面的水力特性，然后根据结构面的连通性、粗糙起伏及充填等因素进行修正。

层流条件下，对于平直光滑无充填的贯通裂隙面，其相应的水力渗透系数为

$$K_f = ge^2/12\nu \tag{4-74}$$

式中　K_f——水力渗透系数（cm/s）；

g——重力加速度（cm/s^2）；

e——裂隙张开度（mm）；

ν——水的运动粘度（cm^2/s）。

由于实际岩体中分布往往是粗糙起伏、非贯通裂隙面，并伴随有充填物，路易斯（C. Louis，1974 年）对上式进行了修正

$$K_f = K_j ge^2/12c\nu \tag{4-75}$$

式中　K_{j}——裂隙面的连续性系数，指裂隙面连通面积与总面积之比；

c——裂隙面的相对粗糙修正系数，$c=1+8.8\left(\dfrac{h}{2e}\right)^{1.5}$，$h$ 为裂隙面起伏差；

其他符号意义同前。

2. *裂隙岩体的水力特性*

含多组裂隙面岩体的水力学特性比较复杂，通常用等效连续介质模型来研究，认为裂隙岩体是由空隙性差而导水性很强的裂隙面系统和透水性弱的岩石孔隙系统构成的双重连续介质，并不计裂隙孔隙大小和位置的差别；或者是把岩体视为单纯的按几何规律分布的裂隙介质，忽略岩石的孔隙系统，用裂隙水力学参数或结构面方位、密度和张开度等几何参数来表征裂隙岩体的渗透性能，并考虑裂隙大小、形状和位置。目前，基于上述两类模型，提出了相应的渗流方程与水力学参数的计算方法，并引进了张量法、线索法、有限单元法及水电模拟等方法。

当岩体中水流服从达西定律时，裂隙介质作为连续介质内各向异性的渗透特性可用渗透张量描述。渗透张量为

$$[K]=K_{ij}=\frac{g}{12\gamma}\sum_{i=1}^{n}\frac{e_i^3}{l_i} \tag{4-76}$$

$$[K]=\begin{bmatrix} 1-\cos^2\beta_i\sin^2\gamma_i & -\sin\beta_i\cos\beta_i\sin^2\gamma_i & -\cos\beta_i\sin\gamma_i\cos\gamma_i \\ -\sin\beta_i\cos\beta_i\sin^2\gamma_i & 1-\sin^2\beta_i\sin^2\gamma_i & -\sin\beta_i\sin\gamma_i\cos\gamma_i \\ -\cos\beta_i\sin\gamma_i\cos\gamma_i & -\sin\beta_i\sin\gamma_i\cos\gamma_i & 1-\cos^2\gamma_i \end{bmatrix} \tag{4-77}$$

式中　e_i、l_i、β_i、γ_i——裂隙系统的几何参数，分别表示第 i 组裂隙的宽度、间距、裂隙面的倾向和倾角。

由式（4-77）可知，只要知道裂隙系统的几何参数，即各组裂隙的宽度、间距及裂隙面的倾向、倾角，就可推出渗透张量。并可以应用极点图、玫瑰花图和聚类法等方法进行岩体裂隙系统的分组和优势方位的确定。

3. *应力对岩体裂隙渗流性能的影响*

应力对岩体裂隙渗流性能具有重要影响，法国 Malpasset 拱坝的溃决事件有着深刻教训，该拱坝建于片麻岩上，这一高强度岩体使得水与应力之间的相互作用和影响至始至终被忽视了。但事后的岩体渗透参数与应力关系

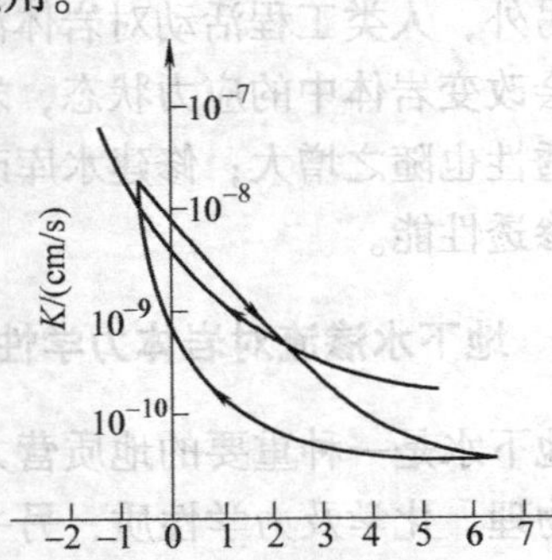

图 4-41　片麻岩渗透系数与应力关系（据 Bernaix，1978 年）

的试验（见图4-41）表明，当应力增大5MPa，岩体渗透系数相差100倍。渗透系数的降低，反过来又极大改变了岩体中的应力分布，使岩体中结构面上的水压力，坝基岩体在过高的水压力作用下沿一个倾斜的软弱结构面产生滑动，导致溃坝。

同时，试验研究表明，孔隙水压力的变化明显地改变了结构面的张开度、流速以及结构面中水压力的分布。结构面中地水流通量随其所受到的正应力增加而降低很快，若是循环加、卸载，则随着加、卸载次数的增加，岩体的渗透能力降低，多个循环后渗透基本稳定。

基于应力对岩体渗透性的影响，斯诺（D. Snow，1966年）提出如下渗透系数K计算公式

$$K = K_0 + \frac{K_n e^2}{S}(p_0 - p) \tag{4-78}$$

式中 K_0——初始应力p_0下的渗透系数（cm/s）；

K_n——结构面的法向刚度（N/m^3）；

S——结构面间距（m）；

p——正应力（MPa）；

其他符号意义同前。

路易斯（C. Louis）也在试验的基础上得出渗透系数K

$$K = K_0 e^{-\alpha\sigma_0} \tag{4-79}$$

式中 α——系数；

σ_0——有效应力（MPa）；

其他符号意义同前。

以上公式表明，岩体的渗透系数随应力增加而降低。

另外，人类工程活动对岩体渗透性也有很大影响。例如，地下洞室和边坡的开挖会改变岩体中的应力状态，岩体中结构面的张开度因应力释放而增大，岩体的渗透性也随之增大；修建水库改变了结构面中的应力水平，进而也会影响到岩体的渗透性能。

4.6.3 地下水渗流对岩体力学性质的影响

地下水是一种重要的地质营力，它与岩体之间的相互作用，一方面改变着岩体的物理、化学及力学性质，另一方面也改变着地下水自身的物理、力学性质及化学组分。运动着的地下水对岩体产生三种作用，即物理的、化学的和力学的作用。

1. 地下水对岩体的物理作用

地下水对岩体的物理作用体现在软化和泥化作用、润滑作用、结合水的强化

作用等三个方面。

地下水对岩体的软化和泥化作用主要表现在对岩体结构面中充填物的物理形状的改变上。岩体结构面中充填物随含水量的变化发生由固态向塑态直至液态的弱化效应，一般在断层带易发生泥化现象。软化和泥化作用使岩体的力学性能降低，内聚力和内摩擦角值减小。

地下水在岩体的不连续边界上会产生润滑作用，使不连续面上的摩阻力减小，作用在不连续面上的切应力效应增强，容易沿不连续面诱发岩体的剪切运动。如具有一定滑动面的岩石边坡在受降水入渗后，地下水水位上升到滑动面时就极易发生沿滑动面的剪切运动。

非饱和带岩体中的地下水处于负压状态，此时的地下水并非重力水，而是结合水。根据有效应力原理，非饱和岩体中的有效应力大于岩体的总应力，地下水的作用强化了岩体的力学性能，即增加了岩体的强度。

2. 地下水对岩体的化学作用

地下水对岩体的化学作用主要是指地下水与岩体之间的离子交换、溶解作用、水化作用、水解作用、溶蚀作用、氧化还原作用、沉淀作用以及渗透作用等。通常是多种化学作用同时进行，但进程缓慢。化学作用主要是改变岩体的矿物组成与结构进而影响岩体的力学性能。

地下水与岩体之间的离子交换是由物理力和化学力吸附到岩体颗粒上的离子和分子与地下水的一种交换过程。地下水与岩体之间的离子交换使得岩体的结构改变。能够进行离子交换的物质是粘土矿物，如高岭土、蒙脱土、伊利石、绿泥石、沸石、氧化铁及有机物等。通常，富含钙、镁离子的地下水流经富含钠离子的岩体时，钙、镁离子会置换钠离子，新形成的富含钙、镁离子的粘土增加了岩体的孔隙度及渗透性能。

溶解和溶蚀作用在地下水水化学的演化中起着重要作用，地下水中的各种离子大多是由溶解和溶蚀作用产生的。大气降水经土层饱气带或渗滤带渗入地层时，溶解了大量的 CO_2、N_2、H_2S 等气体，使地下水的弱酸性与侵蚀性增强，并对可溶性岩产生溶蚀作用，进而使岩体产生溶蚀裂隙、空隙与溶洞等，增大了岩体的空隙率及渗透性。

水化作用使水渗透到岩体的矿物结晶体或附着到可溶性岩石的离子上，使岩石结构发生改变，岩体粘结力减小。

水解作用改变了地下水的 pH 值与岩体的物质组成。水解作用实质上是地下水与岩体离子发生的一种反应，阳离子与地下水发生水解作用时，地下水中的氢离子含量增加，水的酸度增大；阴离子与地下水发生水解作用时，地下水氢氧根离子含量增加，水的碱度增大。

氧化还原作用改变了岩体中的矿物组成以及地下水的化学组分与侵蚀性。氧化作用发生在潜水面以上的饱气带，氧可从空气和二氧化碳中源源不断地获得。潜水面以下的饱水带氧已耗尽，同时氧在水中的溶解度比在空气中小得多。因此，氧化作用随着深度而逐渐减弱，而还原作用随深度而逐渐增强。

3. 地下水对岩体产生的力学作用

地下水对岩体产生的力学作用，主要通过空隙静水压力和空隙动水压力作用对岩体的力学性质施加影响。前者减小了岩体的有效应力，从而降低岩体的强度，在裂隙岩体中的空隙静水压力可使裂隙产生扩容变形；后者对岩体产生切向的推力，以降低岩体的抗剪强度。地下水在松散土体、松散破碎岩体及软弱夹层中运动时，空隙动水压力作用下岩体中的细颗粒物质会产生移动，甚至被携出岩体之外，产生潜蚀。

4.7 工程岩体分级与分类

4.7.1 概述

在长期复杂的地质作用下，岩体中生成的各种不同类型和规模的结构面切割与分隔出各种不同岩体结构。同时，岩体又赋存于一定的天然应力状态和地下水等地质环境中。这些使得岩体物理力学性质复杂且各不相同。岩体工程建设中，质量高、稳定性好的岩体不需要或只需要采用简单的加固支护措施，而且施工安全简便；质量差、稳定性不好的岩体则需要采用复杂、高成本的加固支护等处理措施，而且还会在施工中带来预想不到的复杂情况。正确及时地对工程建设涉及到的岩体稳定性作出评价，是经济合理地进行岩体开挖和加固支护设计、快速安全施工以及建筑物安全运行必不可少的条件。而对工程岩体稳定性进行分析判断的数值计算和物理模型试验，要求事先进行相当详尽的地质勘察和岩石力学试验研究，时间与经济成本都很高，复杂地质条件下更是如此，使得这一方法通常仅局限于重大工程。基于以上诸多原因，针对不同类型岩体工程的特点，根据影响岩体稳定性的各种地质条件和岩体物理力学特性，将工程岩体分成稳定程度不同的若干级别，即进行工程岩体分级与分类，就显得十分重要。

工程岩体的分级与分类就是通过岩体的一些简单和容易实测的指标，把工程地质条件和岩体物理力学性质参数联系起来，并依据以往工程实践经验和大量岩石力学试验结果，系统地对工程岩体进行统计归类。工程岩体的分级与分类是岩体稳定性评价的一种简易快速的方法，其目的是，通过岩体的分级与分类，概括地反映出各类工程岩体的质量好坏，评估与预测可能出现的岩体力学问题，为工程设计、支护结构、建筑物选型以及施工方法的选择等提供参数和依据。所谓工程岩体是指岩石工程影响范围内的各类岩体，主要包括岩石地下工程、岩石边坡工程以及岩石地基工程等地面与地下岩石工程围岩及相关岩体，其以岩石地基、围岩介质或工程材料的形式存在。

国内岩石工程的设计与施工多以普氏系数（f）表示的岩石级别，即普氏分级法。该方法是以岩石抗压强度为分级依据，但单一指标很难正确反映复杂岩体的各种属性。因此，作为工程岩体稳定性分析的基础以及是岩体工程地质条件定量化的一个重要途径，工程岩体的分级与分类研究成为岩体力学中的一个重要研究课题。国内外提出的很多岩体分级与分类方案中，以考虑各种地下洞室围岩稳定性的居多，其中有定性的、定量或半定量的以及单一因素分类方法，也有考虑多因素的综合分类方法，发展趋势为定性向定性与定量的结合发展，各种方法考虑原则和因素也不尽相同，但均不同程度地涉及到岩体完整性与成层条件、岩石强度、结构面与地下水等因素。这里主要介绍几种国内外应用较广、影响较大的分级与分类方法。例如，巴顿等人提出的岩体工程分类（*Q* 系统）、比尼威斯基提出的岩体地质力学分类（*RMR* 系统）、GB 50281—1994《工程岩体分级标准》的 BQ 分级等。

4.7.2 岩石质量指标（*RQD*）分类

美国的伊利诺斯大学迪尔（D. U. Deere，1964 年）等人认为，钻探取芯的岩芯完整程度与岩体的原始裂隙、硬度、均质性等状态相关，最早提出钻探取芯的岩芯复原率（岩芯采取率）可表征岩体质量，该表征指标称之为岩石质量指标（Rock Quality Designation，RQD），岩芯采取率即所取岩芯总长度与取芯总进尺的百分比，那么根据 *RQD* 值的大小可进行岩体质量分类。*RQD* 值为

$$RQD=\frac{L_{\mathrm{P}}}{L}\times 100\% \tag{4-80}$$

式中 L_{P}——大于 10cm 的岩芯累计长度（cm）；

L——岩芯取芯进尺总长度（cm）。

因此，根据 *RQD* 大小将岩体质量分为 V 类（见表 4-12）。目前该岩体分类方法在世界各国已得到广泛应用。

表 4-12 岩石质量指标

RQD 值	<25	25～50	50～75	75～90	>90
岩体类别	Ⅰ	Ⅱ	Ⅲ	Ⅳ	Ⅴ
岩石质量描述	很差	差	一般	好	很好

4.7.3 巴顿岩体质量（*Q*）分类

由挪威地质学家巴顿（N. Barton，1974 年）等人提出，其分类指标 *Q* 为

$$Q=\frac{RQD}{J_{\mathrm{n}}}+\frac{J_{\mathrm{r}}}{J_{\mathrm{a}}}+\frac{J_{\mathrm{w}}}{SRF} \tag{4-81}$$

式中　J_n——节理组数；

J_r、J_a、J_w——节理的粗糙度系数、蚀变影响系数及节理水折减系数；

SRF——应力折减系数；

其他符号意义同前。

上式反映了岩体质量的三个方面，$\frac{RQD}{J_n}$表示岩体的完整性，$\frac{J_r}{J_a}$表示结构面的形态、充填物特征及其次生变化程度，$\frac{J_w}{SRF}$表示水与其他应力存在时对岩体质量的影响。根据上述参数的实测资料，查表（可详见相关文献）确定各自的数值，然后代入式（4-81）求得岩体的 Q 值。以 Q 值为依据将岩体分为 9 类（见表 4-13）。

表 4-13　岩体质量 Q 值分类表

Q 值	<0.01	0.01～0.1	0.1～1.0	1.0～4.0	4.0～10	10～40	40～100	100～400	>400
岩石质量描述	特别坏	极坏	坏	不良	中等	好	良好	极好	特别好
岩体类型	异常差	极差	很差	差	一般	好	很好	极好	异常好

表 4-14　岩体地质力学分类参数及其 RMR 评分值

	分类参数		数值范围						
1	完整岩石强度/MPa	点荷载强度	>10	4～10	2～4	1～2	对强度较低的岩石宜用单轴抗压强度		
		单轴抗压强度	>250	100～250	50～100	25～50	5～25	1～5	<1
	评分值		15	12	7	4	2	1	0
2	岩石质量指标 RQD（%）		90～100	75～90	50～75	25～50	<25		
	评分值		20	17	13	8	3		
3	节理间距/cm		>200	60～200	20～60	6～20	<6		
	评分值		20	15	10	8	5		
4	节理条件		节理面很粗糙，节理不连续，节理宽度为0，节理面岩石坚硬	节理面稍粗糙，宽度小于1mm，节理面岩石坚硬	节理面稍粗糙，宽度小于1mm，节理面岩石软弱	节理面光滑或含厚度小于5mm的软弱夹层，张开度1～5mm，节理连续	含厚度大于5mm的软弱夹层，张开度大于5mm，节理连续		
	评分值		30	25	20	10	0		

（续）

分类参数			数值范围				
5	地下水条件	每10m长的隧道涌量/(L/min)	0	<10	10~25	25~125	>125
		节理水压力与最大主应力之比	0	<0.1	0.1~0.2	0.2~0.5	>0.5
		总条件	完全干燥	潮湿	只有湿气（有裂隙水）	中等水压	水的问题严重
	评分值		15	10	7	4	0

4.7.4 岩体地质力学分类

南非科学和工业委员会（Council for Scientific and Industrial Research，CSIR）比尼威斯基（Z. T. Bieniawski，1973年）等人提出了岩体地质力学分类法，又称CSIR分类法，主要是对岩石强度、岩体完整性（*RQD*和节理间距）、结构面性状（延伸长度、张开度、起伏粗糙度、节理壁风化蚀变情况、充填物厚度和性状）及地下水情况进行评分，采用和差积分法（总分100分）确定岩体基本质量指标（Rock Mass Rating，RMR）。

分类时，根据各类指标的实际情况，先按表4-14所列的标准评分，得到总分*RMR*的初值。然后，根据节理、裂隙的产状变化按表4-15和表4-16对*RMR*的初值加以修正，修正的目的在于进一步强调节理、裂隙对岩体稳定产生的不利影响。最后用修正的总分对照表4-17即可求得所研究岩体的类别及相应的无支护地下工程的自稳时间和岩体强度指标值。

表4-15 按节理方向*RMR*修正值

节理走向或倾向		非常有利	有利	一般	不利	非常不利
评分值	隧道	0	−2	−5	−10	−12
	地基	0	−2	−7	−15	−25
	边坡	0	−5	−25	−50	−60

表4-16 节理走向和倾角对隧道开挖的影响

走向与隧道轴垂直				走向与隧道轴平行		与走向无关
沿倾向掘进		反倾向掘进		倾角20°~45°	倾角45°~90°	倾角0°~20°
倾角45°~90°	倾角20°~45°	倾角45°~90°	倾角20°~45°			
非常有利	有利	一般	不利	一般	非常不利	不利

表 4-17 按总 *RMR* 评分值确定的岩体级别及岩体质量评价

评分值	100～81	80～61	60～41	40～21	<20
分级	Ⅰ	Ⅱ	Ⅲ	Ⅳ	Ⅴ
质量描述	非常好的岩体	好岩体	一般岩体	较差岩体	非常差岩体
平均稳定时间	15m 跨度 20 年	10m 跨度 1 年	5m 跨度 1 周	2.5 m 跨度 10h	1m 跨度 30min
岩体粘结力/kPa	>400	300～400	200～300	100～200	<100
岩体内摩擦角(°)	>45	35～45	25～35	15～25	<15

CSIR 分类原为解决坚硬节理岩体中浅埋隧道工程而发展起来的。从现场应用看，使用较简便，大多数场合岩体评分值（*RMR*）都有用，但在处理那些造成挤压、膨胀和涌水的极其软弱的岩体问题时，此分类法难于使用。

根据别尼威斯基（Z. T. Bieniawski，1976 年）的建议，*Q* 与 *RMR* 分类指标间关系为

$$RMR = 9.0\text{Ln}Q + 44 \tag{4-82}$$

4.7.5 岩体 *BQ* 分类

根据《工程岩体分级标准》，工程岩体分级采用定性与定量相结合的方法，分两步进行，先确定岩体基本质量，岩体基本质量用岩体基本质量指标（*BQ*）表征，再结合具体工程的特点，考虑地下水、初始应力场以及软弱结构面走向与工程轴线的关系等因素，修正岩体基本质量指标（*BQ*），以修正的岩体基本质量指标（[*BQ*]）为分级依据，确定岩体级别。

1. *岩体基本质量指标*

《工程岩体分级标准》认为岩石坚硬程度和岩体完整程度决定岩体基本质量是岩体所固有的属性，岩体基本质量好，稳定性好；反之，则差。基于总结分析现有岩体分级方法与大量工程实践，根据影响工程稳定性因素分析，岩体基本质量指标 *BQ* 由经验公式计算

$$BQ = 90 + 3\sigma_{cw} + 250K \tag{4-83}$$

式中 σ_{cw}——岩石单轴饱和抗压强度（MPa）；

K——岩体的完整性系数，$K = \left(\dfrac{v_{Pm}}{v_P}\right)^2$，$v_P$、$v_{Pm}$ 分别为岩石与岩体纵波速度。

当 $\sigma_{cw} > 90K + 30$ 时，以 $\sigma_{cw} = 90K + 30$ 代入式（4-83）计算 *BQ* 值；当 $K > 0.04\sigma_{cw} + 0.4$ 时，以 $K = 0.04\sigma_{cw} + 0.4$ 代入式（4-83）计算 *BQ* 值。没有上述声测资料时，可根据岩体单位体积内结构面条数（J_V）与 *K* 查表 4-18 求得。

岩体的基本质量指标主要考虑了组成岩体岩石的坚硬程度和岩体完整性。按

BQ 值和岩体质量定性特征将岩体划分为5级，见表4-19。表中岩石坚硬程度按表4-20划分，岩体破碎程度按表4-21划分。

表4-18 J_V 与 K 对照表

J_V/（条/m^3）	<3	3~10	10~20	20~35	>35
K	>0.75	0.75~0.55	0.55~0.35	0.35~0.15	<0.15

2. 岩体基本质量指标修正值（[BQ]）

工程岩体的稳定性，不但与岩体基本质量密切相关，岩体中主要软弱结构面、地下水、天然应力的影响也不容忽视。因此，在进行工程岩体分级时，还应结合工程特点，考虑各影响因素，对岩体基本质量指标进行修正，根据修正值（[BQ]）的工程岩体分级仍按表4-19进行。其中，考虑主要软弱结构面产状影响修正系数 K_1 按表4-22确定，地下水影响修正系数 K_2 按表4-23确定，天然应力影响修正系数 K_3 按表4-24确定。地下工程可由下式计算修正值（[BQ]）

$$[BQ] = BQ - 100(K_1 + K_2 + K_3) \tag{4-84}$$

3. 各级岩体的物理力学参和围岩自稳能力

各级岩体的物理力学参和围岩自稳能力可根据表4-25确定。

表4-19 岩体质量分级

基本质量级别	岩体质量的定性特征	岩体基本质量指标 BQ
Ⅰ	坚硬岩，岩体完整	>55~3
Ⅱ	坚硬岩，岩体较完整 较坚硬岩，岩体完整	550~451
Ⅲ	坚硬岩，岩体较破碎 较坚硬岩或软、硬岩互层，岩体较完整 较软岩，岩体完整	450~351
Ⅳ	坚硬岩，岩体破碎 较坚硬岩，岩体较破碎或破碎 较软岩或较硬岩互层，且以软岩为主，岩体较完整或破碎 软岩，岩体完整或较完整	350~251
Ⅴ	较软岩，岩体破碎 软岩，岩体较破碎或破碎 全部极软岩及全部极破碎岩	<250

表4-20 岩石坚硬程度划分表

岩石饱和单轴抗压强度 σ_{cm}/MPa	>60	60~30	30~15	15~5	<5
坚硬程度	坚硬岩	较坚硬岩	较软岩	软岩	极软岩

表 4-21　岩体完整程度划分表

岩体完整性系数 K	>0.75	0.75~0.55	0.55~0.35	0.35~0.15	<0.15
完整程度	完整	较完整	较破碎	破碎	破碎

表 4-22　主要软弱结构面产状影响修正系数（K_1）表

结构面产状及其与硐轴线的组合关系	结构面走向与硐轴线夹角 $\alpha \leqslant 30°$，倾角 $\beta = 30° \sim 75°$	结构面走向与硐轴线夹角 $\alpha > 60°$，倾角 $\beta > 75°$	其他组合
K_1	0.4~0.6	0~0.2	0.2~0.4

表 4-23　地下水影响修正系数（K_2）表

BQ / K_2 / 地下水状态	>450	450~350	350~250	<250
潮湿或点滴状出水	0	0.1	0.2~0.3	0.4~0.6
淋雨状或涌流状山水，水压≤0.1MPa或单位水量10L/min	0.1	0.2~0.3	0.4~−0.6	0.7~0.9
淋雨状或涌流状出水，水压>0.1MPa或单位水量10L/min	0.2	0.4~0.6	0.7~0.9	1.0

表 4-24　天然应力影响修正系数（K_3）表

BQ / K_3 / 天然应力状态	>550	550~450	450~350	350~250	<250
极高应力区	1.0	1.0	1.0~1.5	1.0~1.5	1.0
高应力区	0.5	0.5	0.5	0.5~1.0	0.5~1.0

表 4-25　各级岩体物理力学参数和围岩自稳能力表

级别	密度 ρ/(g/m³)	抗剪强度		变形模量/MPa	泊松比	围岩自稳能力
		φ/(°)	c/MPa			
Ⅰ	>2.65	>60	>2.1	>33	0.2	跨度≤20m，可长期稳定，偶有掉块，无塌方
Ⅱ	>2.65	60~50	2.1~1.5	33~20	0.2~0.25	跨度10~20m，可基本稳定，局部可掉块或小塌方；跨度<10m，可长期稳定，偶有掉块
Ⅲ	2.65~2.45	50~39	1.5–−0.7	20~6	0.25~0.3	跨度10~20m，可稳定数日至1个月，可发生小至中塌方；跨度5~10m，可稳定数月；可发生局部块体移动及小至中塌方；跨度<5m，可基本稳定
Ⅳ	2.45~2.25	39~27	0.7~0.2	6~1.3	0.3~0.35	跨度>5m，一般无自稳能力，数日至数月内可发生松动、小塌方，进而发展为中至大塌方，埋深小时，以拱部松动为主，埋深大时，有明显塑性流动和挤压破坏；跨度≤5m，可稳定数日至1月
Ⅴ	<2.25	<27	<0.2	<1.3	<0.35	无自稳能力

思考与练习

1. 如何理解和认识岩体的各向异性？
2. 常见结构面的分类原则与方法有哪些？如何分类？
3. 结构面按成因分类的各种类型的基本特征是什么？
4. 结构面的基本状态参数有哪些？
5. 试阐述影响结构面力学性质的因素。
6. 岩体结构划分的依据是什么？试阐述岩体结构类型。
7. 常见岩体变形试验有哪些？
8. 影响岩体变形与试验结果的因素有哪些？
9. 岩体的破坏方式有哪些？
10. 单结构面理论的内容是什么？
11. 岩体分级与分类的意义是什么？常见的岩体分级与分类有哪些？

5

第 5 章

地应力及其测量

5.1　概述

地应力是指存在于地层中未受扰动的天然应力，也称原岩应力、岩体初始应力或绝对应力。

岩体初始应力包括岩体自重应力、岩体构造应力、水压力和温度压力等，主要由自重应力与构造应力组成。水压力和温度压力存在于岩层中的局部区域。研究表明，重力作用和构造运动是引起地应力的主要原因，尤其以水平构造运动对地应力的形成影响最大。构造运动历程中应力场累次叠加、牵引和改造以及其他多种因素影响，导致了地应力状态的复杂性和多变性。另外，温度梯度、水压梯度、地表剥蚀或其他物理化学变化等也可引起相应的应力场。

1878 年，瑞士地质学家海姆(A. Heim)通过观察大型越岭隧道的围岩工作状态，首先提出地应力的概念，并假定地应力是一种静水应力状态，即地壳中任意一点的应力在各个方向上均相等，且等于单位面积上覆岩层的重量。1926 年，前苏联学者金尼克(A. H. Gennik)基于弹性理论修正了海姆的静水压力假设，认为地层中垂直应力等于上覆岩层重量，而侧向应力(水平应力)则是泊松效应的结果，大小应为上覆岩层重量乘以一个与泊松有关的修正系数。同期研究一般认为地应力只与重力有关，以垂直应力为主。1932 年，劳伦斯(R. S. Lieurace)在美国胡佛水坝下面的一个隧道中首次成功地进行了原岩应力的测量。20 世纪 50 年代，哈斯特(N. Hast)使用应力解除法和压磁变形计在斯堪的纳维亚半岛进行了大规模的地应力测量，得出了该地区地应力分布的基本规律。首次测得近地表地层中的水平应力大大高于垂直应力，从事实上否定了传统地应力理论的假设，不但为岩土工程设计施工提供了可靠依据，而且也为地质构造研究提供了新的途径。从此地应力测量在欧洲、北美洲、南部非洲、澳洲和亚洲的某些地区逐渐广泛开展。

20世纪60年代中期以前，地应力测量基本上处于平面应力测量的水平，即通过一个单孔或一点的测量。但这种测量方法确定该点某一剖面的平面应力状态，而且并非岩体原始绝对应力值，而是应力变化值。加之当时工程数值法尚不成熟，岩土工程设计水平有限，即使测量出原始地应力值，也不能真正用于到工程设计计算，因此，对工程区域原始地应力的测量并未引起重视。但对施工过程中以及工程结构周围岩体的地应力分布与变化非常重视，主要体现在应力分布及其变化的监测等作为维护工程稳定性重要措施。同期普遍采用的测量方法是扁液压千斤顶法，刚性圈柱应力计法，光弹应力计、应变计法，孔径变形计，孔底应变计法等。

20世纪60年代中期以后，三维地应力测量技术的出现，通过一个单孔的测量即可求得岩体中一点的三维应力状态，使套孔应力解除法向更为成熟的方向发展。20世纪60年代末和70年代，南非科学和工业研究委员会(CSIR)研制的三轴孔壁应变计在国际上得到广泛应用。由于三轴孔壁应变计在实际使用中存在的一些明显缺陷，CSIRO型三轴空心包体应变计于20世纪70年代中期由澳大利亚联邦科学和工业研究组织(CSIRO)岩石力学部研制出来，并迅速得到推广，目前已成为最主要的地应力解除测量方法。20世纪60年代末，美国人费尔赫斯特(C. Fairhurst)和海姆森(B. C. Haimson)提出了用水压裂法测量地应力的理论。到20世纪80年代，该方法已在国际上得到较为广泛的应用。其突出优点是能够测量深部岩体的地应力值，目前测得的最大深度已超过5000m，这也是应力解除法所无法达到的。

1975年盖依等人根据岩体应力的实测数据的分析，提出了临界深度的概念，在该深度以上水平应力大于铅直应力，该深度以下水平应力小于铅直应力。研究表明，临界深度随地区不同而不同，如冰岛等地为200m，日本和法国为400~500m，中国和美国为1000m，加拿大为2000m。

地应力是引起各类地下与地面岩体工程变形和破坏的根本作用力，是确定工程岩体力学属性、进行围岩稳定性评估、实现岩体工程开挖设计和决策科学化的必要前提，岩体工程稳定性影响因素中，地应力状态是最重要、最根本的因素之一。同时，大型与重大工程的日渐增多，也使得传统的依据经验进行工程设计和施工的方法越来越失去其作用。经验类比法往往容易造成各种地下与地面岩体工程失稳、坍塌或破坏，甚至导致严重的工程事故。因此，要进行科学合理的开挖设计和施工，就必须对影响工程稳定性的各种因素进行充分调查，地力测量就是其中的重要内容之一。

由于岩土工程开挖体的复杂性和形状多样性，以及施工方法与施工工艺的影响，结构体都会有各自不同的最终力学效应，只有系统地进行岩土工程稳定性分析，优化施工与设计，才能确定经济、合理、优化的设计施工方案，而这些必须在已知地应力的前提下进行。另外，地应力状态对地震预报、区域地壳稳定性评价、油田油井的稳定性、核废料储存、岩爆、煤和瓦斯突出的研究以及地球动力学的研究等也具有重要意义。

5.2 岩体中的天然应力

5.2.1 岩体自重应力

岩体自重应力是由岩体的自重引起，地壳上部各种岩体由于受地心引力的作用而引起的应力称为自重应力。由于岩体的泊松效应和流变效应等影响，岩体自重作用不仅产生垂直应力，也会产生水平应力。

研究岩体的自重应力时，一般把岩体视为均匀、连续、各向同性的弹性体，因此可用连续介质力学原理来探讨岩体的自重应力问题。假设岩体为半无限体，那么，岩体中某点的自重应力可由相应的方法确定。如图 5-1 所示，岩体中距地表深度为 H 处取一单元体，岩体自重作用下单元体的垂直应力即为单元体上覆岩体的重量，即

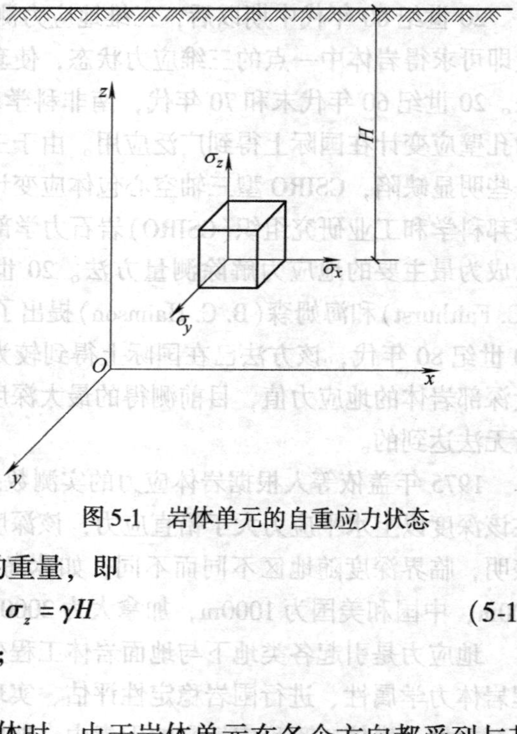

图 5-1 岩体单元的自重应力状态

$$\sigma_z = \gamma H \tag{5-1}$$

式中 γ——上覆岩层重度（kN/m^3）；

H——岩体单元的深度（m）。

1）当岩体视为各向同性的弹性体时，由于岩体单元在各个方向都受到与其相邻岩体的约束，不可能产生横向变形，即 $\varepsilon_x = \varepsilon_y = 0$，而相邻岩体的阻挡就相当于对单元体施加了侧向应力（σ_x, σ_y），根据广义胡克定律，有

$$\left.\begin{aligned}\varepsilon_x &= \frac{1}{E}[\sigma_x - \mu(\sigma_y + \sigma_z)] = 0\\ \varepsilon_y &= \frac{1}{E}[\sigma_y - \mu(\sigma_z + \sigma_x)] = 0\end{aligned}\right\} \tag{5-2}$$

由此可得

$$\sigma_x = \sigma_y = \frac{\mu}{1-\mu}\sigma_z = \frac{\mu}{1-\mu}\gamma H \tag{5-3}$$

式中　E——岩体的弹性模量(MPa)；

μ——岩体的泊松比。

令 $\lambda=\dfrac{\mu}{1-\mu}$，则有

$$\left.\begin{aligned}\sigma_z&=\gamma H\\ \sigma_x&=\sigma_y=\lambda\sigma_z\\ \tau_{xy}&=0\end{aligned}\right\}\tag{5-4}$$

其中 λ 称为侧压力系数，其定义为某点的水平应力与该点垂直应力的比值。

2）当岩体由多层不同重力密度的岩层所组成(见图 5-2)，各岩层的厚度为 $h_i(i=1,2,\cdots,n)$，重度为 $\gamma_i(i=1,2,\cdots,n)$，泊松比为 $\mu_i(i=1,2,\cdots,n)$，则第 n 层底面岩体的自重初始应力为

$$\left.\begin{aligned}\sigma_z&=\sum_{i=1}^{n}\gamma_i h_i\\ \sigma_x&=\sigma_y=\lambda_n\sigma_z=\frac{\mu_n}{1-\mu_n}\sum_{i=1}^{n}\gamma_i h_i\end{aligned}\right\}\tag{5-5}$$

一般岩体的泊松比 $\mu=0.25\sim0.35$，则侧压力系数 $\lambda<1$，因此，岩体自重应力场中的垂直应力 σ_z 和水平应力(σ_x,σ_y)都是主应力，且水平应力约为垂直应力的25%～54%。只有岩体处于塑性状态时，λ 值才增大。当 $\mu=0.5$ 时，$\lambda=1$，此时水平应力与垂直应力相等($\sigma_x=\sigma_y=\sigma_z$)，即静水应力状态，也就是所谓的海姆假说。海姆(A. Heim)认为，岩体长期受重力作用产生塑性变形，深度不大时甚至会发展成各向应力相等的隐塑性状态。

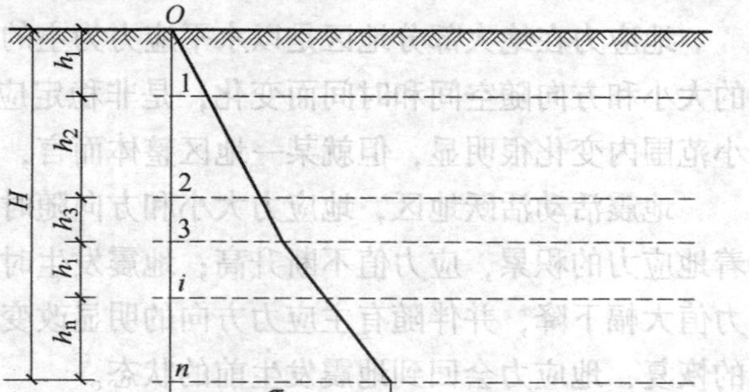

图 5-2　自重垂直应力分布图

5.2.2　岩体构造应力

岩体构造应力是在地壳运动和造陆运动中积累或剩余的一种分布力。剧烈构造运动会导致岩层发生皱褶和形成山脉及各种断层和节理、劈理等破坏，该类构造运动称之为造山运动。缓和构造运动会使地层发生缓慢升降，该类构造运动称之为造陆运动。构造运动开始至造山运动，构造应力逐步积累，造陆运动则会使构造应力的逐步释放，不完全释放形成剩余应力场。因此，构造应力场是一种动态变化的应力场。

影响构造应力场的主要因素有地块形状和边界尺寸、边界外力、体力、岩石力学性质、构造形迹的分布变化，次要因素包括地磁场、地电场、地热场、重力均衡场等，各种地球物理场、化学场的变化也都可能对构造应力场带来不同程度的影响。此外，地壳中发生的诸如火山活动、地震活动等重大地质事件所引起的地应力的积累、集中、释放、调整，也对一定范围内的构造应力场产生影响。

目前，测定原岩应力最深的测点已达5000m，但多数测点的深度在1000m以内。测量结果表明，原岩应力分布很不均匀，存在最大水平主应力较垂直应力大很多的现象，也有垂直最大主应力，或一定倾角的最大主应力，这些说明最大主应力方向随地区而变化。近代地质力学普遍认为，构造应力的总趋势是以水平应力为主，李四光指出其中的重要原因是地球自转角度的变化产生地壳水平方向的运动所致。

5.2.3 岩体中的天然应力的分布规律

理论研究、地质调查和大量的地应力测量资料的分析研究表明，浅层地层应力分布存在一些基本规律。

1. 地应力是相对稳定性的非稳定应力场，是时间与空间的函数

地应力在绝大部分地区是以水平应力为主的三向不等压应力场。三个主应力的大小和方向随空间和时间而变化，是非稳定应力场。地应力空间分布的变化，小范围内变化很明显，但就某一地区整体而言，地应力变化不大。

地震活动活跃地区，地应力大小和方向随时间的变化明显。发生地震前，随着地应力的积累，应力值不断升高；地震发生时，集中的应力得以迅猛释放，应力值大幅下降，并伴随有主应力方向的明显改变；地震发生过后，通过一段时间的恢复，地应力会回到地震发生前的状态。

2. 实测垂直应力 σ_v 基本等于上覆岩层的重量

实测结果分析表明，地层25～2700m深度范围内，垂直应力呈线性增长，大致相当于岩层平均重度为27kN/m^{3}时的重力，某些地区存在一些偏差。例如，在我国，$\sigma_v/\gamma H=0.8\sim1.2$的仅占5%，$\sigma_v/\gamma H<0.8$的占16%，而$\sigma_v/\gamma H>1.2$的占79%；前苏联，$\sigma_v/\gamma H<0.8$的占4%，$\sigma_v/\gamma H=0.8\sim1.2$的占23%，$\sigma_v/\gamma H>1.2$的占73%。究其原因，除部分可能归结于测量误差外，板块移动、岩浆对流与侵入、扩容、不均匀膨胀等也都可引起垂直应力异常。

必须指出的是，多数地区并不存在真正垂直的主应力。但实测结果表明，其与垂直方向的偏差不大于20°。这一事实说明，地应力的垂直分量主要受重力控制，同时也受到其他因素的影响。图5-3是霍克(E. Hoek)和布朗(E. T. Brown)统计的 σ_v 随深度 H 变化的规律。

3. 水平应力普遍大于垂直应力

实测资料表明，在绝大多数地区均有两个主应力位于水平或接近水平的平面内，其与水平面的夹角一般不大于30°。最大水平主应力$\sigma_{h,max}$普遍大于垂直应力σ_v，$\sigma_{h,max}/\sigma_v$一般为0.5～5.5，在很多情况下比值大于2，见表5-1。

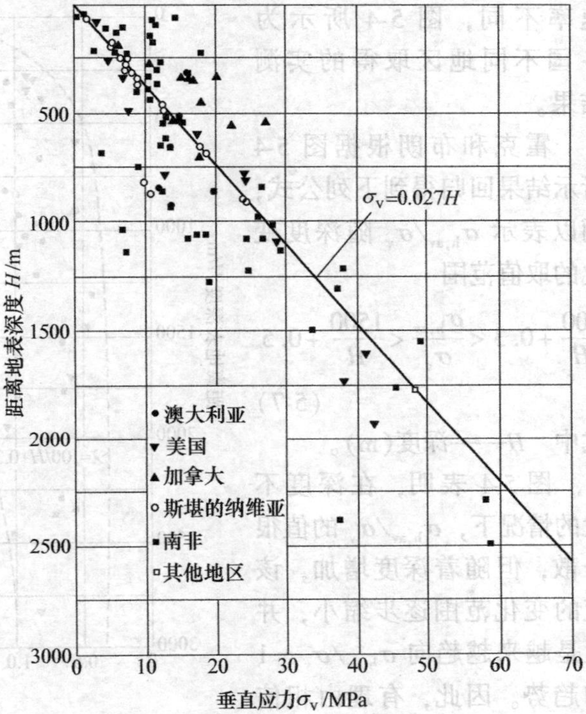

图5-3 垂直压力σ_v与深度H关系分布图

最大水平主应力与最小主应力的平均值$\sigma_{h,av}$

$$\sigma_{h,av}=\frac{\sigma_{h,max}+\sigma_{h,min}}{2} \tag{5-6}$$

如果将最大水平主应力与最小主应力的平均值$\sigma_{h,av}$与σ_v相比，目前国内外地应力实测结果显示，$\sigma_{h,av}/\sigma_v$一般为0.5～5.0，大多数为0.8～1.5(见表5-1)，这说明在浅层地壳中平均水平应力也普遍大于垂直应力。垂直应力在多数情况下为最小主应力，在少数情况下为中间主应力，只在个别情况下为最大主应力。这再次说明，水平方向的构造运动如板块移动、碰撞对地壳浅层地应力的形成起控制作用。

表5-1 部分国家与地区水平与垂直主应力的比值统计表

国家名称	$\sigma_{h,av}/\sigma_v$(%)			$\sigma_{h,max}/\sigma_v$
	<0.8	0.8～1.2	>1.2	
中国	32	40	28	2.09
澳大利亚	0	22	78	2.95
加拿大	0	0	100	2.56
美国	18	41	41	3.29
挪威	17	17	66	3.56
瑞典	0	0	100	4.99
南非	41	24	35	2.50
前苏联	51	29	20	4.30
其他地区	37.5	37.5	25	1.96

4. 水平应力与垂直应力的比值随深度变化而变化

平均水平应力与垂直应力的比值随深度增加而减小，但不同地区变化速率不同，图 5-4 所示为各国不同地区取得的实测结果。

霍克和布朗根据图 5-4 所示结果回归得到下列公式，用以表示 $\sigma_{h,av}/\sigma_v$ 随深度变化的取值范围

$$\frac{100}{H}+0.3<\frac{\sigma_{h,av}}{\sigma_v}<\frac{1500}{H}+0.5 \tag{5-7}$$

式中 H——深度(m)。

图 5-4 表明，在深度不大的情况下，$\sigma_{h,av}/\sigma_v$ 的值很分散，但随着深度增加，该值的变化范围逐步缩小，并且是越来越趋向 $\sigma_{h,av}/\sigma_v=1$ 的趋势。因此，有理由相信在地壳深部有可能出现静水压力状态。

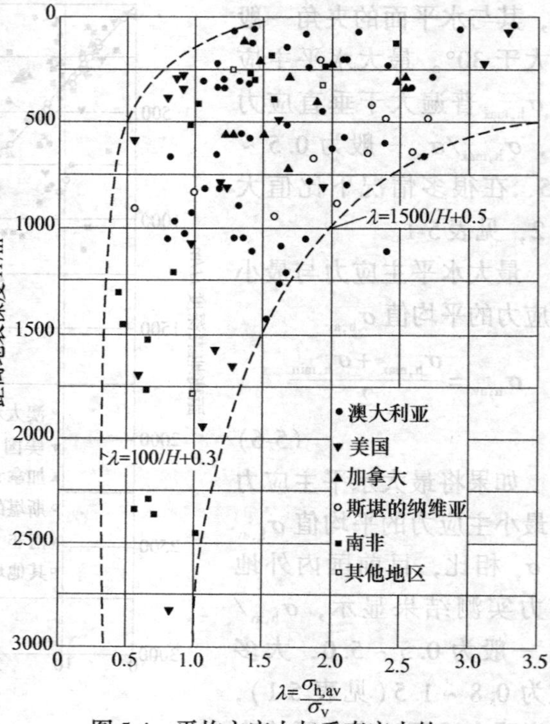

图 5-4 平均主应力与垂直应力的比值随深度变化分布图

5. 最大水平主应力和最小水平主应力与深度变化有关

最大水平主应力和最小水平主应力也随深度呈线性增长关系。与垂直应力不同的是，在水平主应力随深度变化的线性回归方程中，常数项相对要大些，体现了某些地区近地表岩层存在显著水平应力的事实。

斯蒂芬森(O. Stephansson)等人根据地应力实测结果，回归得出了斯堪的纳维亚古陆最大水平主应力和最小水平主应力随深度变化的线性方程

$$\left.\begin{aligned}\sigma_{h,max}&=0.0444H+6.70\\\sigma_{h,min}&=0.0329H+0.80\end{aligned}\right\} \tag{5-8}$$

式中 $\sigma_{h,max}$、$\sigma_{h,min}$——最大与最小水平主应力(MPa)；

其他符号意义同前。

6. 水平应力具有明显的方向性

通常情况下，最大水平主应力和最小水平主应力相差较大，显示出很强的方向性。$\sigma_{h,min}/\sigma_{h,max}$ 一般为 0.2～0.8，多数情况下为 0.4～0.8，见表 5-2。

表5-2　部分地区两个水平主应力的比值表

实测地点	统计组数	$\sigma_{h,min}/\sigma_{h,max}$(%)				
		1.0~0.75	0.75~0.50	0.50~0.25	0.25~0	合计
斯堪的纳维亚	51	14	67	13	6	100
北美	222	22	46	23	9	100
中国	25	12	56	24	8	100
中国华北地区	18	6	61	22	11	100

7. 地应力分布规律还会受地形地貌等因素的影响

地应力的分布规律还会受到地形地貌、地表剥蚀、风化、岩体结构特征、岩体力学性质、温度、地下水等因素的影响，特别是地形地貌与断层的扰动影响最大。

地形地貌对原始地应力的影响十分复杂，对于具有负地形的峡谷或山谷，在侵蚀基准面以上及其以下一定范围内，地形地貌的影响非常突出。一般来说，谷底是应力集中的部位，越靠近谷底应力集中越明显。最大主应力方向在谷底或河床中心近于水平，而在峡谷或山谷两侧台地则是沿两侧坡地坡面颁分布。同时，地表或坡面附近岩体与深部或相邻岩体地应力状态显著不同，而且无明显规律性，随着深度不断增加或远离坡地，地应力分布趋于规律化，并显示出与区域应力场的一致性。

断层和结构面附近的地应力分布扰动影响明显。断层端部、拐角处与交汇处会出现应力集中。端部的应力集中与断层长度有关，断层越长，应力集中越强烈。拐角处的应力集中程度主要取决于拐角大小以及与地应力的相互关系。当最大主应力的方向和拐角的对称轴一致时，外侧应力大于内侧应力。处于断层带的岩体一般比较软弱和破碎，不能承受高应力，不利于能量积累，容易形成应力降低带，与周围岩体相比，其最大、最小主应力显著减小。同时，断层的性质不同对地应力状态的影响不同。压断层的应力状态与周围岩体相对接近，只是主应力值相对有所下降。张断层地应力大小和方向相对周围岩体变化显著。

5.3　岩体中天然应力的测量

5.3.1　地应力测量方法

岩体中天然应力的测量就是确定存在于拟开挖岩体及其周围区域的未受扰动的三维应力状态。通常是通过足够数量的“点”测量，并借助数值分析和数理统计的方法，确定测量地区的地应力状态。根据测量原理的不同，地应力测量方法可分为直接法和间接法两大类，其中又可进一步分为应力恢复法、应力解除法、应变恢复法、应变解除法、水压致裂法、声发射法、X射线法、重力法等。根据测量手段的不同，可将在实际测量中使用过的测量方法分为构造法、变形法、电磁法、地震法、放射性法等五大类。

直接测量法是由测量仪器直接测量和记录各种应力量，如补偿应力、恢复应力、平衡应力，并由这些应力量和原岩应力的相互关系，通过计算获得原岩应力值。在计算过程中并不涉及不同物理量的相互换算，不需要知道岩石的物理力学性质和应力应变关系。扁液压千斤顶法、水压致裂法、刚性包体应力计法和声发射法是实际侧量中较为广泛应用的四种直接测量法。

间接测量法即不直接测量应力量，而是借助某些传感元件或某些媒介，测量和记录岩体中某些与应力有关的间接物理量的变化，如岩体中的变形或应变，岩体的密度、渗透性、吸水性、电磁、电阻、电容的变化以及弹性波传播速度的变化等，然后由测得的间接物理量的变化，通过已知的公式计算出岩体中的应力值。因此，间接测量法为了计算应力值，首先必须确定岩体的某些物理力学性质以及所测物理量和应力的相互关系等。套孔应力解除法和其他的应力或应变解除方法以及地球物理方法等是较常用的间接法，其中套孔应力解除法是目前国内外最普遍采用的发展较为成熟的一种地应力测量方法。

5.3.2 直接测量法

1. 扁液压千斤顶法

扁液压千斤顶法又称“压力枕”测量法或狭缝法，是一种一维应力测量方法，测量受开挖扰动的次生应力，而非原岩应力场。该法主要用于隧道与地下工程或其他开挖岩体的表面附近的岩体的地应力测量。

(1) 测量原理 其基本原理是，扁液压千斤顶施加给岩体表面凿出的岩槽两壁一压力载荷后，岩槽附近岩体产生位移，通过岩槽开挖前后岩槽两侧岩面上确定测点位移的恢复，测得岩体的垂直岩槽方向的应力值。并可基于开挖岩体的多点地应力测量确定岩体的垂直应力与水平应力。如图5-5a所示，扁液压千斤顶由两块薄钢板沿周边焊接在一起而成，在周边处有一个油压入口和

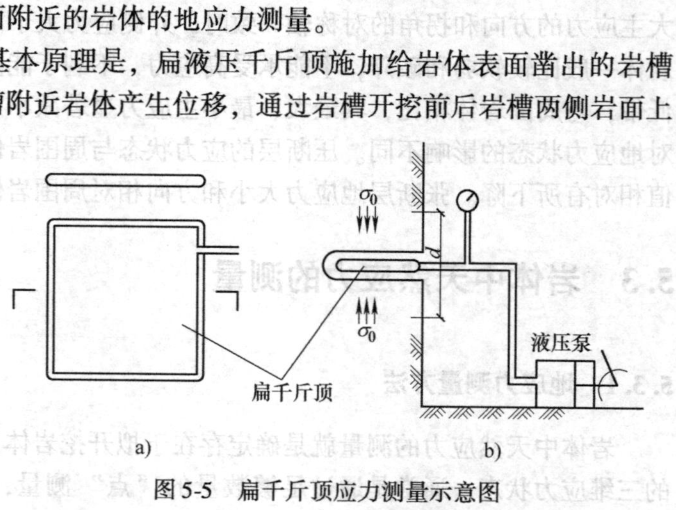

图5-5 扁千斤顶应力测量示意图
a）扁液压千斤顶 b）试验装置

一个出气阀，通过压力表确定扁液压千斤顶的施加载荷。

（2）测量步骤 具体测量步骤如下（见图5-5b）：

1）在选定测量应力的岩石表面安装两个测柱，通过微米表测量两测柱间的距离 d，一般 $d=15\text{cm}$。

2）在与两测柱对称的中间位置向岩体内开挖一个垂直于测柱连线的岩槽，岩槽大小、形状和厚度应与扁液压千斤顶尺寸一致。岩槽厚度一般为5~10mm，由盘锯切割而成。岩槽开挖造成局部应力释放并引起测柱间距离发生变化，测量并记录变化值 d'。

3）将扁液压千斤顶完全塞入岩槽内，必要时注浆将扁液压千斤顶和岩石紧密胶结。然后通过液压泵向其施加压力。压力增加，两测柱间距离增大。当两测柱间距离恢复到岩槽开挖前的值时，停止施加压力，并记录此时扁液压千斤顶的压力 p。该压力 p 称为"平衡应力"或"补偿应力"，即岩槽开挖前表面岩体垂直于扁液压千斤顶方向，也就是测柱连线方向的应力。

对于普通液压千斤顶，尤其是面积较小的扁液压千斤顶，会因为周边焊接圈的影响，由液压泵施加到扁液压千斤顶中的压力高于扁液压千斤顶作用于岩体上的压力。因此，测量前应在实验室标定扁液压千斤顶。

同时，扁液压千斤顶的测量原理是基于岩石为完全线弹性的假设，对于非线性岩体，其加载和卸载路径的应力-应变关系不同，扁液压千斤顶测得的平衡应力不等于岩槽开挖前岩体应力。而且，由于开挖的影响，各种开挖体表面的岩体将会受到不同程度的损坏，这会使测量结果出入较大。另外，由于扁液压千斤顶法是一维应力测量方法，一个岩槽只能测测量点连线方向的应力分量。要确定同一位置点六个应力分量，必须沿不同方向切割六个岩槽，而岩槽的相互重叠将造成不同方向测量结果的相互干扰，使测量毫无意义。

耶格（J. C. Jaeger）和库克（N. G. W. Cook）发明了一种与扁液压千斤顶工作原理是相同的弯曲液压千斤顶。弯曲液压千斤顶两个工作侧面为弯曲的圆弧，圆弧圆心角为90°。弯曲液压千斤顶可用于测量离表面较深一点的岩体中的应力。

2. 水压致裂法

利用水压致裂裂隙和原岩应力之间的关系测量岩体地应力的方法即为水压致裂法，该方法只能测量垂直于钻孔平面内的最大主应力和最小主应力，是一种二维应力测量方法。其主要基于岩石为连续、均质和各向同性的假设，认为初始裂隙发生在钻孔壁切向应力最小的部位，即与最大主应力方向一致。若钻孔孔壁存在天然节理裂隙，会诱导初始裂隙的产生，从而改变了裂隙方向。因此，水压致裂法比较适用于完整的脆性岩石。

（1）测量原理 根据弹性理论，当一个位于无限体中的钻孔受到无穷远处二维应力场（σ_1,σ_3）的作用时，离开钻孔端部一定距离的部位处于平面应变状

态。在这些部位，钻孔周边的应力为

$$\left.\begin{aligned}\sigma_\theta &= \sigma_1+\sigma_3-2(\sigma_1-\sigma_3)\cos2\theta\\ \sigma_r &= 0\end{aligned}\right\} \tag{5-9}$$

式中 σ_θ、σ_r——钻孔周边的切向应力和径向应力；

θ——周边一点与 σ_1 轴的夹角。

由式(5-9)可知，当 $\theta=0°$时，σ_θ 取得极小值，即

$$\sigma_\theta = 3\sigma_3-\sigma_1 \tag{5-10}$$

如果采用图 5-6 所示的水压致裂系统将钻孔某段封隔起来，并向该段钻孔注入高压水，当水压超过 $3\sigma_3-\sigma_1$ 和岩石抗拉强度 σ_t 之后，在 $\theta=0°$处，也即 σ_1 所在方位将发生孔壁开裂。设钻孔壁发生初始开裂时的水压为 p_i，则有

$$p_i = 3\sigma_3-\sigma_1+\sigma_t \tag{5-11}$$

继续向试验段注入高压水，裂隙扩展。当裂隙深度达应力与原岩应力相当的 3 倍孔径时，停止加压，并保持压力不变，记为 p_s，此时

$$p_s = \sigma_3 \tag{5-12}$$

那么，已知岩石抗拉强度 σ_t 时，即可根据式(5-11)和式(5-12)由 p_i 和 p_s 确定岩体的应力状态(σ_1,σ_3)。

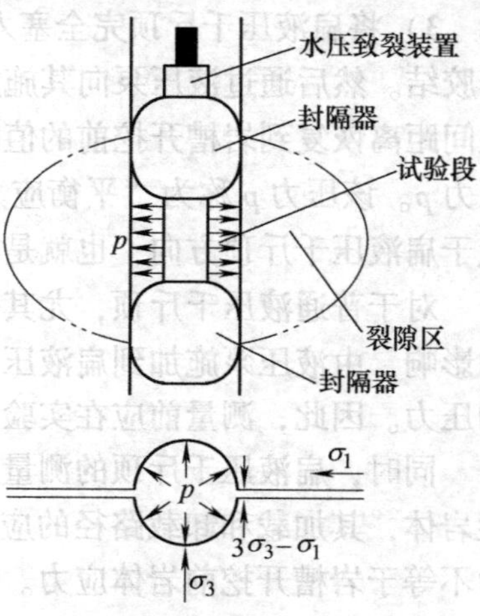

图 5-6 水压致裂系统示意图

如考虑测量岩体的裂隙水，并假定试验段岩体裂隙水压力为 p_0，式(5-11)相应变为

$$p_i = 3\sigma_3-\sigma_1+\sigma_t-p_0 \tag{5-13}$$

但此时要确定试验段岩石的抗拉强度，往往很困难。因此，进行水压致裂试验时，当初始裂隙产生后，卸除水压以使裂隙闭合后，再重对试验段加压，裂隙再张开，记录裂隙再张开时的压力为 p_r，此时

$$p_r = 3\sigma_3-\sigma_1-p_0 \tag{5-14}$$

根据式(5-12)和式(5-14)来确定测量岩体的应力状态(σ_1,σ_3)。这样，由水压致裂法测量原岩应力无需已知岩石的物理力学性质。

(2) 测量步骤

1) 在选定的测量部位钻孔，并用封隔器密封待加压段。要求钻孔直径与所选封隔器匹配，钻孔直径一般为 38mm、51mm、76mm、110mm 等。封隔器一般是液体或气体充压膨胀式。

2) 往试验段注入高压水，并不断加压，至孔壁开裂，记录初始开裂压力

p_i。随后继续加压使裂隙扩张至3倍孔径深度后，停止加压，并保持压力恒定，相应的恒定应力称之为封井压力，记为p_s。然后再卸压以使裂隙重新闭合。在整个加压过程中，同时记录压力-时间曲线图和流量-时间曲线图(见图5-7)。通过压力-时间曲线图确定p_i、p_s值，通过流量-时间曲线图判断裂隙扩展的深度。

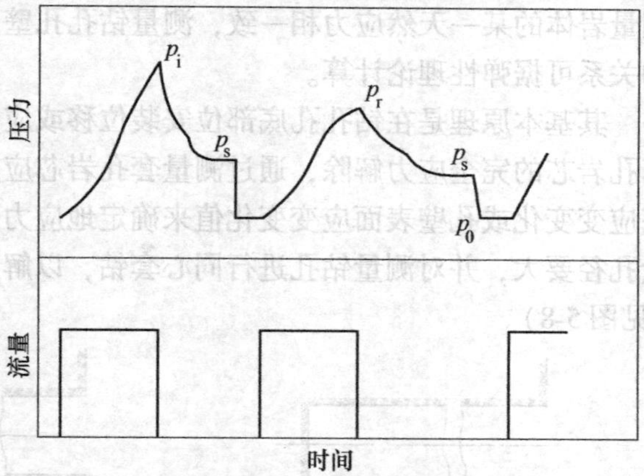

图5-7　压力-时间曲线图和流量-时间曲线图

3）重新往试验段注入高压水，裂隙重新张开，记录裂隙再张开时的压力p_r以及随后的恒定封井压力p_s，重复卸压-再加压过程2～3次，以提高测试数据的准确性。同样根据压力-时间曲线和流量-时间曲线确定p_r与p_s值。

4）将封隔器完全卸压，取出所有试验设备。

5）测量水压致裂裂隙和钻孔试验段天然节理、裂隙的位置、方向和大小。测量方法可采用孔内摄像与印模等。印模器结构和形状与封隔器相似，加压膨胀后使钻孔壁上的所有节理裂隙均印在印模器上印模。通常，水压致裂裂隙为一组径向相对的纵向裂隙，较易辨认。

（3）水压致裂法的特点

1）测量深度大。能测量深部岩体应力，可用来测量深部地壳的构造应力场。

2）设备简单。用普通钻探方法钻孔、止水装置密封、液压泵提供高压注入水即可，无需复杂的电磁测量设备。

3）操作方便。通过液压泵往钻孔内密封段注入高压水以压裂岩体，并观测压裂过程中压力与流量即可。

4）测量结果直观。根据压裂时相应的压力值确定地应力值，无需复杂的换算与辅助测试，还可反算岩体的抗拉强度。

5）测量结果具有代表性。测得确定的地应力值与岩体抗拉强度体现了较大范围内的平均值，具有较好的代表性。

6）适应性强。该方法无需电磁测量元件，并可在干孔与湿孔中进行试验，无需防水防潮，抗电磁干扰、抗振。

5.3.3　间接测量法

1. 全应力解除法

全应力解除法即套孔应力解除法，又称套芯法或钻孔套芯应力解除法。

（1）测量原理　全应力解除法也是基于弹性理论，视岩体为一无限大均质、连续、各向同性线弹性体。通过岩体测量部位钻孔同心套钻，并假设钻孔轴线与测量岩体的某一天然应力相一致，测量钻孔孔壁的径向位移，岩体天然主应力间的关系可据弹性理论计算。

其基本原理是在钻孔孔底部位安装位移或应变测量元件，利用套芯钻头实现套孔岩芯的完全应力解除，通过测量套孔岩芯应力解除前后钻孔孔径的变化、孔底应变变化或孔壁表面应变变化值来确定地应力值及其方向。套芯钻头直径较测量孔径要大，并对测量钻孔进行同心套钻，以解除套孔岩芯部位的天然受力状态（见图5-8）。

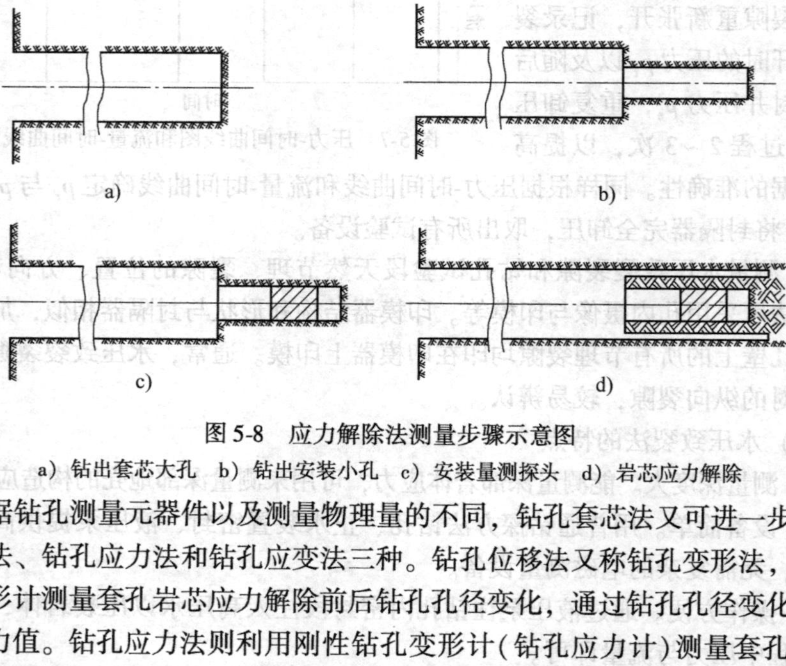

图5-8　应力解除法测量步骤示意图

a）钻出套芯大孔　b）钻出安装小孔　c）安装量测探头　d）岩芯应力解除

根据钻孔测量元器件以及测量物理量的不同，钻孔套芯法又可进一步分为钻孔位移法、钻孔应力法和钻孔应变法三种。钻孔位移法又称钻孔变形法，即利用钻孔变形计测量套孔岩芯应力解除前后钻孔孔径变化，通过钻孔孔径变化值确定天然应力值。钻孔应力法则利用刚性钻孔变形计（钻孔应力计）测量套孔岩芯应力解除前后钻孔压力变化，进而确定钻孔位移来推算岩体天然应力值。钻孔应变法是利用钻孔应变计测量套孔岩芯应力解除前后钻孔孔底或孔壁壁面应变的变化来确定岩体天然应力状态。目前常用的钻孔应变计包括门塞式应变计、光弹性圆盘应变计和利曼三维应变计等。

（2）测量步骤　目前，应力解除法已形成一套标准化的测量程序，具体有以下一些步骤（见图5-8）。

1）选定测量岩体表面，并采用大孔径钻头钻孔至测量岩体一定深度部位（见图5-8a）。并在磨平的孔底中心位置钻一锥形孔，以便钻出同心小孔，同时清洗钻孔。

2）在大孔径孔底钻与选用探头直径匹配的同心小孔，以便安装量测探头

(见图 5-8b)。小孔深度一般为孔径的 10 倍左右，以保证小孔中央部位处于平面应变状态。完成后清洗小孔。

3）利用专用装置在小孔中央部位安装好孔径变形计、孔壁应变计等测量探头(见图 5-8c)。

4）用与大孔直径相同套芯钻头延深大孔，使小孔周围岩芯实现应力解除(见图 5-8d)。测定并记录应力解除引起的小孔变形或应变，然后通过有关公式确定小孔周围的原岩应力状态。

理论上，套孔的形状与尺寸不影响套孔岩芯的应力完全解除。但是，测量探头对应力解除过程中的小孔变形存在限制或约束，从而影响套孔岩芯的应力释放。探头刚度越大，对小孔变形的约束越大，因此套孔的直径也就需要越大。绝对刚性探头要求套孔尺寸无穷大，才能实现完全应力解除，所以刚性探头不能用于应力解除测量。当测量探头对钻孔变形约束很小时，套孔尺寸和形状则要求并不严格，一般只要套孔直径超过小孔直径的 3 倍以上即可。对实心包体应变计而言，套孔直径要求适当大些。

全应力解除法也是一种二维应力测量方法，但测量结果的可靠性和准确性较水压致裂法要高。在工程前期，可以使用水压致裂法大致测出一个工程区域的地应力状态，而在工程施工过程中或施工结束后则可使用应力解除法比较准确地测定工程区域所需各点的地应力大小和方向。

2. *局部应力解除法*

完全应力解除法中应变计周围的岩芯可完全脱离地应力场的作用，局部应力解除法则只能实现测点的部分应力解除，如切槽解除法、平行钻孔法等。

(1) 切槽解除法　切槽解除法主要测量步骤有以下几点(见图 5-9)。

1）向岩体内部打直径为 96mm 的钻孔，直到需要测定应力的部位。

2）将一个包含金钢石锯片和切向(环向)应变传感器的装置预先固定在钻孔中需测应力部位。

3）利用风动压力将切向应变传感器预压固定在孔壁上非常靠近切槽的部位，然后驱动锯片孔在壁切出径向槽，槽和钻孔中心在同一平面内，以便使切槽附近岩体实现应力解除。割槽过程中，切向应变传感器所测应变值将产生变化，当割槽达到一定深度后，应变值趋于稳定。该稳定应变值即是切向应变传感器所在部位由于割槽而实现应力解除所引起的切向应变值。

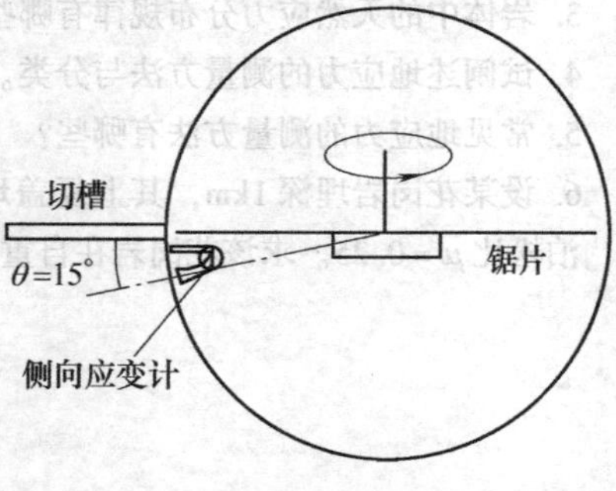

图 5-9　钻孔切槽及切向应变传感器位置示意图

4）为了确定测点垂直于钻孔轴线平面内的应力状态，至少要在三个不同方位（相互间隔120°）进行这样的切槽测量试验。根据弹性理论，即可计算出切向应变传感器所在的垂直于钻孔抽线的平面内的二维应力状态。

5）要确定测点的三维应力状态，必须打交汇于测点的三个互不平行的钻孔，进行上述割槽解除试验。

（2）平行钻孔法 平行钻孔法即用钻平行孔实现局部应力解除的方法。平行钻孔法的原理是，带圆孔无限大平板受到无穷远处的二维应力场作用时，圆孔周围的应力-应变状态可根据弹性理论的解析解或数值方法求得。因此该法主要用于测量岩体表面的应力状态。测量时，首先在选定测点的岩体表面钻一小孔，并在小孔一定深度内安装好钻孔变形计或应变计；然后在小孔附近钻一个或多个大孔（见图5-10），大、小孔之间的距离不超过大孔直径，大孔深度应保证应力-应变状态在小孔中测点周围沿钻孔轴线方向是均匀的；最后根据平行大孔完成后小孔测得的变形或应变，即可求得垂直于钻孔轴线的平面内的应力状态。

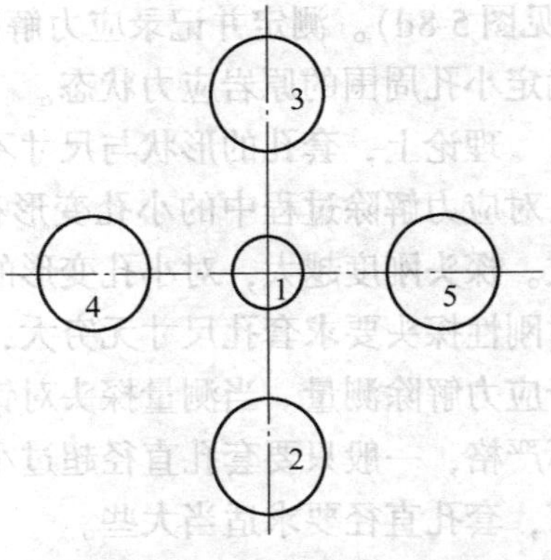

图5-10 平行钻孔法示意图

1—平行测孔 2~5—平行解除孔

思考与练习

1. 名词解释：天然应力，重分布应力。
2. 天然应力的主要构成要素有哪些？成因是什么？
3. 岩体中的天然应力分布规律有哪些？
4. 试阐述地应力的测量方法与分类。
5. 常见地应力的测量方法有哪些？
6. 设某花岗岩埋深1km，其上复盖地层的平均重度为$\gamma = 26\text{kN/m}^3$，花岗岩处于弹性状态，泊松比$\mu = 0.25$。求该花岗岩在自重作用下的初始垂直应力和水平应力。

第 6 章 地下岩体工程

6.1 概述

地下岩体工程通常包括在地下岩体中开挖的各种隧道、井巷与硐室。铁路、公路、矿山、水电、国防、城市地铁及城市建设等许多领域，都有大量的地下岩体工程。随着科学技术及工业的发展，地下岩体工程将会有更为广泛的新用途，如地下油气库、地下储热库、地下储水库以及地下核废料密闭储藏库等。

地下岩体工程埋在地下的一定深度，如目前的交通隧道埋深从数百米到一两千米不等；矿山巷道工程随着浅部资源的逐渐减少和枯竭，开采的深度越来越大，国内外许多矿山的开采深度已达数千米。根据地下岩体工程所在深度，可将其分为浅部岩体工程和深部岩体工程。浅部岩体工程又可以分为深埋和浅埋两类。浅埋地下工程的工程影响范围可达到地表，因而在力学分析上要考虑地表界面的影响。深埋地下工程可视为无限体问题，即在硐室无限远处的岩体仍为未扰动的原岩体。深部岩体工程响应研究出现一些如分区破裂化等新概念，这与浅部岩体工程响应大不相同，并将逐渐形成深部非线性岩体力学这一新分支。

地下岩体工程涉及岩体开挖和地下硐室支护与维护。岩体开挖破坏了原有岩体应力平衡状态，会引起岩体应力重分布，使岩体产生位移与变形，如果重新分布应力与岩体变形达到或超过岩体强度和变形允许值，将导致地下结构失稳与破坏，直接影响地下结构的安全与稳定。稳定性问题是地下岩体工程的一个重要研究内容，主要涉及支护结构和岩体自身的稳定两个方面。其中，后者对于地下岩体工程的稳定尤其重要。

6.2 地下岩体工程的应力分布

6.2.1 地下岩体工程围岩应力重分布

硐室开挖前，岩体在初始应力作用下处于平衡状态，开挖形成硐室后，平衡状态破坏，硐室周围岩体应力发生变化，这种应力重新分布的现象称为应力重分布。研究表明，应力重分布会局限于硐室周围一定区域内，远离硐室的岩体应力仍可视为原岩应力状态或初始应力状态。地下岩体工程中硐室周围发生应力重分布的这一部分岩体称之为围岩，重分布后岩体的应力状态称之为围岩二次应力状态，或次生应力状态。

如果岩体初始应力处于弹性状态，则围岩的二次应力状态可能出现以下两种情况：

1）围岩的二次应力状态仍保持弹性状态，除出现局部岩块松动现象外，围岩基本稳定，弹性理论的基本定律与假设仍可适用；

2）围岩的二次应力状态若为弹、塑性分布。则由于作用于岩体的初始应力较大或岩体自身的强度比较低，硐室开挖后，硐室周边的部分岩体应力超过岩体的屈服应力，岩体进入塑性状态。随着与洞壁的距离增大，最小主应力也随之增大，进而提高了岩体的强度，并促使岩体的应力转为弹性状态。因此，这种弹、塑性应力并存的状态被称为岩体二次应力的弹、塑性分布。处在弹、塑性分布中的硐室，必须进行支护，否则围岩体会产生失稳，从而影响硐室的正常使用。

研究围岩的二次应力状态时通常不考虑支护结构的支撑作用，松散岩体除外，这是因为对于松散岩体而言，若没有支撑力的作用，围岩难以维持稳定。

岩体介质的假设条件是用弹、塑性理论分析岩体硐室的二次应力状态关键问题之一。岩体是非均匀、各向异性的天然地质体，其中包含有大量的节理、裂缝等不连续结构面。宏观范围而言，除了规模较大的断层与软弱夹层，岩体中随机分布的裂隙相对岩石块体要小很多，岩体可视为均质连续体，也能满足弹塑性力学中对介质的基本假设条件。因此，在进行二次应力分布时，大都仍将岩体视为均质各向同性体。由于其规模大、产状不利或强度极低等原因，局部特殊的岩体不连续面应特殊处理，宜采用专门的方法（如剪裂区计算等）进行稳定性评价。

局部应力集中的概念在围岩二次应力状态分析中十分重要。硐室开挖引起围岩应力重分布，硐室二次应力状态变化的区域通常称为影响范围或应力集中区。研究表明，硐室围岩的应力集中是局部的，应力集中区只限于硐室周围较小范围内，应力集中随着与硐室距离的增加迅速衰减，远离硐室周围岩体中的应力状态可视为初始应力状态。围岩应力集中可用应力集中系数（k）进行表述，假设硐室

开挖前岩体中某一点的初始应力为 σ_0，开挖后该点的二次应力变为 σ，则

$$k=\frac{\sigma}{\sigma_0} \tag{6-1}$$

即应力集中系数表示硐室开挖前后围岩应力的变化情况。若 $k>1$，二次应力增大，反之则二次应力减小。

如图 6-1 所示，从地面至圆形硐室中心的距离 H 称之为硐室的平均埋深，r_a 为硐室半径。$H \gg r_a$ 的硐室称之为深埋硐室。硐室深浅埋的划分，不同的计算理论采用不同的划分原则。如前所述，围岩二次应力状态多属弹性理论平面应变问题，可通过弹性理论中的柯西问题加以研究，即视为岩体自重作用下、以地面为直线边界的半无限平面内圆孔周边的应力集中问题。对于深埋硐室而言，由于是有限区域的应力集中，可在硐室周围应力集中区以外截取一矩形平板（见图 6-1a），平板四周边界上的应力应处于初始应力状态。最终将其转化成为具有圆孔的矩形平板在自重作用下孔周边的应力集中问题。那么，深埋圆形硐室二次应力状态的近似计算，可归结为求解图 6-1b 所示的具有圆孔的无重量平板的平面应变问题，在平板的上下边界作用有垂直均布压力 p_y，平板的两侧面边界上作用有水平均布压力 p_x。

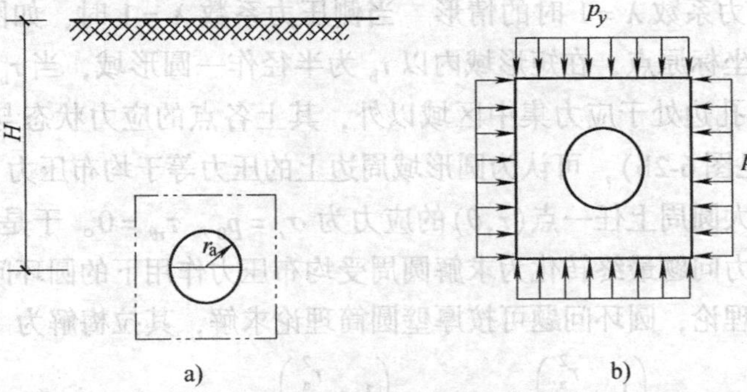

图 6-1 轴对称圆形硐室的计算

6.2.2 弹性条件下地下岩体工程围岩应力分布

1. 轴对称圆形硐室围岩的二次应力分布

要进行地下岩体工程稳定性分析，则必须明确开挖硐室应力重分布岩体的应力场和位移场。其中，弹性岩体中的圆形硐室问题最为简单，但其弹性力学解对地下岩体工程却极具指导意义。

一定埋深的圆形硐室可视为半平面圆形硐室问题，并可进一步转化为矩形板圆孔问题。如图 6-2a 所示，圆孔半径为 r_a，同样在应力集中区域外取一矩形，并假设矩形域边界不受域内圆孔的影响，即矩形域周边荷载视为岩体的初始应力，上下边界为垂直均布压力 p_y，两侧边界为水平均布压力 p_x，侧压力系数 $\lambda=$

p_x/p_y。实际分析表明，当埋深 $H \geqslant 20r_a$ 时，这一近似处理误差小于1%。

特别要指出的是，不管是水平应力还是垂直应力，以及径向、切(环)向正应力与切应力，统一约定，正应力“压正拉负”，即以压应力为正、拉应力为负；切应力则逆时针为正、顺时针为负。

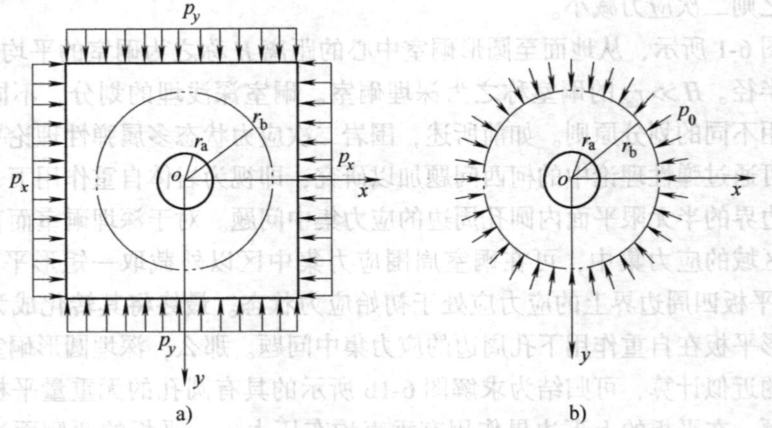

图 6-2　一定埋深的圆形硐室围岩应力计算简图

(1) 侧压力系数 $\lambda = 1$ 时的情形　当侧压力系数 $\lambda = 1$ 时，如图 6-2a 所示，以圆孔中心为坐标原点，在矩形域内以 r_b 为半径作一圆形域，当 $r_b \gg r_a$ 时，由于半径为 r_b 的孔边处于应力集中区域以外，其上各点的应力状态与无孔时的应力状态相同(见图 6-2b)，可认为圆形域周边上的压力等于均布压力 p_0，$p_0 = \gamma H$。极坐标条件下大圆周上任一点(r,θ)的应力为 $\sigma_r = p_0$，$\tau_{r\theta} = 0$。于是，$\lambda = 1$ 时圆形硐室围岩应力问题最终转化为求解圆周受均布压力作用下的圆环问题。

根据弹性理论，圆环问题可按厚壁圆筒理论求解，其拉梅解为

$$\sigma_r = \frac{\left(1 - \frac{r_a^2}{r^2}\right)}{\left(1 - \frac{r_a^2}{r_b^2}\right)} p_0,\quad \sigma_\theta = \frac{\left(1 + \frac{r_a^2}{r^2}\right)}{\left(1 - \frac{r_a^2}{r_b^2}\right)} p_0,\quad \tau_{r\theta} = \tau_{\theta r} = 0 \tag{6-2}$$

由于 $r_b \gg r_a$，$\frac{r_a^2}{r_b^2} \longrightarrow 0$，式(6-2)调整为

$$\left.\begin{aligned} \sigma_r &= p_0\left(1 - \frac{r_a^2}{r^2}\right) \\ \sigma_\theta &= p_0\left(1 + \frac{r_a^2}{r^2}\right) \\ \tau_{r\theta} &= 0 \end{aligned}\right\} \tag{6-3}$$

圆形硐室围岩应力沿 r 轴分布情形，如图 6-3 所示。切向正应力 σ_θ 值随着 r

的增大快速衰减，在硐室周边最大，$\sigma_{\theta,r=r_a}=2p_0$，当 $r>(3\sim5)r_a$ 后，$\sigma_\theta\to p_0$，即硐室围岩应力基本趋近岩体初始应力（见表6-1）。径向正应力 σ_r 值则随着 r 的增大快速增大，并在 $(3\sim5)r_a$ 同样基本趋近岩体初始应力（见表6-1）。同时，圆形硐室周边最大应力集中系数 $k=2$。这一圆形硐室围岩应力分布规律，在地下岩体工程稳定性评价中具有十分重要的意义。

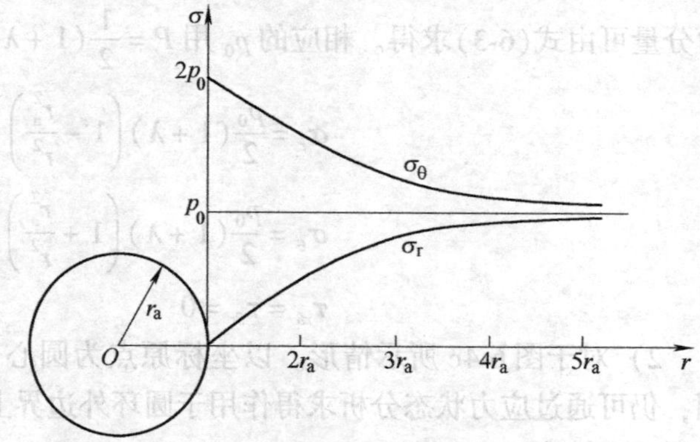

图6-3　$\lambda=1$ 时圆形硐室围岩应力分布图

表6-1　$\lambda=1$ 圆形硐室围岩应力

r/r_a	1	2	3	4	5
σ_θ	$2p_0$	$1.25p_0$	$1.11p_0$	$1.06p_0$	$1.04p_0$
σ_r	0	$0.75p_0$	$0.89p_0$	$0.94p_0$	$0.96p_0$

（2）侧压力系数 λ 为任意值时的情形　侧压力系数 λ 为任意值时，圆形硐室围岩的二次应力分布计算简图如图6-4a所示，可由图6-4b、图6-4c所示两种情形叠加得到。

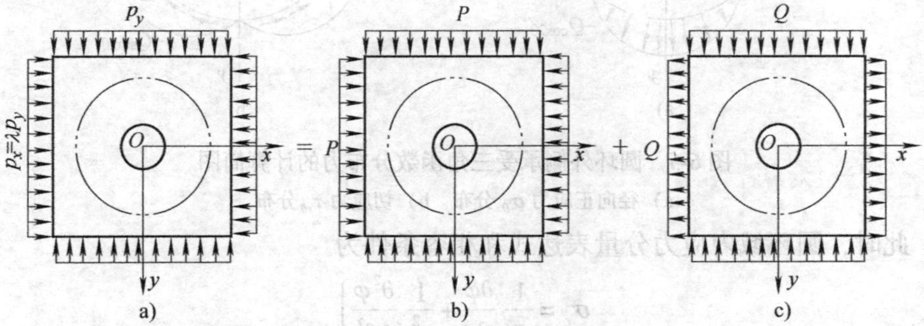

图6-4　任意 λ 值时围岩应力计算简图

其中

$$\left.\begin{aligned}P&=\frac{p_y+p_x}{2}=\frac{1}{2}(1+\lambda)p_y\\Q&=\frac{p_y-p_x}{2}=\frac{1}{2}(1-\lambda)p_y\end{aligned}\right\}\tag{6-4}$$

1）图 6-4b 所示情形即上述圆环外边界承受均匀压力时的情形，圆环域内应力分量可由式(6-3)求得。相应的 p_0 用 $P=\frac{1}{2}(1+\lambda)p_0$ 代换后即得

$$\left.\begin{aligned}\sigma_r&=\frac{p_0}{2}(1+\lambda)\left(1-\frac{r_a^2}{r^2}\right)\\\sigma_\theta&=\frac{p_0}{2}(1+\lambda)\left(1+\frac{r_a^2}{r^2}\right)\\\tau_{r\theta}&=\tau_{\theta r}=0\end{aligned}\right\}\tag{6-5}$$

2）对于图 6-4c 所示情形。以坐标原点为圆心，以半径 r_b（$r_b\gg r_a$）作一大圆，仍可通过应力状态分析求得作用于圆环外边界上的应力。圆环的外边界条件如图 6-5 所示。

$$\left.\begin{aligned}\sigma_{r,r=r_b}&=Q\cos2\theta\\\tau_{r\theta,r=r_b}&=-Q\sin2\theta\end{aligned}\right\}\tag{6-6}$$

$$\left.\begin{aligned}\sigma_{r,r=r_a}&=0\\\tau_{r\theta,r=r_a}&=0\end{aligned}\right\}\tag{6-7}$$

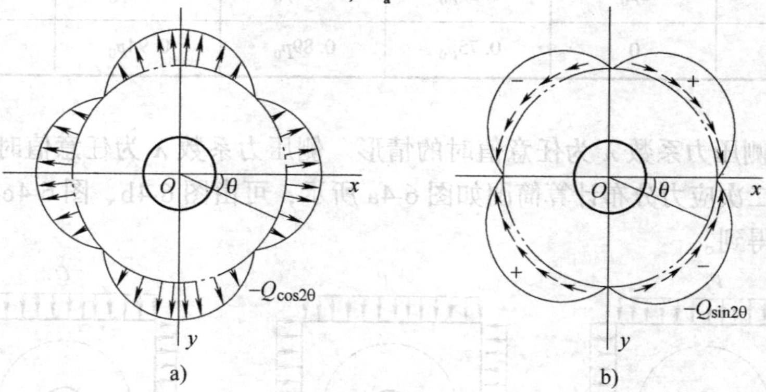

图 6-5　圆环外侧承受三角函数分布力的计算简图

a）径向正应力 σ_θ 分布　b）切应力 $\tau_{r\theta}$分布

此时，圆环域内应力分量表达式和相容条件为

$$\left.\begin{aligned}\sigma_r&=\frac{1}{r}\frac{\partial\varphi}{\partial r}+\frac{1}{r^2}\frac{\partial^2\varphi}{\partial\theta^2}\\\sigma_\theta&=\frac{\partial^2\varphi}{\partial r^2}\\\tau_{r\theta}&=-\frac{\partial}{\partial r}\left(\frac{1}{r}\frac{\partial\varphi}{\partial\theta}\right)\end{aligned}\right\}\tag{6-8}$$

$$\left(\frac{\partial^2}{\partial r^2}+\frac{1}{r}\frac{\partial}{\partial r}+\frac{1}{r^2}\frac{\partial^2}{\partial\theta^2}\right)^2\varphi=0\tag{6-9}$$

式中　φ——极坐标应力函数，$\varphi=\varphi(r,\theta)$。

采用半逆解法求解该问题，由应力分量表达式(6-8)可见，假设应力函数 $\varphi(r,\theta)$

$$\varphi(r,\theta)=f(r)\cos2\theta \tag{6-10}$$

其中，$f(r)$为变量r的任意解析函数。将式(6-10)代入式(6-9)，得

$$\left[\frac{d^4f}{dr^4}+\frac{2}{r}\frac{d^3f}{dr^3}-\frac{9}{r^2}\frac{d^2f}{dr^2}+\frac{9}{r^3}\frac{df}{dr}\right]\cos2\theta=0 \tag{6-11}$$

式中，$f=f(r)$。删去因子$\cos2\theta$后，得关于$f(r)$的微分方程

$$\frac{d^4f}{dr^4}+\frac{2}{r}\frac{d^3f}{dr^3}-\frac{9}{r^2}\frac{d^2f}{dr^2}+\frac{9}{r^3}\frac{df}{dr}=0 \tag{6-12}$$

其通解为

$$f(r)=Ar^4+Br^2+C+Dr^{-2} \tag{6-13}$$

其中，A、B、C、D为任意常数。将式(6-13)代入式(6-10)，得应力函数为

$$\varphi(r,\theta)=(Ar^4+Br^2+C+Dr^{-2})\cos2\theta \tag{6-14}$$

从而由式(6-8)求得应力分量

$$\left.\begin{aligned}\sigma_r&=-\left(2B+\frac{4C}{r^2}+\frac{6D}{r^4}\right)\cos2\theta\\ \sigma_\theta&=\left(12Ar^2+2B+\frac{6D}{r^4}\right)\cos2\theta\\ \tau_{r\theta}&=\left(6Ar^2+2B-\frac{2C}{r^2}-\frac{6D}{r^4}\right)\sin2\theta\end{aligned}\right\} \tag{6-15}$$

考虑到边界条件式(6-6)与(6-7)，将式(6-15)代入，并取$r_a/r_b=0$，简化后联立解方程得

$$A=0,B=-\frac{Q}{2},C=Qr_a^2,D=-\frac{Qr_a^4}{2} \tag{6-16}$$

由于$Q=-\dfrac{1}{2}(1-\lambda)p_0$，将式(6-16)代入式(6-15)，得应力分量的最终表达式

$$\left.\begin{aligned}\sigma_r&=-\frac{p_0}{2}(1-\lambda)\left(1-4\frac{r_a^2}{r^2}+3\frac{r_a^4}{r^4}\right)\cos2\theta\\ \sigma_\theta&=\frac{p_0}{2}(1-\lambda)\left(1+3\frac{r_a^4}{r^4}\right)\cos2\theta\\ \tau_{r\theta}=\tau_{\theta r}&=\frac{p_0}{2}(1-\lambda)\left(1+2\frac{r_a^2}{r^2}-3\frac{r_a^4}{r^4}\right)\sin2\theta\end{aligned}\right\} \tag{6-17}$$

将1)、2)两种情形的应力叠加(式(6-5)与式(6-17))，即为弹性岩体内圆孔域的应力分布，因此，侧压力系数λ为任意值时圆形硐室二次应力状态的计

算公式为

$$\left.\begin{aligned}\sigma_r&=\frac{p_0}{2}\left[(1+\lambda)\left(1-\frac{r_a^2}{r^2}\right)-(1-\lambda)\left(1-4\frac{r_a^2}{r^2}+3\frac{r_a^4}{r^4}\right)\cos2\theta\right]\\\sigma_\theta&=\frac{p_0}{2}\left[(1+\lambda)\left(1+\frac{r_a^2}{r^2}\right)+(1-\lambda)\left(1+3\frac{r_a^4}{r^4}\right)\cos2\theta\right]\\\tau_{r\theta}&=\frac{p_0}{2}(1-\lambda)\left(1+2\frac{r_a^2}{r^2}-3\frac{r_a^4}{r^4}\right)\sin2\theta\end{aligned}\right\}\tag{6-18}$$

式中　r、θ——以圆孔中心为极坐标原点的一点的极坐标；

其他符号意义同前。

1）当 $\theta=0°$时，即圆形硐室两侧沿水平方向的应力值为

$$\left.\begin{aligned}\sigma_r&=-\frac{p_0}{2}\left[(1+\lambda)\left(1-\frac{r_a^2}{r^2}\right)-(1-\lambda)\left(1-4\frac{r_a^2}{r^2}+3\frac{r_a^4}{r^4}\right)\right]\\\sigma_\theta&=-\frac{p_0}{2}\left[(1+\lambda)\left(1+\frac{r_a^2}{r^2}\right)+(1-\lambda)\left(1+3\frac{r_a^4}{r^4}\right)\right]\\\tau_{r\theta}&=0\end{aligned}\right\}\tag{6-19}$$

2）当 $\theta=90°$时，即圆形硐室两侧沿垂直方向的应力值为

$$\left.\begin{aligned}\sigma_r&=-\frac{p_0}{2}\left[(1+\lambda)\left(1-\frac{r_a^2}{r^2}\right)+(1-\lambda)\left(1-4\frac{r_a^2}{r^2}+3\frac{r_a^4}{r^4}\right)\right]\\\sigma_\theta&=-\frac{p_0}{2}\left[(1+\lambda)\left(1+\frac{r_a^2}{r^2}\right)-(1-\lambda)\left(1+3\frac{r_a^4}{r^4}\right)\right]\\\tau_{r\theta}&=0\end{aligned}\right\}\tag{6-20}$$

当岩体泊松比 $\mu=0.2$ 时，侧压力系数 $\lambda=\dfrac{\mu}{1-\mu}=0.25$，按式(6-19)与式(6-20)可分别计算圆形硐室沿 x，y 轴的围岩应力(见表 6-2)，围岩应力分布如图 6-6 所示。

表 6-2　$\lambda=0.25$ 时圆形硐室的围岩应力

r/r_a	$\theta=0°$					$\theta=90°$				
	1	2	3	4	5	1	2	3	4	5
σ_θ/p_0	2.75	1.44	1.19	1.11	1.07	−0.25	0.12	0.19	0.21	0.23
σ_r/p_0	0	0.40	0.44	0.31	0.30	0	0.54	0.66	0.87	0.92

通常，岩体的泊松比 $\mu=0.20\sim0.40$，相应的侧压力系数 $\lambda=0.25\sim0.66$，由式(6-19)可计算圆孔周边应力：

1）当 $\lambda=0.25$ 时，$(\sigma_\theta)_{\theta=0°}=-2.75\gamma H$，$(\sigma_\theta)_{\theta=90°}=-0.25\gamma H$。

2）当 $\lambda=0.66$ 时，$(\sigma_\theta)_{\theta=0°}=-2.34\gamma H$，$(\sigma_\theta)_{\theta=90°}=-0.98\gamma H$。

3）当 $\lambda=0$ 时，$(\sigma_\theta)_{\theta=0°}=-3.00\gamma H$，$(\sigma_\theta)_{\theta=90°}=-\gamma H$。

这说明，圆形硐室周边最大压应力不超过 $3\gamma H$，洞顶可能出现拉应力，其数值不大于 γH。

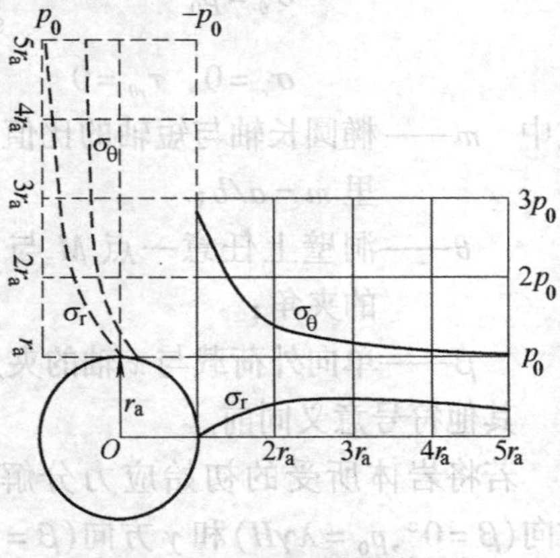

图6-6 $\lambda=0.25$ 时圆形硐室围岩应力分布图

2. 椭圆形硐室围岩的弹性应力状态

地下岩体工程中，由于岩体的各向异性、施工条件的限制以及对地下空间的功能要求，为了最有效和经济地利用地下空间，硐室的几何形状不一定是圆形。常见的有椭圆形、正方形、矩形、直墙拱式。对于深埋椭圆形硐室的二次应力状态，可归结为求解非圆形孔无重量平板的平面形变问题，其中，平板上下边界作用有均布力 p_y，左右边界的均布力 p_x，$p_x=\lambda p_y$（见图6-7a）。

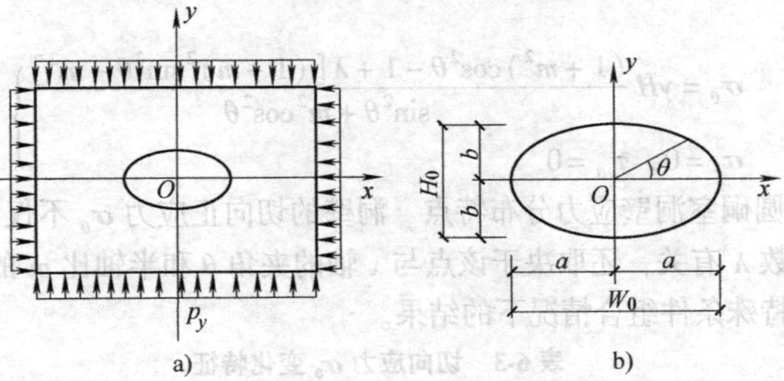

图6-7 非圆形硐室围岩应力计算简图

根据孔边界的参数方程式

$$\left.\begin{aligned} x&=a\cos\theta+c\cos3\theta \\ y&=b\sin\theta-c\cos3\theta \end{aligned}\right\} \tag{6-21}$$

其中，$\theta\in[0,2\pi]$，a、b、c 为给定的常数，该参数方程所表示的几何图形随 a、b、c 的取值不同，可以得到不同的平面封闭曲线，封闭曲线的特点是以 x，y 轴为对称轴。

当 $c=0$ 时，则式(6-21)变为

$$x=a\cos\theta,\ y=b\sin\theta \tag{6-22}$$

式(6-22)为不同轴比(a/b)的椭圆参数方程（见图6-7b）。

(1) 椭圆硐室洞壁应力计算公式 图6-8是在单向应力作用时椭圆形硐室的计算简图。洞壁的应力为

$$\left.\begin{aligned}\sigma_\theta &= p_0\frac{(1+m^2)\sin^2(\theta+\beta)-\sin^2\beta-m^2\cos\beta}{\sin^2\theta+m^2\cos^2\theta}\\ \sigma_r &= 0,\ \tau_{r\theta}=0\end{aligned}\right\}\tag{6-23}$$

式中 m——椭圆长轴与短轴的比值，这里 $m=a/b$；

θ——洞壁上任意一点 M 与 x 轴的夹角；

β——单向外荷载与 x 轴的夹角；

其他符号意义同前。

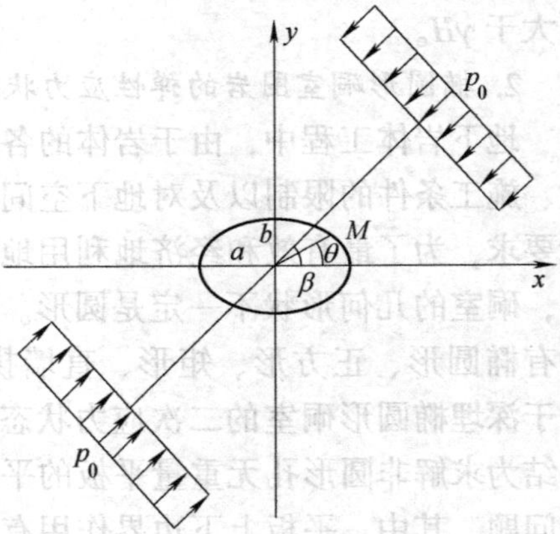

图 6-8 椭圆硐室单向受力计算简图

若将岩体所受的初始应力分解成 x 方向($\beta=0°,p_0=\lambda\gamma H$)和 y 方向($\beta=90°$, $p_0=\gamma H$)两种状态，按上述计算模式求得的应力后叠加，即可求得椭圆硐室的二次应力分布状态，洞壁的应力计算公式为

$$\left.\begin{aligned}\sigma_\theta &= \gamma H\frac{(1+m^2)\cos^2\theta-1+\lambda[(1+m)^2\sin^2\theta-m^2]}{\sin^2\theta+m^2\cos^2\theta}\\ \sigma_r &= 0,\ \tau_{r\theta}=0\end{aligned}\right\}\tag{6-24}$$

（2）椭圆硐室洞壁应力分布特点　洞壁的切向正应力 σ_θ 不仅与初始应力 p_0 和侧压力系数 λ 有关，还取决于该点与 x 轴的夹角 θ 和半轴比 m 的大小。表 6-3 列出了几种特殊条件组合情况下的结果。

表 6-3　切向应力 σ_θ 变化特征

σ_θ/p_0	$\lambda=0$	$\lambda=1$	任意 λ 值
$\theta=0°$	$\frac{2+m}{m}$	$\frac{2}{m}$	$\frac{2+m(1-\lambda)}{m}$
$\theta=45°$	$\frac{m^2+2m-1}{1+m^2}$	$\frac{4m}{1+m^2}$	$\frac{m^2+2m-1+\lambda(1+2m-m^2)}{1+m^2}$
$\theta=90°$	-1	$2m$	$\lambda(1+2m)-1$

由表 6-3 可知，当 $\lambda=0$ 时为最不利条件，侧壁的 σ_θ 为最大压应力其值为 $\frac{2+m}{m}p_0$，而洞顶为最大拉应力，其值为 $-p_0$；当 $\lambda<\frac{1}{1+2m}$ 时，洞顶将出现拉应力。

按照不同的硐室高宽比($a/b=0.25, a/b=4.0$)，针对三种不同侧压力系数($\lambda=0,1/3,1$)，采用式(6-25)计算椭圆硐室周壁上的切向正应力 σ_θ，图 6-9 所示为椭圆硐室周壁切向应力集中系数 k 分布曲线，其中 $k=\sigma_\theta/\sigma_v$，$\sigma_y=\gamma H$。计算结果显示，硐室侧壁 A 点处的切向应力始终为压应力。

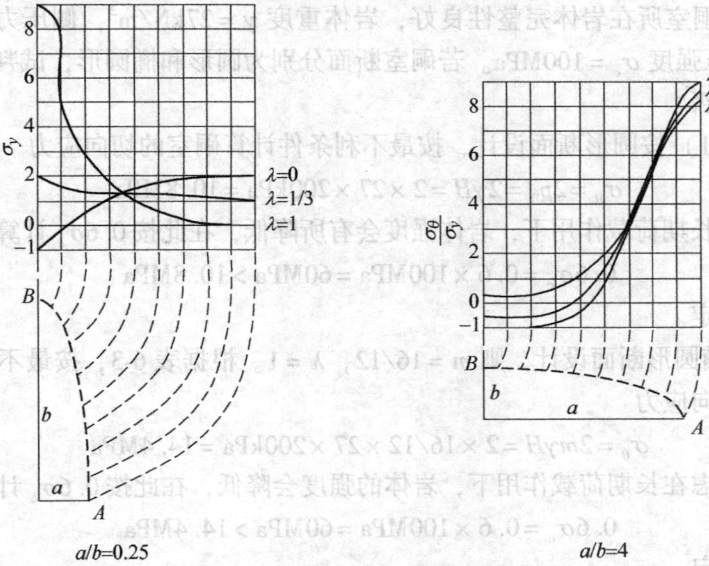

图6-9　椭圆硐室周壁切向正应力集中系数 k 分布曲线

(3) 最佳椭圆截面尺寸(谐洞)　所谓硐室的最佳截面尺寸，通常应满足三个条件：首先，洞周的应力分布应该是均匀应力，且在同一半径上其应力相等；第二，洞周的应力应该都为压应力，在洞壁处不出现拉应力；第三，其应力值应该是各种截面中最小的。椭圆硐室可求得满足上述条件的洞截面尺寸，相应的硐室称之为谐洞。若已知侧压力系数 λ，设半轴比 $m=b/a=1/\lambda$，并将这假设条件代入式(6-25)，得

$$\sigma_\theta=\gamma H\frac{(1+m^2)\cos^2\theta-1+\lambda[(1+m)^2\sin^2\theta-m^2]}{\sin^2\theta+m^2\cos^2\theta}$$

$$=\gamma H\frac{\left(1+\frac{1}{\lambda^2}\right)\cos^2\theta-1+\lambda\left[\left(1+\frac{1}{\lambda}\right)^2\sin^2\theta-\frac{1}{\lambda^2}\right]}{\sin^2\theta+\frac{1}{\lambda^2}\cos^2\theta}$$

$$=\gamma H\frac{\lambda^3\sin^2\theta+\lambda^2\sin^2\theta+\lambda\cos^2\theta+\cos^2\theta}{\lambda^2\sin^2\theta+\cos^2\theta}$$

$$=\gamma H\frac{\lambda(\lambda^2\sin^2\theta+\cos^2\theta)+\lambda^2\sin^2\theta+\cos^2\theta}{\lambda^2\sin^2\theta+\cos^2\theta}$$

$$=(1+\lambda)\gamma H$$

这说明，其洞壁的切向正应力 σ_θ 的值与 θ 角无关，并且在 $\lambda\neq1$ 时 σ_θ 也为均匀的压应力，且其应力值小于圆形硐室 $\lambda=1$ 时的洞壁切向应力值。得出的结果很为理想。此时的半轴比 m 亦称等应力轴比。

【例1】 某地下硐室体布置在花岗岩中，硐室跨度12m，高为16m，埋深$H=200\text{m}$。硐室所在岩体完整性良好，岩体重度$\gamma=27\text{kN/m}^3$，侧压力系数$\lambda=1$，单轴抗压强度$\sigma_c=100\text{MPa}$。若硐室断面分别为圆形和椭圆形，试判断硐室围岩体稳定与否？

【解】 1）按圆形断面设计，按最不利条件计算硐室的切向应力

$$\sigma_\theta=2p_0=2\gamma H=2\times27\times200\text{kPa}=10.8\text{MPa}$$

考虑在长期荷载作用下，岩体强度会有所降低，在此按$0.6\sigma_c$计算。则

$$0.6\sigma_c=0.6\times100\text{MPa}=60\text{MPa}>10.8\text{MPa}$$

岩体稳定。

2）按椭圆形断面设计，则$m=16/12$，$\lambda=1$。根据表6-3，按最不利条件计算硐室的切向应力

$$\sigma_\theta=2m\gamma H=2\times16/12\times27\times200\text{kPa}=14.4\text{MPa}$$

同样考虑在长期荷载作用下，岩体的强度会降低，在此按$0.6\sigma_c$计算。则

$$0.6\sigma_c=0.6\times100\text{MPa}=60\text{MPa}>14.4\text{MPa}$$

岩体稳定。

3. 矩形硐室围岩的弹性应力状态

有些地下岩体工程，硐室断面为矩形或近似于矩形。对于弹性岩体而言，若硐室纵向长度远大于其断面尺寸，可视为平面应变问题，同样可利用弹性理论计算围岩中重分布应力，但相对圆形或椭圆形断面硐室，矩形断面硐室的围岩应力计算要复杂些。

矩形硐室4个直角一般采用旋轮线代替（见图6-10），利用级数求解硐室围岩应力。其中，硐室周边应力可简化为

$$\left.\begin{aligned}\sigma_\theta&=p_0(k_z+\lambda k_x)\\\sigma_r&=0;\ \tau_{r\theta}=0\end{aligned}\right\}\tag{6-25}$$

式中 k_x，k_z——水平与垂直应力集中系数，不同θ角对应不同的应力集中系数；

其他符号意义同前。

洞壁周边水平与垂直位置($\beta=0,\pi/2$)不同，以及不同的a/b值，应力集中系数不同，表6-4为矩形硐室周边一些特征点的应力集中系数。根据所求点的(β,θ)值确定相应的应力集中系数后，按式(6-22)计算该点的应力值。实例分析表明，矩

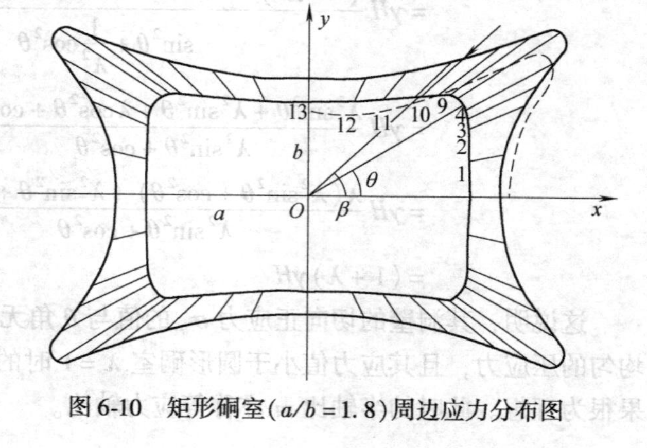

图6-10 矩形硐室($a/b=1.8$)周边应力分布图

形硐室角点的应力远远大于其他部位的应力值(见图6-10)。当 $\lambda=1$ 时，矩形硐室周边应力均为正应力。图6-10虚线表示按 $\lambda=\mu/(1-\mu)$ 计算的结果，表明硐室顶部出现拉应力。虽然拉应力值不会太大，但由于岩体抗拉强度很低，尤其是裂隙岩体抗拉强度几乎为零，因此，矩形硐室顶部围岩存在拉应力时，易造成顶部破裂。

表6-4 矩形硐室周边应力的数值

$\theta/(°)$	$a/b=5.0$		$a/b=3.2$		$a/b=1.8$		$a/b=1.0$	
	$\beta=0$	$\beta=\pi/2$	$\beta=0$	$\beta=\pi/2$	$\beta=0$	$\beta=\pi/2$	$\beta=0$	$\beta=\pi/2$
0	-0.768	2.420	-0.770	2.152	-0.8336	2.030	-0.808	1.472
10	—	—	-0.807	2.520	-0.8354	2.1794		
20	-0.152	8.050	-0.686	4.257	-0.7573	2.6996		
25	2.692	7.030	—	6.207	-0.5989	5.2609		
30	2.812	1.344	2.610	5.512	-0.0413	3.7041		
35	—	—	3.181	—	1.1599	3.8725	-0.268	3.366
40	1.558	-0.644	2.392	-0.193	2.7628	2.7236	0.980	3.860
45					3.3517	0.8205	3.000	3.000
50					2.9538	-0.3248	3.860	0.980
60					1.9836	-0.8751		
70					1.4852	-0.8674		
80					1.2636	-0.8197		
90	1.192	-0.940	1.342	-0.980	1.1999	-0.8011	1.472	-0.808

6.2.3 弹塑性条件下地下岩体工程围岩应力分布

地下岩体工程中，岩体重分布应力大于岩体屈服强度时，硐室周边局部围岩体往往会进入塑性状态，并随着距硐室轴中心距离的增大，围岩应力逐渐向弹性状态过渡，形成硐室围岩应力出现弹、塑性状态并存的应力分布特点。这就使得研究弹、塑性条件下地下岩体工程围岩应力分布非常必要。

对于硐室周边围岩体的非弹性力学行为，相对弹性分析，岩石材料的物理方程有所不同。弹性分析一般是用弹性本构方程，即广义胡克定律。而弹、塑性分析则是利用材料的非弹性和塑性本构关系。至于弹性与非弹性分析中的边界条件，除应满足材料内部弹性-弹塑性边界的应力和位移连续条件之外，其他条件相同。

因此，研究非弹性变形区域应力分布时，要利用材料进入破坏状态或塑性流动状态时的条件作为极限平衡条件。由于上述条件只包含着在不变量组合中的应力分量，对于平面应变问题，利用平衡方程式与极限平衡条件即可求得相应的应力分布，而不必考虑变形。实验研究表明，莫尔强度包络线适用于脆性岩石建立极限状态条件，包络线形式不同，极限平衡条件不同，双曲线形包络线能较好地反映岩石的强度特性，因为其既能反映非破坏岩石的力学性质，又能说明部分破坏岩石的力学性质。例如，出现裂缝的岩石的单轴抗拉强度为零，但仍存在一定的单轴抗压强度。由于利用双曲线形包络线对应的极限平衡条件计算非弹性区域应力较为复杂，简便起见，通常也采用直线形包络线。

这里着重阐述弹塑性条件下 $\lambda=1$ 时圆形硐室的应力状态，即为轴对称问题，且应力与 θ 值无关，弹、塑性区均为圆环状分布，应力随着距洞轴中心距离 r 变化。

1. 轴对称圆形硐室围岩的弹塑性应力状态

当侧压力系数 $\lambda=1$ 时，各个方向的初始应力相等，即 $p_x=p_y=p_0$，属于轴对称问题。因此应建立极坐标，极坐标的平衡微分方程式为

$$\left.\begin{aligned}\frac{\partial\sigma_r}{\partial r}+\frac{1}{r}\frac{\partial\tau_{r\theta}}{\partial\sigma}+\frac{\sigma_r-\sigma_\theta}{r}+f_r=0\\ \frac{1}{r}\frac{\partial\sigma_\theta}{\partial\theta}+\frac{\partial\tau_{r\theta}}{\partial r}+\frac{\partial\tau_{r\theta}}{r}+f_\theta=0\end{aligned}\right\}\tag{6-26}$$

对于轴对称应力状态，应力分量与 θ 无关，因此约去对 θ 的偏微分，并以对 r 的常微分代替对 r 的偏微分。同时考虑到切应力为零，并假设径向与切向方向体积力 f_r 与 f_θ 为零。那么，对于塑性区，式(6-26)简化为

$$\frac{\mathrm{d}\sigma_{rp}}{\mathrm{d}r}+\frac{\sigma_{rp}-\sigma_{\theta p}}{r}=0\tag{6-27}$$

式中 σ_{rp}、$\sigma_{\theta p}$——塑性区中的径向正应力和切向正应力。

这里还需利用塑性条件来确定塑性区的应力状态。根据莫尔强度理论，塑性区内任一点的应力状态所对应的莫尔应力圆必须与强度包络线相切。若采用直线形强度包络线，则可由岩石的单轴抗压强度 σ_c 和内摩擦角 ϕ 来确定强度包络线(见图 6-11)。

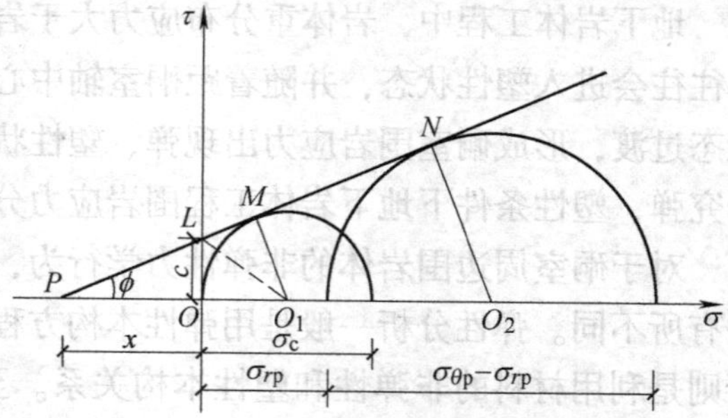

图 6-11 莫尔强度包络线

根据图 6-11 中 $\triangle PNO_2$ 的几何关系，可求得塑性条件

$$\sin\phi=\frac{\sigma_{\theta p}-\sigma_{rp}}{\sigma_{\theta p}+\sigma_{rp}+2x}\tag{6-28}$$

式中 x 值按下式确定

$$\sin\phi = \frac{\sigma_c}{2x + \sigma_c}$$

$$x = \frac{1 + \sin\phi}{2\sin\phi}\sigma_c \tag{6-29}$$

将式(6-29)代入式(6-28)，得

$$\sin\phi = \frac{\sigma_{\theta p} - \sigma_{rp}}{\sigma_{\theta p} + \sigma_{rp} + \sigma_c(1 - \sin\phi)/\sin\phi} \tag{6-30}$$

即

$$\frac{\sigma_{\theta p} - \sigma_c}{\sigma_{rp}} = \frac{1 + \sin\phi}{1 - \sin\phi} \tag{6-31}$$

设 $\xi = \frac{1 + \sin\phi}{1 - \sin\phi}$，则式(6-30)表述的塑性条件可简化为

$$\sigma_{\theta p} = \xi\sigma_{rp} + \sigma_c \tag{6-32}$$

即

$$\sigma_{rp} = \frac{1}{\xi}(\sigma_{\theta p} - \sigma_c) \tag{6-33}$$

根据图6-11中$\triangle OLO_1$的几何关系，还可求得岩体抗剪切强度指标c、ϕ和单轴抗压强度σ_c的关系$c = \frac{1}{2}\sigma_c\tan\left(45° - \frac{\phi}{2}\right)$。

将式(6-33)代入式(6-27)，得

$$r\frac{d\sigma_{\theta p}}{dr} - (\xi - 1)\sigma_{\theta p} = \sigma_c \tag{6-34}$$

设式(6-34)的齐次解为$\sigma_{\theta p1}$，则

$$r\frac{d\sigma_{\theta p1}}{dr} - (\xi - 1)\sigma_{\theta p1} = 0 \quad 或 \quad \frac{d\sigma_{\theta p1}}{\sigma_{\theta p1}} = (\xi - 1)\frac{dr}{r}$$

将上式两侧积分得

$$\sigma_{\theta p1} = Ar^{(\xi - 1)}$$

式中 A——积分常数。

设式(6-34)特解为

$$\sigma_{\theta p2} = Br + C \tag{6-35}$$

式中 B、C——积分常数。

将上式代入式(6-34)得

$$(2 - \xi)Br - C(\xi - 1) = \sigma_c$$

上式可分解为

$$(2 - \xi)Br = 0, \quad -C(\xi - 1) = \sigma_c$$

则

$$B=0,\ C=\frac{\sigma_c}{(\xi-1)}$$

因此，特解为

$$\sigma_{\theta p2}=-\frac{\sigma_c}{(\xi-1)}$$

由此可得式(6-34)的通解为

$$\sigma_{\theta p}=\sigma_{\theta p1}+\sigma_{\theta p2}=Ar^{\xi-1}-\frac{\sigma_c}{(\xi-1)} \tag{6-36}$$

将式(6-36)代入式(6-33)得

$$\sigma_{rp}=\frac{1}{\xi}\left(Ar^{\xi-1}-\frac{\xi\sigma_c}{\xi-1}\right) \tag{6-37}$$

圆形硐室没有支护时，硐室周边不存在径向应力，其边界条件为

$$\sigma_{rp,r=r_a}=0$$

将式(6-37)代入边界条件即可求得积分常数

$$A=\left(\frac{\xi}{\xi-1}\right)\frac{\sigma_c}{r_a^{\xi-1}}$$

将积分常数A的表达式代入式(6-36)与式(6-37)，即可求得无支护圆形硐室塑性区应力计算表达式

$$\left.\begin{aligned}
\sigma_{rp}&=\frac{\sigma_c}{\xi-1}\left[\left(\frac{r}{r_a}\right)^{\xi-1}-1\right]\\
\sigma_{\theta p}&=\frac{\sigma_c}{\xi-1}\left[\xi\left(\frac{r}{r_a}\right)^{\xi-1}-1\right]\\
\tau_{r\theta p}&=0
\end{aligned}\right\} \tag{6-38}$$

其中ξ定义为塑性系数，$\xi=\dfrac{1+\sin\varphi}{1-\sin\varphi}$，其他符号意义同前。

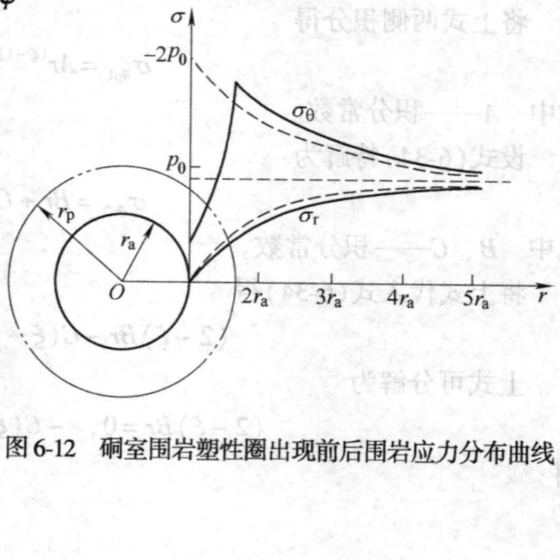

图6-12　硐室围岩塑性圈出现前后围岩应力分布曲线

式(6-38)对应的塑性圈中切向正应力σ_θ与径向正应力σ_r变化曲线如图6-12中实线所示，虚线表示塑性圈出现前围岩应力分布曲线。塑性圈内切向正应力σ_θ较其出现前大幅降低，降低程度与岩体塑性变形量有关。而在弹性变形区，σ_θ只是略为增大，究其原因，是因为塑性圈部分应力释放传递到弹性变形区所致。塑

性圈的出现对径向正应力 σ_r 影响不大。

2. 轴对称圆形硐室围岩塑性区半径

弹性区和塑性区的分界线是半径为 r_p 的圆，r_p 即为塑性区半径，要确定 r_p 值，则需要先求得弹性区中的应力 σ_{re}、$\sigma_{\theta e}$值。σ_{re}、$\sigma_{\theta e}$值可根据下述条件求得，设弹性区和塑性区间的圆周边界作用有轴对称径向正应力 σ_{r0}，如图 6-13 所示。

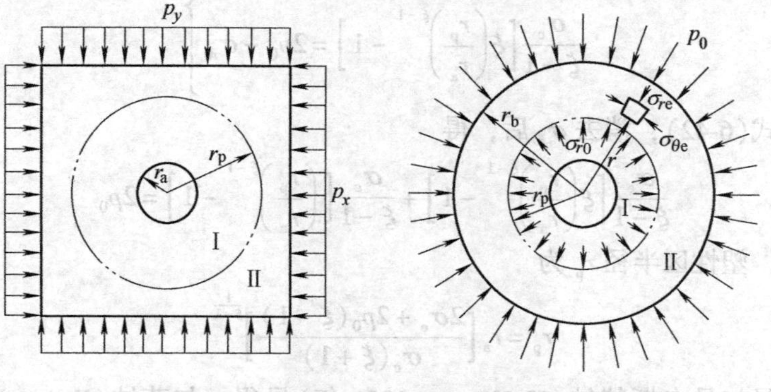

图 6-13 塑性区半径计算简图（Ⅰ为塑性区，Ⅱ为弹性区）

初始应力状态下弹性区应力仍可按式（6-3）计算，并将式中的 r_a 用 r_p 代替。

$$\left.\begin{aligned}\sigma_{re1} &= p_0\left(1-\frac{r_p^2}{r^2}\right)\\ \sigma_{\theta e1} &= p_0\left(1+\frac{r_p^2}{r^2}\right)\\ \tau_{r\theta e1} &= 0\end{aligned}\right\} \tag{6-39}$$

半径 r_p 的圆周边界上作用有径向正应力 σ_{r0}时，弹性区的应力可由拉梅解答求得

$$\left.\begin{aligned}\sigma_{re2} &= \sigma_{r0}\frac{r_p^2}{r^2}\\ \sigma_{\theta e2} &= -\sigma_{r0}\frac{r_p^2}{r^2}\\ \tau_{r\theta e2} &= 0\end{aligned}\right\} \tag{6-40}$$

根据式（6-39）与式（6-40），叠加后即得弹性区中的应力计算公式

$$\left.\begin{aligned}\sigma_{re} &= \sigma_{re1}+\sigma_{re2} = p_0\left(1-\frac{r_p^2}{r^2}\right)+\sigma_{r0}\frac{r_p^2}{r^2}\\ \sigma_{\theta e} &= \sigma_{\theta e1}+\sigma_{\theta e2} = p_0\left(1+\frac{r_p^2}{r^2}\right)-\sigma_{r0}\frac{r_p^2}{r^2}\\ \tau_{r\theta e} &= \tau_{r\theta e1}+\tau_{r\theta e2} = 0\end{aligned}\right\} \tag{6-41}$$

同时，假定塑性区和弹性区分界线处应力相等，即

$$\sigma_{rp,r=r_p}=\sigma_{re,r=r_p}=\sigma_{r0},\ \sigma_{\theta p,r=r_p}=\sigma_{\theta e,r=r_p}$$

综合式(6-38)与式(6-41)以及上述边界条件，得

$$\left.\begin{aligned}\frac{\sigma_c}{\xi-1}\left[\left(\frac{r_p}{r_a}\right)^{\xi-1}-1\right]&=\sigma_{r0}\\ \frac{\sigma_c}{\xi-1}\left[\xi\left(\frac{r_p}{r_a}\right)^{\xi-1}-1\right]&=2p_0-\sigma_{r0}\end{aligned}\right\}\tag{6-42}$$

根据式(6-42)，消去σ_{r0}后，得

$$\frac{\sigma_c}{\xi-1}\left[\xi\left(\frac{r_p}{r_a}\right)^{\xi-1}-1\right]+\frac{\sigma_c}{\xi-1}\left[\left(\frac{r_p}{r_a}\right)^{\xi-1}-1\right]=2p_0$$

因此，塑性区半径 r_p 为

$$r_p=r_a\left[\frac{2\sigma_c+2p_0(\xi-1)}{\sigma_c(\xi+1)}\right]^{\frac{1}{\xi-1}}\tag{6-43}$$

上式最初是卡斯特纳(H. Kastner, 1951 年)导得，与芬纳(Fenner)导出的塑性区半径公式稍有差别。芬纳导得的结果是

$$r_p=r_a\left[\frac{c\cot\phi+p_0(1-\sin\phi)}{c\cot\phi}\right]^{\frac{1}{\xi-1}}\tag{6-44}$$

式中 c、ϕ——岩体的内聚力与内摩擦角；

其他符号意义同前。

芬纳公式的推导是假定了弹塑性区边界处岩体内聚力 $c=0$，通常与实际情况不符，这会导致计算结果不够准确。修正芬纳公式则未作此假设，其具体形式为

$$r_p=r_a\left[\frac{(c\cot\phi+p_0)(1-\sin\phi)}{c\cot\phi}\right]^{\frac{1}{\xi-1}}\tag{6-45}$$

修正芬纳公式与卡斯特纳公式是完全一致的，因为两者的基本假设相同，只不过具有不同的形式而已。

【例 2】 在坚硬的石灰岩层中开挖一圆形硐室，半径 $r_a=2\text{m}$，埋置深度为 1200m，石灰岩的单轴抗压强度 $\sigma_c=5\times10^4\text{kPa}$，内摩擦角 $\phi=30°$，重度 $\gamma=26\text{kN/m}^3$。为了便于比较，试分别用卡斯特纳公式、芬纳公式和修正芬纳公式计算塑性区半径 r_p。

【解】 (1) 相关参数的计算

塑性系数 $\xi=\dfrac{1+\sin\phi}{1-\sin\phi}=\dfrac{1+\sin30°}{1-\sin30°}=\dfrac{1+0.5}{1-0.5}=3$

初始应力 $p_0=\gamma H=26\times1200\text{kg/m}^2=3.12\times10^4\text{kPa}$

内聚力 $c=\frac{1}{2}\sigma_c\tan\left(45°-\frac{\phi}{2}\right)=\frac{1}{2}\times5\times10^4\times\tan(45°-15°)\text{kPa}$

$=1.45\times10^4\text{kPa}$

（2）应用卡斯特纳公式[式(6-43)]计算 r_p

$$r_p=r_a\left[\frac{2p_0(\xi-1)+2\sigma_c}{\sigma_c(\xi+1)}\right]^{\frac{1}{\xi-1}}$$

$$=2\times\left[\frac{2\times3.12\times10^4\times(3-1)+2\times5\times10^4}{5\times10^4\times(3+1)}\right]^{\frac{1}{3-1}}\text{m}=2.12\text{m}$$

（3）应用芬纳公式[式(6-44)]计算 r_p

$$r_p=r_a\left[\frac{c\cot\phi+p_0(1-\sin\phi)}{c\cot\phi}\right]^{\frac{1}{\xi-1}}$$

$$=2\times\left[\frac{1.45\times10^4\times\cot30°+3.12\times10^4\times(1-\sin30°)}{1.45\times10^4\times\cot30°}\right]^{\frac{1}{3-1}}\text{m}=2.28\text{m}$$

（4）应用修正芬纳公式[式(6-45)]计算 r_p

$$r_p=r_a\left[\frac{(c\cot\varphi+p_0)(1-\sin\varphi)}{c\cot\varphi}\right]^{\frac{1}{\xi-1}}$$

$$=2\times\left[\frac{(1.45\times10^4\times\cot30°+3.12\times10^4)(1-\sin30°)}{1.45\times10^4\times\cot30°}\right]^{\frac{1}{3-1}}\text{m}=2.12\text{m}$$

6.3 地下岩体工程变形与计算

地下岩体开挖，围岩会发生变形，甚至破坏。研究表明，围岩变形与破坏形式常取决于围岩应力状态、岩体结构及硐室断面形状等因素。因此，要根据围岩结构类型不同，采用不同的计算方法计算围岩变形。

1）整体或块状围岩岩体，在力学属性上可视为均质、各向同性、连续的线弹性介质，用弹性理论分析其围岩变形。

2）层状围岩岩体，由于岩体通常呈软硬岩层相间的互层形式出现，结构面以层理面为主，并有层间错动及泥化夹层等软弱结构面发育，其变形计算常用弹性梁、弹性板或材料力学中的压杆平衡理论来分析。

3）碎裂状围岩岩体，岩体多断层、褶曲，岩脉穿插挤压和风化破碎加次生夹泥，其变形计算可用松散介质极限平衡理论来分析。

4）散体状围岩岩体，岩体呈强烈构造破碎、强烈风化或新近堆积的土体，其变形计算可用松散介质极限平衡理论配合流变理论来分析。

这里重点讨论坚硬、完整岩体中圆形硐室条件下围岩变形情况。

6.3.1 地下岩体工程围岩的弹性位移

岩体中圆形硐室条件下围岩变形可简化为有圆孔矩形薄板变形问题，尽管弹性理论解不能完全反映围岩变形的实际情况，圆孔周边变形通常可作为硐室工程围岩稳定性与衬砌设计的参考依据。

有圆孔矩形薄板问题的弹性变形计算，可以根据其应力方程与几何方程求得应变，进而求得相应的位移。

根据弹性理论，平面应变与位移的关系为

$$\left.\begin{aligned}\varepsilon_r&=\frac{\partial u}{\partial r}\\ \varepsilon_\theta&=\frac{u}{r}+\frac{1}{r}\frac{\partial v}{\partial\theta}\\ \gamma_{r\theta}&=\frac{1}{r}\frac{\partial u}{\partial\theta}+\frac{\partial v}{\partial\theta}-\frac{v}{r}\end{aligned}\right\}\tag{6-46}$$

式中 ε_r、ε_θ——径向应变与切向应变；

$\gamma_{r\theta}$——切应变；

u、v——径向位移与切向位移；

其他符号意义同前。

平面问题的物理方程为

$$\left.\begin{aligned}\varepsilon_r&=\frac{1}{E_{\mathrm{me}}}[(1-\mu_{\mathrm{m}}^2)\sigma_r-\mu_{\mathrm{m}}(1+\mu_{\mathrm{m}})\sigma_\theta]\\ \varepsilon_\theta&=\frac{1}{E_{\mathrm{me}}}[(1-\mu_{\mathrm{m}}^2)\sigma_\theta-\mu_{\mathrm{m}}(1+\mu_{\mathrm{m}})\sigma_r]\\ \gamma_{r\theta}&=\frac{2}{E_{\mathrm{me}}}(1+\mu_{\mathrm{m}})\tau_{r\theta}\end{aligned}\right\}\tag{6-47}$$

式中 μ_{m}、E_{me}——岩体的泊松比与弹性模量；

其他符号意义同前。

综合式(6-46)与式(6-47)，得

$$\left.\begin{aligned}\frac{\partial u}{\partial r}&=\frac{1}{E_{\mathrm{me}}}[(1-\mu_{\mathrm{m}}^2)\sigma_r-\mu_{\mathrm{m}}(1+\mu_{\mathrm{m}})\sigma_\theta]\\ \frac{u}{r}+\frac{\partial v}{r\partial\theta}&=\frac{1}{E_{\mathrm{me}}}[(1-\mu_{\mathrm{m}}^2)\sigma_\theta-\mu_{\mathrm{m}}(1+\mu_{\mathrm{m}})\sigma_r]\\ \frac{\partial u}{r\partial\theta}+\frac{\partial v}{\partial r}-\frac{v}{r}&=\frac{2}{E_{\mathrm{me}}}(1+\mu_{\mathrm{m}})\tau_{r\theta}\end{aligned}\right\}\tag{6-48}$$

那么，考虑相应的应力分量，将式(6-18)代入式(6-48)，通过积分，求得圆孔外任一点(r,θ)的径向位移 u 和切向位移 v 分别为

$$
\left.\begin{aligned}
u &= \frac{(1-\mu_m^2)p_0 r}{2E_{me}}\left[(1+\lambda)\left(1+\frac{r_a^2}{r^2}\right)-(1-\lambda)\left(1+\frac{4r_a^2}{r^2}-\frac{r_a^4}{r^4}\right)\cos2\theta\right]- \\
&\quad \frac{\mu_m(1+\mu_m)p_0 r}{2E_{me}}\left[(1+\lambda)\left(1-\frac{r_a^2}{r^2}\right)+(1-\lambda)\left(1+\frac{r_a^4}{r^4}\right)\cos2\theta\right] \\
v &= \frac{(1-\mu_m^2)p_0 r}{2E_{me}}\left[(1-\lambda)\left(1+\frac{2r_a^2}{r^2}+\frac{r_a^4}{r^4}\right)\sin2\theta\right]+ \\
&\quad \frac{\mu_m(1+\mu_m)p_0 r}{2E_{me}}\left[(1-\lambda)\left(1-\frac{2r_a^2}{r^2}+\frac{r_a^4}{r^4}\right)\sin2\theta\right]
\end{aligned}\right\} \quad (6\text{-}49)
$$

上式即为平面应变条件下的地下硐室围岩位移。

1）当 $r=r_a$ 时，可求得圆形硐室周边即洞壁的位移为

$$
\left.\begin{aligned}
u_{r=r_a} &= \frac{(1-\mu_m^2)p_0 r_a}{E_{me}}[(1+\lambda)-2(1-\lambda)\cos2\theta] \\
v_{r=r_a} &= \frac{2(1-\mu_m^2)p_0 r_a}{E_{me}}[(1-\lambda)\sin2\theta]
\end{aligned}\right\} \quad (6\text{-}50)
$$

式(6-50)说明，洞壁位移与岩体的初始应力状态 p_0、变形参数 E_{me} 与 μ_m、硐室半径 r_a、侧压力系数 λ 以及洞壁上任一点的方位参数 θ 有关。而且，洞壁径向位移要稍大于切向位移，体现了径向位移影响硐室稳定性的主导作用。

2）若取 $\mu_m=0.25$，则 $\lambda=1/3$，式(6-50)变为

$$
\left.\begin{aligned}
u_{r=r_a} &= \frac{1.25p_0 r_a}{E_{me}}(1-\cos2\theta) \\
v_{r=r_a} &= \frac{1.25p_0 r_a}{E_{me}}\sin2\theta
\end{aligned}\right\} \quad (6\text{-}51)
$$

式(6-51)说明，硐室顶部与底部中心位置径向位移最大，而切向位移最大位置处则是 $\theta=(n\pi/2+\pi/4)$（其中，$n=0,1,2,3$）的四点。这与工程实践测量结果一致。通常，硐室顶部沉降最大，底部也易鼓胀，硐室肩部位置会出现切向位移。

3）当 $\lambda=0$ 时，圆形硐室处于单轴受力状态，洞壁的位移为

$$
\left.\begin{aligned}
u_{r=r_a} &= \frac{(1-\mu_m^2)p_0 r_a}{E_{me}}(1-2\cos2\theta) \\
v_{r=r_a} &= \frac{2(1-\mu_m^2)p_0 r_a}{E_{me}}\sin2\theta
\end{aligned}\right\} \quad (6\text{-}52)
$$

图6-14所示为单轴受力状态时的洞壁径向位移 u 和切向位移 v 分布图。当

$\theta=\pi/2$ 或 $\theta=3\pi/2$ 时，径向位移 u 的最大值为 $u_{\max}=\dfrac{3(1-\mu_{\mathrm{m}}^2)p_0r_{\mathrm{a}}}{E_{\mathrm{me}}}$。

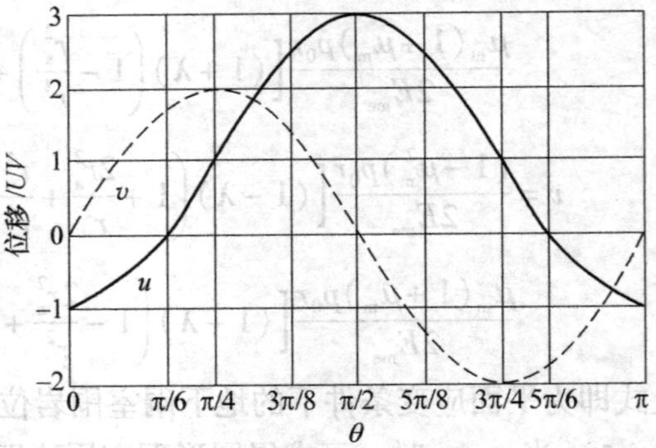

图 6-14 圆形硐室单轴受力状态时的洞壁位移

注：u 为径向位移，v 为切向位移，$UV=\dfrac{(1-\mu_{\mathrm{m}}^2)p_0r_{\mathrm{a}}}{E_{\mathrm{me}}}$。

6.3.2 地下岩体工程围岩的弹塑性位移

实际地下岩体工程，由于岩体完整性和岩体强度方面的原因，硐室邻近围岩往往会产生弹塑性位移，形成塑性圈。弹塑性位移的计算基于弹塑性理论，可先求出弹、塑性圈交界面上的径向位移，然后根据塑性圈体积不变的条件求洞壁的径向位移。

假定开挖卸荷引起围岩位移，且岩体的侧压力系数 $\lambda=1$。若围岩弹性与塑性变形区分界面上，围岩应力引起的径向应变为 ε_r，那么，对于轴对称平面应变问题，由弹性平面问题的几何方程与物理方程可知

$$\left.\begin{aligned}\varepsilon_r&=\frac{\partial u_r}{\partial r}\\ \varepsilon_r&=\frac{1-\mu_{\mathrm{m}}^2}{E_{\mathrm{me}}}\left(\Delta\sigma_{r\mathrm{e}}-\frac{\mu_{\mathrm{m}}}{1-\mu_{\mathrm{m}}}\Delta\sigma_{\theta\mathrm{e}}\right)\end{aligned}\right\}\tag{6-53}$$

式中 u_r——围岩径向位移；

$\Delta\sigma_{r\mathrm{e}}$、$\Delta\sigma_{\theta\mathrm{e}}$、$\mu_{\mathrm{m}}$——岩体弹性变形区的径向与切向正应力增量弹性模量及泊松比；

其他符号意义同前。

由式(6-41)可得，由于硐室开挖在弹性变形区所引起的应力增量为

$$\left.\begin{aligned}\Delta\sigma_{r\mathrm{e}}&=\sigma_{r\mathrm{e}}-p_0=p_0\left(1-\frac{r_{\mathrm{p}}^2}{r^2}\right)+\sigma_{r0}\frac{r_{\mathrm{p}}^2}{r^2}-p_0\\ \Delta\sigma_{\theta\mathrm{e}}&=\sigma_{\theta\mathrm{e}}-p_0=p_0\left(1+\frac{r_{\mathrm{p}}^2}{r^2}\right)-\sigma_{r0}\frac{r_{\mathrm{p}}^2}{r^2}-p_0\end{aligned}\right\}\tag{6-54}$$

整理后，得

$$\left.\begin{aligned}\Delta\sigma_{r\mathrm{e}}&=(\sigma_{r0}-p_0)\frac{r_{\mathrm{p}}^2}{r^2}\\ \Delta\sigma_{\theta\mathrm{e}}&=(p_0-\sigma_{r0})\frac{r_{\mathrm{p}}^2}{r^2}\end{aligned}\right\}\tag{6-55}$$

由式(6-53)与式(6-55)得

$$\frac{\partial u_r}{\partial r}=-\frac{(1+\mu_\mathrm{m})(1-2\mu_\mathrm{m})}{2E_\mathrm{me}}(p_0-\sigma_{r0})\frac{r_\mathrm{p}^2}{r^2}=-\frac{1-2\mu_\mathrm{m}}{2G_\mathrm{m}}(p_0-\sigma_{r0})\frac{r_\mathrm{p}^2}{r^2} \tag{6-56}$$

式中 G_m——岩体的抗剪模量；

r_p——塑性圈的半径；

其他符号意义同前。

解式(6-56)，求得弹性变形区与塑性变形区分界面上的径向位移 u_R 为

$$u_\mathrm{R}=-\frac{(1-2\mu_\mathrm{m})r_\mathrm{p}}{2G_\mathrm{m}}(p_0-\sigma_{r0})\int_{r_\mathrm{p}}^{\infty}\frac{\mathrm{d}r}{r^2}=\frac{(1-2\mu_\mathrm{m})r_\mathrm{p}}{2G_\mathrm{m}}(p_0-\sigma_{r0}) \tag{6-57}$$

这里，位移 u_R 的方向是向洞内移动。同时，联立式(6-31)和式(6-41)可以解得弹性变形区与塑性变形区分界面上的径向正应力 σ_{r0}

$$\sigma_{r0}=\left(\frac{\sigma_\mathrm{c}}{2}-p_0\right)(1-\sin\phi)-\sigma_\mathrm{c}\cot\phi \tag{6-58}$$

将式(6-58)代入式(6-57)得

$$u_\mathrm{R}=\frac{(1-2\mu_\mathrm{m})r_\mathrm{p}}{2G_\mathrm{m}}\left[\left(p_0-\frac{\sigma_\mathrm{c}}{2}\right)\csc\phi+\frac{\sigma_\mathrm{c}}{2}\right] \tag{6-59}$$

若硐室围岩变形过程中塑性变形区体积不变，沿硐室轴线方向取单位长度，则由图6-15可知

$$\pi(r_\mathrm{p}^2-r_\mathrm{a}^2)=\pi[(r_\mathrm{p}-u_\mathrm{R})^2-(r_\mathrm{a}-u_\mathrm{a})^2] \tag{6-60}$$

即变形前塑性圈的体积等于变形后塑性圈的体积。略去高阶微量，由式(6-60)求得洞壁径向位移 u_a

$$u_\mathrm{a}=\frac{r_\mathrm{p}}{r_\mathrm{a}}u_\mathrm{R} \tag{6-61}$$

根据式(6-59)与式(6-43)，代入 r_p 和 u_R，洞壁径向位移的最终表达式

$$u_\mathrm{a}=\frac{(1-2\mu_\mathrm{m})r_\mathrm{a}}{2G_\mathrm{m}}\left[\frac{2\sigma_\mathrm{c}+2p_0(\xi-1)}{\sigma_\mathrm{c}(\xi+1)}\right]^{\frac{2}{\xi-1}}\left[\left(p_0-\frac{\sigma_\mathrm{c}}{2}\right)\frac{\xi+1}{\xi-1}+\frac{\sigma_\mathrm{c}}{2}\right] \tag{6-62}$$

随着塑性圈的不断扩展，洞壁往洞内方向产生的位移量也不断增大，过大的洞壁位移会导致岩体因松动而失去自承能力，进而增大围岩对支护结构的压力，即增大了围岩压力。根据工程经验，洞壁位移发展存在稳定位移与不稳定位移两种情形(见图6-16)。前一种情形是，随着塑性圈的扩展，围岩逐渐破坏，但支护结构足以支承越来越大的围岩压力，加之围岩变形硬化作用，洞壁位移趋于稳定。后一种情形则不同，由于支护结构不足以承受越来越大的围岩压力，或者支护结构支护不及时，致使洞壁位移快速增大，硐室失稳，造成硐室的掉块、片帮、局部坍塌，甚至是垮塌与大面积塌方。因此，地下岩体工程必须加强施工监控量测，及时反馈洞壁位移与时间关系曲线，以便及时加强支护、调整支护结构形式以及减慢施工速度等。

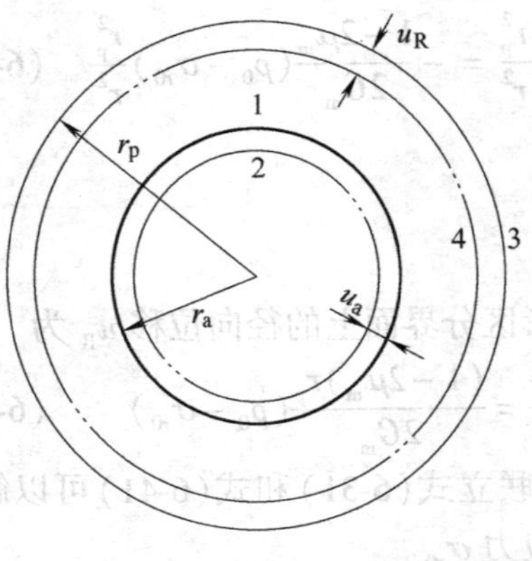

图 6-15　圆形洞室洞壁位移分析简图
1—变形前洞室洞壁　2—变形后洞室洞壁
3—变形前塑性圈外界　4—变形后塑性圈外界

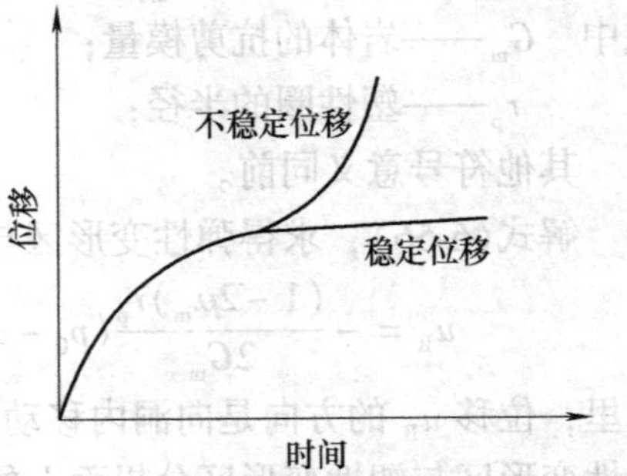

图 6-16　洞壁位移与时间关系曲线

6.4　地下岩体工程围岩压力

前面阐述的围岩二次应力状态，是基于硐室无支护的前提条件，这是一种比较理想的状态。实际地下岩体工程通常存在支护结构。而作用在支护结构上的荷载是支护结构设计必不可少的参数。这就涉及到了围岩压力，围岩压力有别于围岩应力。

对围岩压力的认识存在狭义的围岩压力与广义的围岩压力之分。最初的认识是，支护是一种构筑物而岩体的围岩压力则是荷载，两者是相互独立的系统。因此，围岩压力即为开挖后岩体作用在支护结构上的压力，即狭义的围岩压力。随着对岩体认识的不断发展，对围岩压力的认识也在改变，工程实践与现场量测结果表明，岩体身就是支护结构的一部分，围岩承担了部分二次应力的作用。因此，支护结构与围岩构成了一个整体，共同承担岩体开挖引起的二次应力作用。围岩压力即为围岩二次应力的全部作用，即广义的围岩压力。广义的围岩压力强调了硐室开挖后支护与围岩的共同作用。围岩应力的调整以及往硐室内方向位移的变化，也说明了围岩与支护构成系统，并发挥各自的强度特性，共同参与了应力重分布的整个过程。共同作用的围岩压力理论，促进了隧道工程建设，使其向更合理、更经济的方向发展。

6.4.1　围岩压力成因与分类

1. 围岩压力成因

围岩压力与地下硐室开挖后围岩的变形、破坏、松动密不可分。围岩变形量的大小以及围岩破坏与松动程度决定围岩压力的大小。不同岩性与结构的岩体，围岩变形和破坏性质与程度不同，产生围岩压力的主要原因也就不同。

1）对于坚硬、完整岩体，由于围岩应力一般小于岩体极限强度，所以岩体只发生弹性变形而无塑性流动，岩体没有破坏或松动。岩体弹性变形在硐室开挖后即已结束，因此，该类岩体中的硐室一般不会发生坍塌等失稳现象。若开挖后对硐室进行支护或设置衬砌，则支护结构与衬砌通常没有围岩压力作用。

2）对于中等坚硬且结构面发育的岩体，即中等质量岩体，由于硐室围岩变形较大，存在弹性变形与塑性流变，或有少量岩石破碎作用，加之围岩应力重新分布需要一定时间，因此，硐室进行支护或设置衬砌后，围岩变形将受到支护或衬砌的约束，围岩对支护与衬砌产生压力。而且，支护时间与结构刚度对围岩压力的大小影响较大。该类岩体的围岩压力主要是由围岩较大的变形引起，围岩压力主要是变形压力。

3）对于软弱、破碎岩体，由于岩体结构面极为发育、极限强度很低，硐室开挖过程中或开挖结束后，重新分布的应力很容易超过岩体强度而引起围岩破坏、松动与塌落。因此，该类岩体产生围岩压力的主要原因是岩体的破坏和松动，松动压力占居主导地位。若支护不及时，围岩变形与破坏范围不断扩展，最终将造成硐室失稳，甚至出现坍塌事故。支护结构与衬砌的主要作用是支承坍落岩块的重量，阻止围岩变形与破坏的进一步扩大。在该类岩体中开挖硐室，若支护较晚，岩体变形与破坏发展到一定程度后，围岩压力太大，给支护带来很大困难，甚至无法支护。

另外，地形地貌、地下水、地热梯度、松散覆盖层性质与厚度等场地条件，以及硐室形状与大小、支护结构形式与刚度、岩体种类、埋深、施工工艺等因素，对围岩压力都会产生不同程度的影响。

2. 围岩压力分类

根据成因不同，围岩压力可分为形变围岩压力、松动围岩压力和冲击围岩压力三类。由于围岩变形产生对支护与衬砌结构的压力称为变形围岩压力，由于围岩松动与破坏产生对支护及衬砌结构的压力称为松动围岩压力。冲击围岩压力是由岩爆(冲击地压)形成的一种特殊围岩压力。

形变围岩压力是由于围岩塑性变形如塑性挤入、膨胀内鼓、弯折内鼓等形成的挤压力。地下硐室开挖后围岩的塑性变形具有随时间增加而增强的特点，如果不及时支护，就会引起围岩失稳破坏，形成较大的围岩压力。产生形变围岩压力的条件主要有岩体较软弱或破碎、硐室深埋两个方面。较软弱或破碎岩体的围岩应力往往大于岩体的屈服极限而产生较大的塑性变形；深埋硐室由于围岩压力过大容易引起塑性流动变形。由围岩塑性变形产生的围岩压力可用弹塑性理论进行分析计算。另一种形式的形变围岩压力是由膨胀围岩产生的膨胀围岩压力，主要是由于矿物吸水膨胀产生的对支护结构与衬砌的挤压力。膨胀围岩压力的形成必须具备两个基本条件是，岩体中存在高岭土、蒙脱石等膨胀性粘土矿物，以及有地下水的作用。膨胀围岩压力可采用支护结构与围岩共同变形的弹塑性理论计算，与形变围岩压力计算不同的是，洞壁位移值还包括由开挖引起径向减压所造成的膨胀位移值，其可通过岩石膨胀率和开挖前后径向应力差之间的关系曲线来推算。此外，还可基于流变理论进行分析。

松动围岩压力是由于围岩拉裂塌落、块体滑移及重力坍塌等破坏引起的压力，是有限范围内脱落岩体重力施加于支护与衬砌结构上的压力，其大小取决于围岩性质、结构面组合关系、地下水、支护时间等因素。松动围岩压力可采用松散体极限平衡或块体极限平衡理论进行分析计算。

冲击围岩压力是一种特殊的围岩压力，强度较高，较完整的弹、脆性岩体过度受力后，突然发生岩石弹射变形产生冲击围岩压力。冲击围岩压力的大小与天然应力状态、围岩力学属性等密切相关，同时还主要受到硐室埋深、施工方法、硐室断面形式等因素的影响。目前还无法准确计算冲击围岩压力值，只能对冲击围岩压力的产生条件及其产生可能性进行评价预测。

6.4.2 围岩压力计算

1. 松散岩体围岩压力计算

无粘结力、松散岩体的围岩压力主要是松动压力，粘性松散岩体则可能出现松动压力或塑性形变压力，这主要取决于支护结构的易挠曲性。这里基于围岩压力的松散体理论，主要讨论松散岩体的松动压力。

围岩压力的松散体理论建立在地下硐室破坏坍塌形状观测的基础上。目前计算松散岩体的围岩压力的主要基于压力拱的概念或应力传递的概念，但均需具备形成松动压力的松散条件。

（1）平衡拱理论　平衡拱理论是由俄国学者普罗托奇雅科诺夫（M. M. Протодъяконов，1907 年）提出，因此，又称为普氏理论。该理论的基本要点是：

1）由于岩体中存在很多节理裂隙以及各种软弱夹层，破坏了岩体的整体性，裂隙切割而形成的岩块的几何尺寸相对很小，但岩块间还存在粘结力，可将岩体视为具有一定粘结力的松散体。

2）硐室开挖以后，如不及时支护，硐室顶部岩体将不断垮落而形成一个塌落拱。最初的塌落拱并不稳定，若硐室侧壁稳定，则拱高随塌落的发展而不断增高；若侧壁不稳定，则拱跨和拱高同时增大。当硐室埋深较大时，通常认为埋深大于 5 倍拱跨时，塌落拱不会无限发展，最终将在围岩中形成一个自然平衡拱。因此，初始的硐室支护结构或衬砌砌实际只承担了平衡拱与支护结构或衬砌间破碎岩体的重量，而与平衡拱以外岩体无关，由此可计算作用于支护结构或衬砌上的围岩压力。利用该理论计算围岩压力时，首先要确定平衡拱的形状和拱高。

如图6-17所示，为了确定平衡拱的形状和拱高，建立 $x-y$ 坐标，平衡拱曲线 LOM 对称于 y 轴，并设平衡拱拱高为 h，半跨为 a。在半跨 LO 段内任取一点 $A(x,y)$，独立考察 AO 段的受力与平衡条件。AO 段的受力条件为，半跨 OM 段对 AO 的水平作用力 T'，T' 对 A 点的力矩为 $T'y$；铅直天然应力 q 在 AO 段的作用力 qx，对 A 点的力矩为 $qx^2/2$；LA 段 AO 段的反力 W，其对 A 点的力矩为零。考虑到 A 点处于平衡状态，由平衡拱力矩平衡条件可得

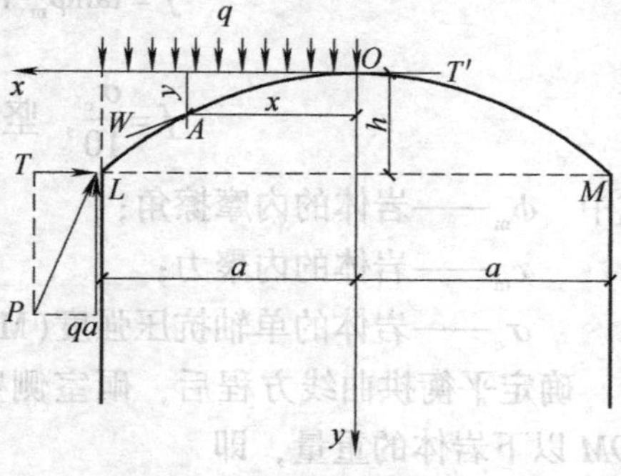

图6-17　自然平衡拱计算图

$$\sum M_A = T'y - \frac{qx^2}{2} = 0 \tag{6-63}$$

于是，有

$$y = \frac{q}{2T'}x^2 \tag{6-64}$$

式(6-64)为抛物线方程，表明平衡拱为抛物线形状。若半拱稳定，利用极限平衡条件 $T'=T$，由上式可得

$$T = \frac{qa^2}{2h} \tag{6-65}$$

在拱脚 L 处存在水平推力 T 与岩体的摩擦力(qaf)，为了维持拱在水平方向的稳定性，就必须使拱脚推力 T 小于拱脚处岩体的最大摩擦力，即 $T \leqslant qaf$。通常还要考虑安全系数 K 值，以保证拱具有足够的稳定性，即

$$KT = qaf$$

若取 $K=2$，则

$$T = \frac{1}{2}qaf \tag{6-66}$$

将式(6-66)代入式(6-65)，即可得平衡拱的高度

$$h = \frac{a}{f}$$

综合式(6-66)与式(6-64)，即得相应的平衡拱的曲线方程

$$y = \frac{x^2}{af} \tag{6-67}$$

其中，f 为岩体的普氏系数，或称之为岩石坚固性系数。坚硬岩体与松软岩体分别可取

$$f=\tan\phi_m+\frac{c_m}{\sigma_c}，松软岩体$$

$$f=\frac{\sigma_c}{10}，坚硬岩体$$

式中 ϕ_m——岩体的内摩擦角；

c_m——岩体的内聚力；

σ_c——岩体的单轴抗压强度(MPa)。

确定平衡拱曲线方程后，硐室侧壁稳定时，硐室顶部的松动围岩压力即为 *LOM* 以下岩体的重量，即

$$p=\gamma\int_{-a}^{a}(h-y)\,dx=\gamma\int_{-a}^{a}\left(h-\frac{x^2}{af}\right)dx=\frac{4\gamma a^2}{3f} \tag{6-68}$$

式中 γ——岩体重度；

其他符号意义同前。

平衡拱理论只适用散体结构岩体，如强风化、强烈破碎岩体、松动岩体和新近堆积的土体等，另外，硐室埋深满足要求时($H>5a$)，即需要保证上覆岩体具有一定厚度，才能形成平衡拱。

（2）太沙基理论　太沙基(K. Terzaghi)理论也是将受节理裂隙切割的岩体视为具有一定内聚力的松散体，与普氏理论不同的是，该理论是基于应力传递的概念，推导出作用于衬砌上的垂直压力。

1）如图 6-18 所示，设跨度为 $2b$ 的矩形硐室埋深为 H。若硐室开挖以后侧壁稳定，顶拱不稳定，并可能沿 AA' 和 BB' 面发生滑移。滑移面的抗剪强度 τ

$$\tau=\sigma_h\tan\phi_m+c_m \tag{6-69}$$

式中 ϕ_m——岩体内摩擦角；

c_m——岩体内聚力；

σ_h——水平天然应力。

岩体中一定深度 z 的天然应力状态为

$$\left.\begin{aligned}\sigma_v&=\gamma z\\ \sigma_h&=\lambda\sigma_v=\lambda\gamma z\end{aligned}\right\} \tag{6-70}$$

式中 γ——岩体重度；

λ——天然应力侧压力系数；

σ_v——垂直天然应力。

取岩柱 $AA'B'B$ 中一定深度 z 处厚度为 dz 的薄层进行分析，其受力条件如图 6-18 所示。那么，薄层自重为 $dG=\gamma 2b\,dz$，设薄层处于极限平衡，则由平衡条件可知

$$\gamma 2b\,dz-2b(\sigma_v+d\sigma_v)+2b\sigma_v-2\lambda\sigma_v\tan\phi_m\,dz-2c_m\,dz=0 \tag{6-71}$$

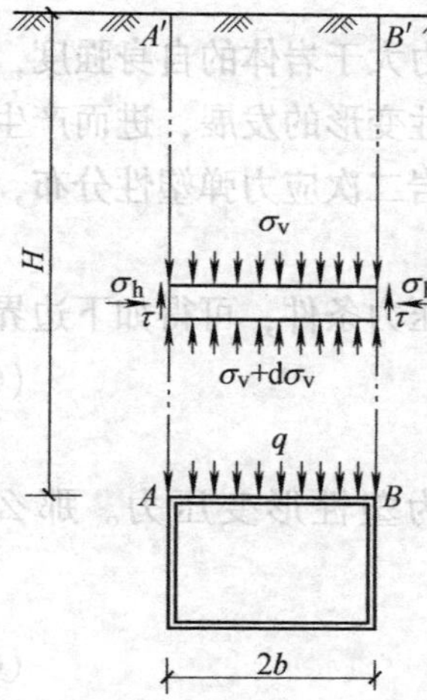

图6-18 侧壁稳定时的围岩压力计算图

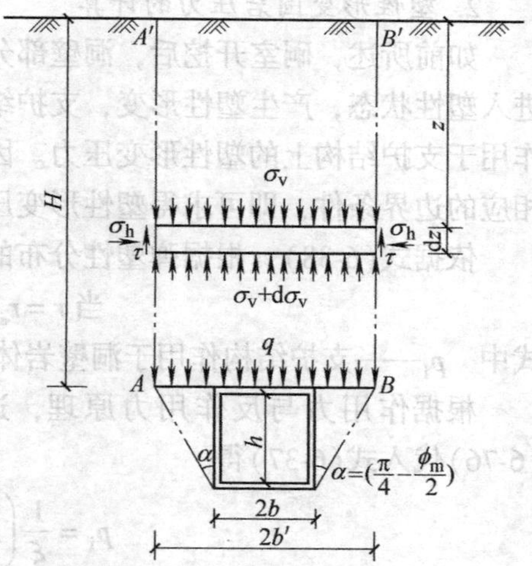

图6-19 侧壁不稳定时的围岩压力计算图

整理后，得

$$d\sigma_v = \frac{1}{b}(b\gamma - \lambda\gamma z\tan\phi_m - c_m)\,dz$$

上式关于 dz 积分后，得

$$\sigma_v = \frac{\gamma z}{2b}\left(2b - \lambda z\tan\phi_m - \frac{2c_m}{\gamma}\right) \tag{6-72}$$

考虑其边界条件，$z=0$ 时，$\sigma_v=0$；$z=H$ 时，σ_v 即为作用于硐室顶部单位面积上的围岩压力，记为 q，即

$$q = \frac{\gamma H}{2b}\left(2b - \lambda H\tan\phi_m - \frac{2c_m}{\gamma}\right) \tag{6-73}$$

2）如图6-19所示，若硐室侧壁不稳定，则侧壁围岩将沿与洞壁夹角为($\pi/4-\phi_m/2$)的面滑移。那么，岩柱 $AA'B'B$ 自重减去 AA' 和 BB' 面上的摩擦阻力，即可求得作用于硐室顶部单位面积上的围岩压力 q，即

$$q = \gamma H\left(1 - \frac{HK_a}{2b'}\right) \tag{6-74}$$

其中

$$\left.\begin{aligned} b' &= b + h\tan\left(\frac{\pi}{4} - \frac{\phi_m}{2}\right) \\ K_a &= \tan^2\left(\frac{\pi}{4} - \frac{\phi_m}{2}\right)\cot\phi_m \end{aligned}\right\} \tag{6-75}$$

式(6-73)和式(6-74)适用于散体结构岩体浅埋硐室顶部围岩压力计算，它与普氏理论的根本区别在于，假设围岩可能沿两个铅直滑移面 AA' 和 BB' 滑动。

2. 塑性形变围岩压力的计算

如前所述，硐室开挖后，洞壁部分岩体二次应力大于岩体的自身强度，围岩进入塑性状态，产生塑性形变，支护结构将阻止塑性变形的发展，进而产生围岩作用于支护结构上的塑性形变压力。因此，依据围岩二次应力弹塑性分布，调整相应的边界条件，即可求得塑性形变压力。

依据式(6-38)，根据弹塑性分布的情况与围岩压力条件，可得如下边界条件

$$\text{当 } r = r_a \text{ 时，} \sigma_{rp} = p_i \tag{6-76}$$

式中 p_i——支护结构作用于洞壁岩体的力。

根据作用力与反作用力原理，这里 p_i 可变为塑性形变压力。那么，式(6-76)代入式(6-37)得

$$p_i = \frac{1}{\xi}\left(Ar_a^{\xi-1} - \frac{\xi\sigma_c}{\xi-1}\right) \tag{6-77}$$

则

$$A = \left(\xi p_i + \frac{\xi\sigma_c}{\xi-1}\right)r_a^{1-\xi} \tag{6-78}$$

将 A 值代入(6-36)和式(6-37)后，得

$$\left.\begin{aligned} \sigma_{rp} &= \left(p_i + \frac{\sigma_c}{\xi-1}\right)\left(\frac{r}{r_a}\right)^{\xi-1} - \frac{\sigma_c}{\xi-1} \\ \sigma_{\theta p} &= \xi\left(p_i + \frac{\sigma_c}{\xi-1}\right)\left(\frac{r}{r_a}\right)^{\xi-1} - \frac{\sigma_c}{\xi-1} \end{aligned}\right\} \tag{6-79}$$

式(6-79)存在 σ_{rp}、$\sigma_{\theta p}$ 和 p_i 三个未知数，因此，不能求出 p_i 的具体表达式。

注意到前面弹塑性分析的一个特征，塑性圈边界的应力应同时满足塑性与弹性状态下的应力条件。同时，弹性状态下的应力在 $\lambda = 1$ 时，应满足公式 $\sigma_{re} + \sigma_{\theta e} = 2p_0$。根据上述条件，即为当 $r = r_p$ 时，$\sigma_{re} + \sigma_{\theta e} = 2p_0$ 成立。再与式(6-79)联立求解，即可得出

$$\sigma_{rp} + \sigma_{\theta p} = \left(p_i + \frac{\sigma_c}{\xi-1}\right)\left(\frac{r}{r_a}\right)^{\xi-1} - \frac{\sigma_c}{\xi-1} + \xi\left(p_i + \frac{\sigma_c}{\xi-1}\right)\left(\frac{r}{r_a}\right)^{\xi-1} - \frac{\sigma_c}{\xi-1} = 2p_0 \tag{6-80}$$

整理后，求得塑性形变压力 p_i

$$p_i = \frac{1}{\xi-1}\left\{\frac{1}{\xi+1}\left[2p_0(\xi-1) + 2\sigma_c\right]\left(\frac{r_a}{r_p}\right)^{\xi-1} - \sigma_c\right\} \tag{6-81}$$

式(6-81)即为计算塑性形变压力的卡斯特纳(H. Kastner)公式。式(6-81)表明，塑性形变压力的大小取决于塑性圈半径 r_p 以及岩体初始应力状态 p_0。塑性圈半径增大时塑性形变压力减小，究其原因在于硐室开挖后二次应力的分布和塑性圈的形成是一个不断的调整过程，塑性圈的增大，围岩产生的塑性形变造成了

部分应力释放，作用于同期支护结构上的塑性形变压力应是剩余形变所致。必须指出的是，利用卡斯特纳公式计算的塑性形变压力，与利用围岩二次应力分布的计算公式所求解的塑性圈半径 r_p 并不对应。两者是在相同条件下建立的两个并不独立的方程式。通常是通过实测确定塑性圈半径，然后分析相应的塑性形变压力。

【例3】 在中等坚硬的片麻岩中开挖圆形硐室，其半径 $r_a=3\text{m}$，岩石重度 $\gamma=26.8\text{kN/m}^3$，埋深 $H=150\text{m}$，内聚力 $c_m=40\text{kPa}$，内摩擦角 $\phi_m=30°$，实测塑性松动区厚度为 $\Delta r_p=2\text{m}$，试求塑性变形压力 p_i 值。

【解】（1）计算相关参数

$$p_0=\gamma H=26.8\times150\text{kPa}=4.02\times10^3\text{kPa}$$

$$\frac{r_a}{r_p}=\frac{r_a}{r_a+\Delta r_p}=\frac{3}{3+2}=0.6$$

$$\xi=\frac{1+\sin\phi_m}{1-\sin\phi_m}=\frac{1+\sin30°}{1-\sin30°}$$

$$\sigma_c=\frac{2c_m}{\tan\left(45°-\dfrac{\phi_m}{2}\right)}=\frac{2\times40}{\tan30°}=138.6\text{kPa}$$

（2）按卡斯特纳公式计算塑性变形的压力值 p_i

$$p_i=\frac{1}{\xi^2-1}[2p_0(\xi-1)+2\sigma_c]\left(\frac{r_a}{r_p}\right)^{\xi-1}-\frac{\sigma_c}{\xi-1}$$

$$=\frac{1}{8}\times[2\times4.02\times10^3\times(3-1)+2\times138.6]\times0.6^{(3-1)}\text{kPa}-\frac{138.6}{3-1}\text{kPa}$$

$$=666.8\text{kPa}$$

思考与练习

1. 名词解释：围岩，围岩应力，围岩压力，侧压力系数。
2. 试论述弹性条件下地下岩体工程围岩重分布应力的特征。
3. 不同类型的围岩的变形破坏形式不同，其决定性的因素是什么？
4. 试阐述围岩压力的成因与分类。
5. 已知一个圆形隧道，原岩作用在隧道围岩周边的压力分别为 p 和 q，当 $\lambda=\dfrac{q}{p}<\dfrac{1}{3}$时，试利用弹性力学理论证明隧道的顶部和底板$\left(即\ \theta=\dfrac{\pi}{2}与\ \theta=\dfrac{3\pi}{2}\right)$会出现拉应力($\sigma_\theta<0$)。

第 7 章 岩体边坡工程

7.1 概述

自然边坡和人工边坡统称边坡。自然地质作用形成的非人工改造的斜坡为自然边坡，如山坡、沟谷岸坡等。人工开挖或改造形成的斜坡为人工边坡，如铁路与公路工程的路堤边坡与路堑边坡、隧道进出口两侧边坡与仰坡、水利水电建设中坝坡与库岸、露天矿矿坑边坡等。典型的边坡如图 7-1 所示。边坡与坡顶面相交的部位称为坡肩；与坡底面相交的部位称为坡趾或坡脚；坡面与水平面的夹角称为坡面角或倾角；坡肩与坡脚间的高差称为坡高。

在形成与运营过程中，边坡受到诸如重力、工程荷载、水压力与地震力等作用，坡体内应力分布发生变化并产生变形，当重分布应力达到或超过边坡岩土体强度时，变形加剧，最终导致边坡失稳或破坏，造成工程事故或灾害。

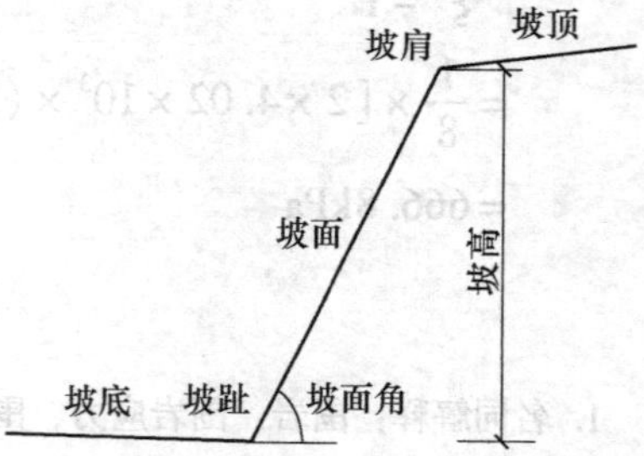

图 7-1　边坡示意图

边坡按成因可分为自然边坡和人工边坡。自然边坡在地壳隆起或下陷过程中逐渐形成，往往有发生较大规模破坏的可能。人工边坡由于人类工程活动而形成，几何参数可以人工控制。人工边坡又可分为开挖边坡与构筑边坡，构筑边坡有时是坝坡。

边坡又可分为岩质边坡和土质边坡。土和岩石有着完全不同的结构，力学特征差异显著，甚至相应地层的工程地质与水文地质也有差别，使得岩质边坡与土质边坡力学性能大不相同。同时，边坡破坏模式的差别也十分显著，岩质边坡与土质边坡失稳的主要区别在于，前者的滑动面往往较为明确，而后者的可能滑动面位置并不明显，往往需要通过大量试算来确定。另外，岩质边坡中结构面的规模、性质及其组合方式，很大程度上决定着边坡失稳时的破坏形式，结构面产状或性质稍有改变，边坡的稳定性将受到显著影响。因此，岩质边坡稳定性分析与研究，首先需要明确结构面的性质、作用、组合情况以及结构面的发育情况等，并在此基础上判断其破坏方式，然后对边坡破坏机制加以分析，这是保证岩质边坡稳定性分析结果正确与否的关键所在。

岩体边坡工程主要研究边坡岩体应力分布与变形破坏特征以及岩质边坡变形破坏机理，利用边坡稳定性分析方法，进行岩质边坡稳定性分析与计算，为岩体边坡工程勘察、设计与施工以及边坡稳定性预测预报与边坡加固与处理提供科学依据。

7.2 边坡岩体的应力分布

由于岩体开挖形成的边坡解除了开挖边界上的初始应力，开挖将引起邻近岩体天然应力场发生变化，从而导致边坡岩体变形、开裂以及滑动破坏。因此，研究边坡中的应力分布，可以预测预报边坡岩体的非稳定区域和破坏方式，为岩体边坡工程设计与施工以及边坡岩体加固提供重要参考与科学依据。

边坡岩体的应力分布与地下硐室围岩以及岩石地基的应力分布有很大的不同，其应力迹线为不对称分布，而且，在边坡坡脚部位容易产生应力集中，沿坡面则分布有张应力区。边坡岩体视为连续、线弹性介质时，边坡岩体的重分布应力场应是初始应力场与解除开挖界面上初始应力所引起的局部应力场的叠加；边坡岩体视为连续、非线性介质时，叠加原理不再适用，必须考虑同时施加的全部外荷载，然后再基于初始应力进行求解。因此，边坡岩体的应力分布研究，应包括初始应力场和重应力分布场两个方面。边坡岩体的初始应力场往往需要通过实测确定，而重分布应力场目前主要是采用数值分析和模型模拟试验进行研究。由于不受边界条件的限制，数值分析中的有限单元法应用广泛。

边坡岩体重分布应力场的特征，通常随着初始应力场的特性、边坡走向与初始主应力方向的关系、坡高、坡面角、边坡岩体的力学特性以及所采用的具体分析方法的不同而变化。图 7-2 所示是勒赛恩迪兹（D. Resendiz）和佐纳纳（J. Zonana）利用有限元法分析 45°边坡和竖直边坡岩体中应力分布的研究结果，图中边坡的张应力区位于坡顶部位的坡顶线附近，大致与滑动面和坡顶地面交线处出现的张裂缝区相吻合。另外，晋基维茨（O. C. Zienkiewicz）对边坡应力有限元分析结果（见图 7-3）表明，边坡的张应力区也可能出现在坡脚附近或开挖底面。大量调查结果显示，岩体边坡张裂缝区实际位置通常分布在坡顶部位的坡顶线附近，而且随着垂直于边坡走向的初始主应力 σ_h 与 σ_v 的增大，张应力区会逐渐扩大至整个坡面，甚至在坡顶面或开挖底面的一定区域内也会出现张裂缝，但相对稳定的边坡往往不出现张应力区。

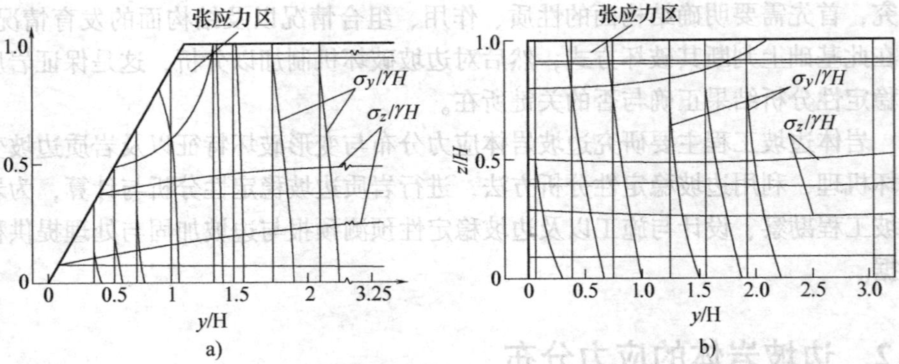

图 7-2　45°边坡和竖直边坡岩体中的应力分布

（据 D. 勒赛恩迪兹与 J. 佐纳纳，1969 年）

a）45°边坡　b）竖直边坡

岩体中初始地应力状态，即边坡形成之前的应力状态，尤其是水平应力对于边坡岩体的应力场有很大的制约作用，不同的初始水平应力，边坡岩体的主应力迹线分布特征与主应力大小明显不同，其中坡脚应力集中区及张应力区所受影响更大。斜坡边缘岩体中张应力区的分布与水平残余应力和坡面角的关系也较为密切，水平残余应力对其产生的影响更为显著，随着水平残余应力的逐渐增大，边缘张应力区的范围也随之扩大，甚至扩大到整个坡面。

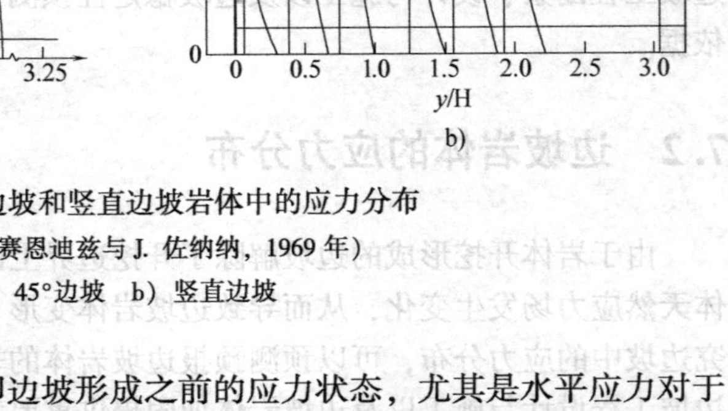

图 7-3　初始应力 $\sigma_v/\sigma_h=0.2$ 时边坡岩体的应力分布

（据 O. C. 晋基维茨）

边坡中最大切应力峰值通常分布在坡脚及其附近区域，峰值大小随着水平与铅直初始主应力比值 λ 以及坡面角的增大而增大。图 7-4 所示是赫格特（G. Herget）利用有限元法分析露天矿边坡坡脚处最大主应力 σ_1 的研究结果，其中，σ_1 越大说明切应力峰值越大。图中实线表示的是平面应变问题分析的结果，虚线表示的是轴对称空间问题的研究结果。图 7-4 不仅体现了坡脚的最大主应力随着 λ 和坡面角增大而变化的情况，还反映出平面应变问题解答和轴对称空间问题解答之间存在的显著差别，且存在 λ 值越大差别越显著的趋势。

在各向同性的边坡岩体中，坡顶和坡面存在张应力，其分布范围取决于岩体的弹性模量 E_m 和泊松比 μ_m，其中，E_m 影响轻微，μ_m 影响显著。坡面和坡顶部位 μ_m 越大，张应力区也越大。坡底岩体张应力区则正好相反，当 μ_m 增加时，张应力区减小。由于岩体的抗拉强度远小于抗压强度，拉应力与压应力同时出现，且最大主应力 σ_1 值较小时，首先在最大拉应力处发生破裂。因此，应采用两个主应力中较大的一个拉应力来判断岩体边坡是否破坏。当最小主应力 σ_3 为拉应力且方向接近水平时，张裂缝接近垂直，边坡岩体被分割成一系列的垂直岩柱。一旦出现拉裂缝，边坡岩体则处于非整体连续作用状态，将造成局部区域应力集中或断裂带重新扩展。

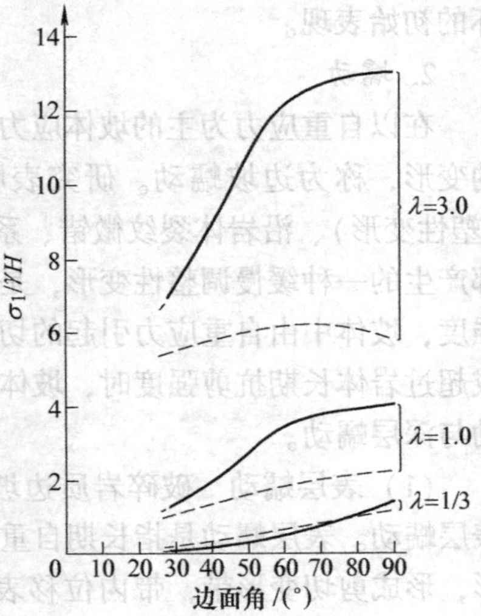

图7-4　坡脚处最大主应力 σ_1 与 λ 和坡面角的关系
（据G赫格特，1971年）

综上所述，张应力出现与否及其大小和位置、最大切应力峰值大小及其位置等，是研究边坡岩体应力分布的关键所在，通过与相应部位岩体的抗拉强度和抗剪强度的分析比较，预测与评估边坡的破坏模式与稳定性。

7.3 边坡岩体的变形与破坏

边坡岩体的变形与破坏通常通过坡体是否出现贯通性破坏面进行判断。坡体局部区域尤其是坡面附近出现一定程度的破裂与错动，但整体上并未发生滑动破坏，归结为边坡岩体的变形；坡体出现贯通性破坏面，则属边坡岩体的破坏范畴。

7.3.1 边坡岩体的变形特征

边坡岩体的变形主要表现为松动和蠕动。

1. 松动

边坡形成初期，坡体表面部位往往会出现一系列与坡面一致的陡倾角张裂隙，张裂隙所切割岩体向临空方向松开、移动的现象称之为松动。松动属边坡岩体卸载回弹现象。

松动裂隙大多为原有陡倾角裂隙的扩展，主要表现为张性而无明显相对滑动。边坡岩体往往分布有各种松动裂隙，工程实践中把发育有松动裂隙的坡体部位称为边坡松动带。边坡松动带在降低坡体强度的同时，还会使各种应力因素更易深入坡体，加大坡体内各种应力因素的活跃程度。边坡松动带是边坡变形与破坏的初始表现。

2. *蠕动*

在以自重应力为主的坡体应力长期作用下，边坡岩体向临空方向缓慢而持续的变形，称为边坡蠕动。研究表明，边坡蠕动的形成机制是岩土的粒间滑动(塑性变形)、沿岩体裂纹微错、系列裂隙扩展。蠕动是应力长期作用下坡体内部产生的一种缓慢调整性变形，是岩体趋于破坏的演变过程。相对岩体长期抗剪强度，坡体中由自重应力引起的切应力很低时，坡体减速蠕动；当切应力值接近或超过岩体长期抗剪强度时，坡体加速蠕动，直至破坏。边坡蠕动又包括表层蠕动与深层蠕动。

(1) 表层蠕动　破碎岩质边坡与土质边坡在自重应力长期作用下多表现为表层蠕动。表层蠕动是指长期自重应力作用下，边坡浅部岩体向临空方向缓慢变形，形成剪切变形带，带内位移表现出由坡面向坡体内部的渐变，乃至消失的现象。

岩质边坡的表层蠕动多为岩层末端挠曲，即长期自重应力作用下的岩层或层状结构面较发育岩体，沿结构面错动或局部破裂形成的曲屈现象。页岩、薄层状砂岩或石灰岩、片岩以及破碎的花岗岩边坡，往往多存在表层蠕动。软弱结构面愈密集、倾角愈陡、走向愈接近坡面，表层蠕动愈严重。表层蠕动会使松动裂隙进一步张开，并向纵深发展，有时达到数十米范围。

(2) 深层蠕动　深层蠕动主要发生在坡体下部或坡体内部，可分软弱基座蠕动和坡体蠕动两类。软弱基座蠕动一般发生在坡体基座产状较平缓，且存在一定厚度的相对软弱岩层的情况，表现为在长期自应力作用下基座部位向临空方向蠕动，并引起上覆岩层的变形与解体。坡体蠕动表现为，坡体沿缓倾角软弱结构面向临空方向缓慢移动变形。坡体蠕动在卸荷裂隙较发育并伴随有缓倾角结构面的坡体中比较普遍。

7.3.2 岩质边坡的破坏类型与基本特征

1. *破坏类型*

岩质边坡的破坏类型非常复杂，主要受岩性和岩体中发育的软弱面网格控制。根据滑动面的形态特征，常见的破坏类型有圆弧破坏、平面破坏、楔形体破坏及倾覆破坏，也可分为非线性破坏、平面破坏及多线性破坏。基于岩体力学的观点，岩质边坡的破坏，不外乎剪切滑动破坏和拉断两种类型。绝大部分岩质边坡以滑动破坏为主，该类问题研究的关键在于滑动面的研究，滑动面的形态、数目以及组合特征不同，也会对应不同的分析方法。因此，在考虑上述分类依据时，还应结合边坡岩体破坏的力学特性。总体上，岩质边坡的破坏类型，可划分为双平面滑动、平面滑动、曲面滑动、多平面滑动以及倾覆破坏五类，并可进一步分为若干亚类（见图7-5）。

（1）类型Ⅰ：双平面滑动　双平面滑动即边坡岩体沿着两个相交软弱面所发生的滑动破坏。根据软弱面倾向相同与否，又可细分为异向双平面滑动和同向双平面滑动两类（见图7-5 I_A，I_B）。异向双平面滑动即为三维楔形体滑动，是岩质边坡最常见的破坏形式之一。同向双平面滑动相对少见。

（2）类型Ⅱ：平面滑动　平面滑动是边坡岩体沿着与坡面倾向一致的单个软弱面发生滑动的一种破坏形式，实质上是三维楔形体滑动的一个特例。视拉裂面的存在与否，又细分为无拉裂面滑动和有拉裂面滑动两类（见图7-5 II_A，II_B）。前者滑动面直接穿出上部坡面，没有拉裂面；后者滑动面上部与铅直或近铅直的拉裂面相衔接。

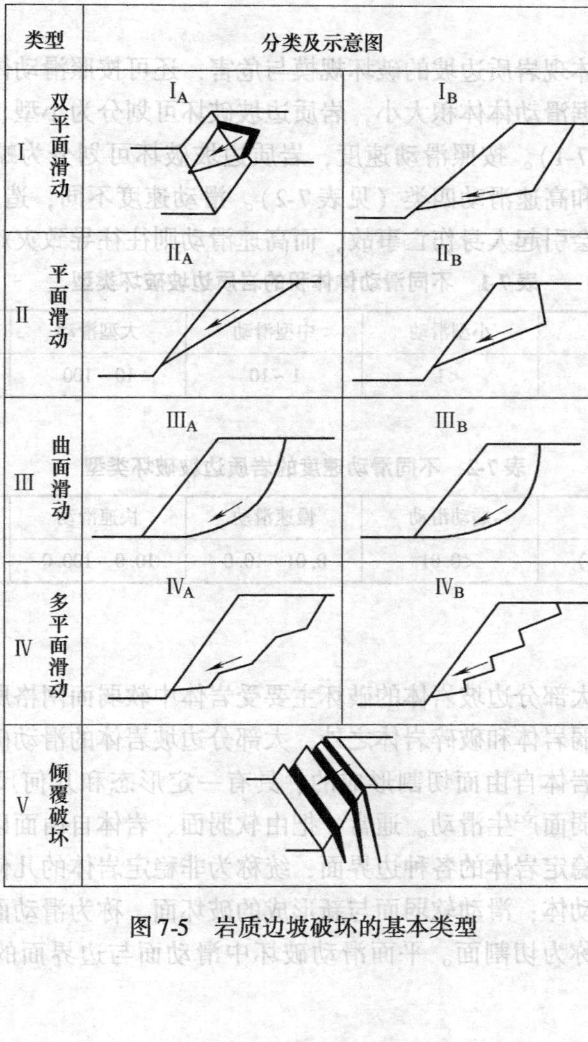

图7-5　岩质边坡破坏的基本类型

(3) 类型Ⅲ：曲面滑动　曲面滑动是最常见的土质边坡破坏形式，但在软弱面分布不规律的剧风化岩体、严重破碎岩体以及软弱岩体边坡破坏中，也很常见。其可细分为圆弧滑动（见图 7-5 $Ⅲ_A$）和非圆弧形曲面滑动（见图 7-5 $Ⅲ_B$）两类。

(4) 类型Ⅳ：多平面滑动　多平面滑动即边坡岩体沿着三个或三个以上相交软弱面所发生的滑动破坏。该类破坏相对少见。一般多平面滑动（见图 7-5 $Ⅵ_A$）是指滑动面倾角均小于 90°的多平面滑动。若在多平面滑动中，有两组破坏面，一组为真正滑动面，另一组与滑动面垂直，且两组破坏面相互间隔构成整个滑动面时，则称为阶梯状滑动（见图 7-5 $Ⅳ_B$）。

(5) 类型Ⅴ：倾覆破坏　倾覆破坏是指与坡面倾向相反的陡倾斜柱状、层状以及板状边坡岩体，围绕一定支点所发生的旋转破坏（见图 7-5Ⅴ）。与一般岩体的纯滑动不同，倾覆破坏往往表现为较小规模岩体的自由崩落，而且主体呈拉断破坏性质。

此外，为了体现岩质边坡的破坏规模与危害，还可按照滑动体体积与滑动速度进行分类。根据滑动体体积大小，岩质边坡破坏可划分为小型、中型、大型及巨型四类（见表 7-1）。按照滑动速度，岩质边坡破坏可划分为蠕动滑动、慢速滑动、快速滑动和高速滑动四类（见表 7-2）。滑动速度不同，造成的危害不同，蠕动滑动一般不会引起人身伤亡事故，而高速滑动则往往导致灾难性后果。

表 7-1　不同滑动体体积的岩质边坡破坏类型

破坏类型	小型滑动	中型滑动	大型滑动	巨型滑动
滑动体积/$10^4 m^3$	<1	1~10	10~100	>100

表 7-2　不同滑动速度的岩质边坡破坏类型

破坏类型	蠕动滑动	慢速滑动	快速滑动	高速滑动
滑动速度/（mm/s）	<0.01	0.01~10.0	10.0~100.0	>100.0

2. 基本特征

如前所述，大部分边坡岩体的破坏主要受岩体中软弱面网格所控制，且多属滑动破坏。除软弱岩体和破碎岩体之外，大部分边坡岩体的滑动破坏，实质上是若干个软弱面和岩体自由面切割形成的、具有一定形态和几何尺寸的非稳定岩体，沿着某些软弱面产生滑动。通常，把由软弱面、岩体自由面以及可能滑动破坏面所构成的非稳定岩体的各种边界面，统称为非稳定岩体的几何边界条件；非稳定岩体称为滑动体；滑动软弱面与新形成的破坏面，称为滑动面；切割岩体的滑动体边界面，称为切割面。平面滑动破坏中滑动面与边界面的交线，称为滑出线。

尽管边坡岩体滑动破坏的边界条件很复杂，但滑动面的数目有限，通常均在两个以下。因此，平面滑动和双平面滑动是较常见的边坡岩体破坏类型。这里，基于由滑动体的几何边界条件和发生滑动的条件两个方面，分别讨论上述两种破坏类型的基本特征。

(1) 双平面滑动破坏的基本特征　双平面滑动破坏中的同向双平面滑动破坏多属推动式滑动破坏，相对平面滑动破坏，同向双平面滑动破坏发生滑动的边界条件，主要是增加了一个滑动面。两个滑动面中，边坡下部滑动面的倾角一旦小于边坡面角，边坡岩体即具有滑动破坏的可能。

异向双平面滑动的边界条件特点是，除滑动面以外，其他边界面均为岩体自由面，滑动面与自由面各为2个，边界面的总数为4个。其中，双平面滑动破坏中滑动面交线与边坡面的交点，称为滑出点。滑出点与坡顶面的高差，称为滑体高度。两个滑动面在坡顶的出露线与坡顶线构成滑动楔体的底面。其形态与几何特征表现为：

1）滑动体的滑动方向与两个滑动面的交线倾向一致，滑动面交线的倾角小于坡面角。

2）滑动面交线与坡面夹角多在0°~30°范围内变化。

3）滑动体体积的大小，等于滑动体底面积与滑动体高度乘积的1/3。

调查研究发现，异向双平面滑动能否发生，通常与滑动面交线倾角大小以及两个滑动面之间夹角大小关系密切。但是，滑动面交线与坡面夹角的大小对楔形岩体滑动破坏没有明显影响。通常，滑动面交线倾角以及两个滑动面夹角愈大，愈易发生滑动。其中：

1）若两个滑动面均为剪性构造裂隙，发生异向双平面滑动的最小交线倾角约为40°，最小滑动面夹角约为80°。

2）若两个滑动面为沉积岩的层面或断裂面，发生滑动的最小交线倾角约为30°，最小滑动面夹角约为70°。

3）若两个滑动面均为泥化面，发生滑动的最小交线倾角和最小滑动面夹角更小。

4）已破坏岩质边坡的实例调查结果表明，滑动面交线与坡面的最大夹角为35°。

(2) 平面滑动破坏的基本特征　平面滑动的破坏面，通常为与坡面倾向相同或两者夹角不大于20°、倾角小于坡面角的软弱面，多为粘土岩、粘土页岩、凝灰质页岩、泥质板岩等岩体泥化层面，其次为泥灰岩层面、石灰岩层面、砂岩层面、砾岩层面、片理面以及构造破裂面等。平面滑动的其他边界面，由起切割作用的软弱面和岩体自由面组成。例如，湖南柘溪水库某滑坡是在施工过程中随着库水位抬高到一定程度后发生的一个库岸滑坡，为典型的平面滑动，滑动面为砾岩间的破碎夹层，滑动体两侧各有一条高倾角断裂构成切割面，加上天然山坡面和坡顶面共五个边界面共同组成了滑坡的几何边界条件。

平面滑动破坏的滑出线在边坡面的具体位置，受滑动面与坡面产状以及它们的相对空间位置所控制。滑动面上部往往与拉裂面衔接，并不直接穿出上部坡面。拉裂面往往是高倾角软弱面。沉积岩层中多发育有垂直或接近垂直层面的破裂面，所以滑动面为沉积岩岩体层面时，其拉裂面多为反倾向的构造破裂面。滑动体的体积与形态取决于坡高、坡面角、滑动面与切割面的实地位置及其倾向和倾角。除满足几何边界条件外，发生平面滑动的决定性条件是滑动面上的滑动力大于抗滑力。

研究表明，滑动软弱面的倾角与其内摩擦角存在一定的关系。

1）滑动面的倾角通常均大于滑动前软弱面的峰值内摩擦角。

2）滑动面为粘土岩、粘土页岩、泥质灰岩、泥质板岩、凝灰质页岩等岩体的泥化层面时，其倾角多变化于9°~20°之间，这与该类软弱面内摩擦角变化范围完全吻合。而且，这类滑动规模往往很大。

3）在滑动体沿20°~25°以上倾角的各种泥化面发生滑动破坏的实例中，滑动方向与滑动面倾向相差较大，岩体酝酿滑动的时间很短，滑动速度极快，甚至伴随有强大的冲击气浪等特征。

4）滑动面为砂岩或砾岩层面时，滑动面倾角一般均在30°~35°以上。

5）滑动面为无泥质填充物的构造破裂面时，滑动面倾角一般为30°~60°，且多在35°~50°的范围内。相应下限值与构造裂隙内摩擦角下限值一致。上限值除与内摩擦角有关外，主要取决于滑动面内聚力以及滑动体厚度变薄的程度。

由上可知，各类软弱面滑动倾角的最小值，与各类软弱面内摩擦角的最小值基本一致。考虑到软弱面的强度特征以及渐进破坏属性，当满足发生平面滑动几何边界条件时，重力作用下倾角大于内摩擦角而小于坡面角的软弱面，是最危险滑动面。但有水压力、振动力等其他力参与作用的边坡另当别论。例如，黄河小浪底滑坡，滑动面为泥化页岩层面，倾角为14.5°，原位直剪试验测得滑动面的平均峰值内摩擦角为21.5°，地震的基本烈度为7度。分析该滑坡除滑动体的重力作用外，可能还有黄河暴涨暴落时水压力或地震力参与作用。

调查统计资料表明，平面滑动破坏的滑动面与坡面夹角多在0°~10°之间，夹角为20°左右时，往往为带有旋转运动的平面滑动。这说明滑动面与坡面夹角超过10°~20°时，边坡岩体的侧脚支撑会产生显著作用。因此，设计人工边坡时，适当增大坡面与滑动面夹角，能改善倾角大于内摩擦角、小于坡面角条件下的岩体边坡的稳定性。

7.4 边坡岩体的稳定性分析与计算

7.4.1 边坡岩体稳定性影响因素

1. 边坡岩体中的结构面

研究表明，边坡岩体的稳定性与破坏类型，主要受岩性和岩体中发育的软弱结构面控制。岩体破坏总是沿着相对阻力最小的面发生。由于沿软弱结构面方向岩体抗剪强度最低，因此，软弱结构面就成为影响岩体稳定性的控制因素。其影响程度取决于软弱结构面抗剪强度与岩体抗剪强度的差值大小。对于坚硬岩体，上述差值均较大，软弱结构面对岩体稳定性的影响占主导地位。对于软弱岩体与破碎岩体，由于沿软弱结构面的抗剪强度接近岩体的抗剪强度，软弱结构面对岩体稳定性影响的程度有所降低。软弱岩体与破碎岩体包括粘土岩、粘土页岩、凝灰质页岩、碳质页岩、泥质板岩、泥灰岩、云母片岩、千枚岩、粘土质粉沙岩、泥质胶结的砂砾岩以及剧风化岩体。

岩体的结构特征对边坡岩体应力场的影响，主要表现为由于岩土体的不均一和不连续性，使结构面周边出现应力集中或应力阻滞现象，进而构成了边坡变形与破坏的控制条件，形成不同类型的变形和破坏机制。

边坡结构面周边应力集中形式主要取决于结构面的产状与主压应力的关系。结构面与主压应力平行，结构面端点部位或应力阻滞部位将出现拉应力和切应力集中，从而形成向结构面两侧方展的张裂。结构面与主压应力垂直，将发生平行结构面方向的拉应力，或在端点部位出现垂直于结构面的压应力，有利于结构面压密和边坡岩体稳定。结构面与主压应力斜交，结构面周边主要为切应力集中，并于端点附近或应力阻滞部位出现拉应力。顺坡结构面与主压应力呈30°~40°交角，将出现最大切应力与拉应力值，对边坡稳定十分不利，边坡岩体易于沿结构面发生滑移，同时可能出现折线形蠕动滑动裂隙系统。结构面相互交汇或转折处，形成很高的压应力及拉应力集中区，其变形与破坏常较剧烈。

硬岩边坡中滑动面所处的位置，通常均与软弱结构面相一致，且均属平面、双平面以及多平面的浅滑动。软岩边坡则有所不同，滑动面所处的位置可能与软弱结构面相吻合，也可能局部或全部不与软弱结构面相吻合，且会出现平面、双平面以及多平面的浅滑动或深滑动以及曲面滑动。所谓浅滑动即滑动面最低点标高不低于边坡坡脚标高的滑动，深滑动即为滑动面最低点标高低于边坡坡脚标高的滑动。

一般来说，同向坡稳定性和破坏类型均与异向坡不同。同向坡是指软弱结构面或其交线倾向与坡面倾向相同或相近的岩体边坡，异向坡即为软弱结构面或其交线倾向与边坡面倾向相反或交角足够大的岩体边坡。坚硬岩体同向坡的破坏类型，基本上都是岩体沿软弱结构面或其交线的滑动破坏，而异向坡则不同，不仅稳定程度高，很少发生破坏，且其破坏类型多属小规模岩体的倾覆破坏。软弱岩体同向坡的破坏类型，除沿岩体软弱结构面或其交线发生滑动破坏以外，还可能出现岩体被局部剪断破坏的情况。异向坡的稳定程度虽然相对较好，但设计坡面角过大时，也会发生破坏，其破坏类型多属曲面滑动。此外，若坚硬岩体中软弱结构面非常发育，且方向毫无规律时，其中的边坡稳定性和破坏类型往往与软弱岩体边坡类似。

2. 边坡形态与几何特征的改变

对于自然边坡，河流、水库及湖海的冲刷与侵蚀以及其他地质作用，会使岸坡或天然斜坡形态发生改变。当边坡岩体底部存在软弱结构面或下伏软弱层时，在上述地质作用下边坡岩体底部的软弱结构面和边坡岩体下伏软弱层顶面逐渐侵蚀与切露，使边坡岩体处于临空状态而失去平衡，最终导致边坡失稳与破坏。

对于人工边坡，在边坡开挖过程中，若未考虑岩体结构面特点，切露了控制边坡岩体稳定的主要软弱结构面，形成新的边坡临空面或临空面扩大，使边坡岩体失去支撑，会导致边坡岩体的变形与破坏。此外，若施工顺序不当，坡顶开挖进度慢而坡面开挖进度快，会使坡面角过大或形成倒坡，坡顶及坡面张应力带范围扩大，坡脚应力集中带的最大切应力也随之增大，进而导致边坡的变形与破坏。

3. 边坡岩体力学特性

各种地质作用会改变边坡岩体力学特性，往往使边坡岩体强度减小，大大降低了边坡岩体稳定性，促使边坡变形与破坏。风化越深，边坡岩体的力学特性越差，边坡稳定性也越差，稳定坡面角就越小。

开挖引起边坡岩体的重分布应力，一般远小于坚硬岩石的强度，但却可能达到或超过软弱岩石的强度。因此，软弱边坡的稳定性和破坏类型相对硬岩边坡具有原则性区别。

同时，边坡岩体中水的浸润作用与裂隙水也会引起边坡岩体力学特性的改变，进而影响边坡岩体的稳定性。雨季或雨后边坡以及水库蓄水和渠道放水的坡岸或其他斜坡，以及施工排水不当的人工边坡，往往容易发生变形与破坏，这表明水对边坡稳定性的影响显著。边坡岩土体亲水性较强或存在易溶矿物成分时，如含易溶岩类粘土质页岩、钙质页岩、凝灰质页岩、泥灰岩或断层角砾岩等，边坡岩体易浸水软化、泥化或崩解，导致边坡变形与破坏。

4. 边坡的作用力

区域构造应力的变化、地震、爆破、地下静水压力和动水压力以及施工荷载等，都使边坡直接受力，对边坡岩体的稳定性影响直接而迅速。

边坡处于一定历史条件下的地应力环境中，特别是在新构造运动强烈的地区，往往存在较大的水平构造残余应力，往往造成区域内边坡临空面附近的岩体应力集中，加剧了边坡岩体的应力分异现象。其中，以坡脚、坡面与坡顶张应力区表现最为明显。研究表明，水平构造残余应力越大，影响越大，相对自重应力状态，边坡岩体变形与破坏范围增大、程度加剧。

由于雨水渗入、河水水位上涨或水库蓄水等原因，地下水位抬高，使边坡不透水的结构面上受到静水压力作用。静水压力垂直作用于边坡岩体的结构面，削弱了结构面上滑动体重量产生的法向应力，从而降低了抗滑力。边坡岩体中动水压力的存在，也会增加沿渗流方向的滑动力，尤其是水库水位迅速回落更是如此。

地震引起边坡岩体振动，使边坡岩体承受地震荷载。地震荷载作用下的边坡岩体软弱面咬合松动，抗剪强度降低甚至完全丧失，从而导致边坡稳定性下降甚至失稳破坏。地震对边坡稳定性的影响程度，取决于地震烈度的大小，并与边坡岩体的岩性、层理与断裂分布及其密度、边坡产状等有关。

7.4.2 边坡岩体稳定性分析与计算

边坡岩体稳定性分析与计算，是确定边坡岩体稳定与否、边坡加固和治理以及预防边坡破坏失稳的重要决策依据。

边坡发生破坏失稳是一种复杂的地质灾害过程，由于边坡内部结构的复杂性和组成边坡岩石矿物的不同，边坡破坏模式也就不同。不同的破坏模式对应不同的滑动面，往往需要采用不同的方法进行边坡岩体稳定性分析。目前，边坡岩体稳定性分析方法大体可分为定性分析与定量分析两类。定性分析方法包括工程类比法和图解法，图解法包括赤平极射投影、实体比例投影、摩擦圆法等；定量分析方法主要有极限平衡法、极限分析法与可靠度分析方法。极限分析法有有限元法（FEM）、边界元法（BEM）、离散元法（DEM）等，可靠度分析方法如蒙特卡罗法和随机有限元法等。其他诸如模糊数学分析方法、灰色理论分析法及神经网格分析法在边坡稳定性分析中的应用尚待进一步发展与完善。

极限平衡法是根据边坡上的滑动体或滑动体分块的力学平衡原理，分析边坡在各种破坏模式下的受力状态以及边坡滑动体上抗滑力和滑动力之间的关系来评价边坡岩体的稳定性。目前，该类分析方法包括 Fellenius 法、Bishop 法、Tayor 法、Janbu 法、Morgenstern-Price 法、Spencer 法、Sarma 法、楔形体法、平面破坏计算法、传递系数法以及 Baker-Garber 临界滑动面法等。

岩体边坡工程设计与施工过程中，应根据边坡破坏滑动面的形态选择合适的极限平衡法，例如，平面破坏的滑坡可以选择平面破坏计算法；圆弧破坏的滑坡可选择 Fellenius 法或 Bishop 法；折线形破坏滑动面的滑坡可采用传递系数法、

Janbu 法；楔形四面体岩体滑坡可采用楔形体法；复合破坏滑动面的滑坡可采用 Janbu 法、Morgenstern-Price 法、Spencer 法；受岩体控制而产生的结构复杂的岩体滑坡可选择 Sarma 法。此外，还可以采用 Hovland 法和 Leshchinsky 法等对滑坡进行三维极限平衡分析。上述极限平衡法尽管都有各自的适用范围与假定条件，相应的计算公式涉及的因素也各不相同，但大前提相同，即

1）滑动面的抗剪强度 τ 与滑动面的正应力 σ 存在如下关系

$$\tau = c_j + \sigma\tan\phi_j \text{ 或 } \tau = c_j' + \sigma'\tan\phi_j' = c_j' + (\sigma - u)\tan\phi_j' \tag{7-1}$$

式中 c_j、c_j'——滑动面的内聚力和有效内聚力（MPa）；

ϕ_j、ϕ_j'——滑动面的内摩擦角和有效内摩擦角（°）；

σ'——滑动面上的有效应力（MPa）；

u——滑动面孔隙水压力（MPa）。

2）稳定性系数（η）为抗滑力 F_R（或抗滑力矩 M_R）与滑动力 F_S（或滑动力矩 M_S）的比值，即

$$\eta = F_R/F_S \text{ 或 } \eta = M_R/M_S \tag{7-2}$$

滑动力是指作用于滑动体上的主动力，通常包括重力、水压力、地震力等。抗滑力主要包括光滑滑动面的摩擦力与粗糙滑动面的剪胀力。

3）二维平面问题极限分析的基本单元是单位宽度的分块滑动体。

1. 块体极限平衡法

块体极限平衡法是边坡岩体稳定性分析中最常用的方法。应用块体极限平衡法进行边坡岩体稳定性分析时，首先假定边坡岩体滑动面，并假定滑动体为刚体，即不计滑动体内变形，忽略滑动体变形对稳定性的影响；然后，分析滑动面上抗滑力和滑动力的平衡关系，如果滑动力大于或等于抗滑力即认为满足莫尔-库仑判据，滑动体滑动，边坡岩体失稳。具体思路如下：

首先，确定滑动面的位置和形状。根据边坡岩体中结构面的分布、组合关系及其所具有的抗剪强度，假定合适的滑动面。岩体中存在软弱结构面时，边坡岩体常沿某个软弱结构面或某几个软弱结构面的组合面滑动，因此，根据具体情况假定的滑动面应与实际情况接近。

其次，确定极限抗滑力和滑动力，并计算其稳定性系数。所谓稳定性系数即指可能滑动面上可供利用的抗滑力与滑动力的比值。假定多个可能滑动面时，要分别试算各个可能滑动面的稳定性系数，最危险滑动面即最小稳定性系数对应的滑动面。

最后，根据安全系数评价边坡岩体的稳定性。

由于是以安全系数为标准进行边坡岩体稳定性评价，因此，正确理解稳定性系数和安全系数非常重要。稳定性系数反映滑动面上抗滑力与滑动力的比例关系，用以说明边坡岩体的稳定程度。安全系数（K）即允许的稳定性系数值，安

全系数 $K \geqslant 1$ 才能保证边坡安全。安全系数的选取合理与否，直接影响到工程的安全和造价。进行边坡岩体工程的设计与施工时，应根据各种影响因素合理确定安全系数的大小，具体应考虑以下几方面：

1）岩体工程地质特征研究的详细程度。

2）各种计算参数，特别是可能滑动面抗剪强度参数确定中可能产生的误差大小。

3）在计算稳定性系数时，是否考虑了岩体实际承受和可能承受的全部作用力。

4）计算过程中各种中间结果的误差大小。

5）工程的设计年限、重要性以及边坡破坏后的后果如何等。

一般来说，若岩体工程地质条件比较详细，确定的最危险滑动面比较可靠，计算参数选取比较符合实际，计算中考虑的作用力全面，以及工程规模等级较低时，安全系数可以取小值；否则，应取大值。通常，安全系数在 1.05 ~ 1.50 之间选取。一般边坡可取 1.20 ~ 1.30，关键性的边坡则取 1.30 ~ 1.50，甚至更高。

块体极限平衡法的优点是使用方便简单，适用于研究多变的水压力及不连续的裂隙岩体；主要缺点是不能反映岩体内部真实的应力应变关系，所求得的稳定性参数是滑动面上的平均值，并带有一定的假定性。因此，块体极限平衡法不能分析岩体从变形到破坏的发生发展全过程，以及累进性破坏对边坡岩体稳定性的影响。

应用块体极限平衡法进行边坡岩体稳定性分析与计算，一般遵循以下五个步骤：

1）分析可能滑动体几何边界条件。

2）分析受力条件。

3）确定计算参数。

4）计算稳定性系数。

5）确定安全系数，进行稳定性评价。

几何边界条件，即构成可能滑动体的各种边界面及其组合关系，通常包括滑动面、切割面和临空面三种。滑动面一般是指起滑动作用的面，包括潜在破坏面；切割面是指起切割岩体作用的面，一般不起抗滑作用，如平面滑动的侧向切割面，为简化稳定性系数计算，通常忽略其抗滑能力；临空面是指临空的自由面，通常由地面与开挖面组成。临空面为滑动体提供了活动空间。有些滑动面具有滑动面和切割面的双重作用，如楔形体滑动的滑动面。

几何边界条件分析常用方法包括赤平极射投影、实体比例投影等图解法或三角几何分析法。目的是确定边坡中可能滑动体的位置、规模及形态，定性判断边坡岩体的破坏类型及主滑方向。

边坡岩体工程可能滑动体及其边界面上承受的力的类型及大小、方向以主合力作用点统称为受力条件。常见边坡岩体的作用力包括岩体重力、静水压力、动水压力、建筑物作用力及地震力等。

计算参数是计算稳定性系数的关键指标之一，主要是指滑动面的抗剪强度参数，可通过试验数据、极限状态下的反算数据和经验数据确定。考虑到边坡岩体渐进性滑动破坏过程，以及试验中抗剪强度随剪切位移变化的特性，滑动面的抗剪切强度往往在残余强度与峰值强度间取值，接近残余强度取值时则相对偏于安全。这样认识问题，就为我们确定计算数据提供了一个上限值和一个下限值，即计算参数最大不能大于峰值强度，最小不能小于残余强度。至于在上限和下限之间如何具体取值，则应根据作为滑动面的结构面的具体情况而定。研究表明，残余强度一般为 0.6 ~0.9 倍的峰值强度。

稳定性系数的计算是边坡岩体稳定性分析的核心所在。而稳定性评价的关键安全系数合理取值。若最小稳定性系数不小于安全系数，则边坡岩体稳定；否则，则不稳定。

2. *平面破坏计算方法*

如图 7-6a 所示，边坡岩体若为平面滑动破坏，设倾角为 β 的可能滑动面与坡面角为 α 的坡面倾向一致，且其在坡面上的临空线高为 H。则可能滑动体 ABC 单位宽度的重量 W 为

$$W=\gamma_m S_{\triangle ABC}=\gamma_m\frac{\overline{BC}H}{2}=\frac{\gamma_m H^2}{2}(\cot\beta-\cot\alpha)=\frac{\gamma_m H^2}{2}\frac{\sin(\alpha-\beta)}{\sin\alpha\sin\beta} \tag{7-3}$$

式中 γ_m——岩体的重度（kN/m^3）；

其他符号意义同前。

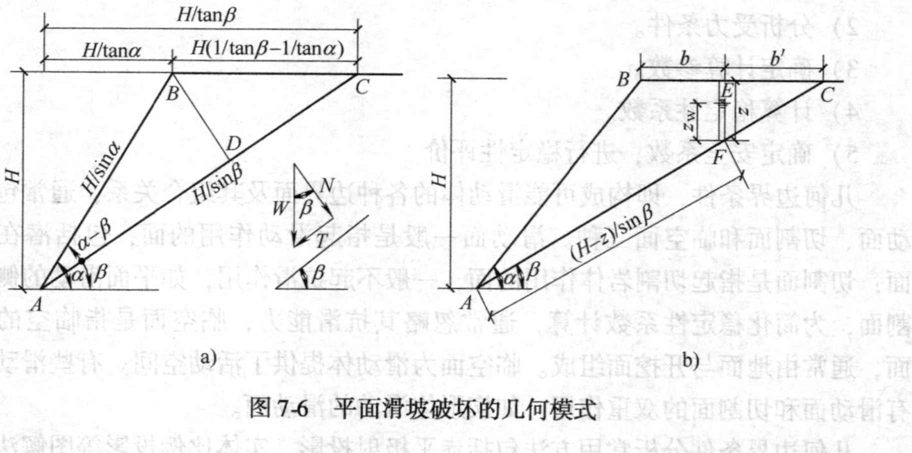

图 7-6 平面滑坡破坏的几何模式

假设滑动体自重为惟一的滑动力来源，则作用于滑动面的滑动力 F_S（即向下剪力 T）及法向压力 N 分别为

$$\begin{cases} F_S = T = W\sin\beta \\ N = W\cos\beta \end{cases}$$

若可能滑动面的抗剪强度为 $\tau = \sigma\tan\phi_j + c_j$，即其抗滑力为

$$F_R = \tau\overline{AC} = \tau\frac{H}{\sin\beta} = \left(\frac{W\cos\beta\sin\beta}{H}\tan\phi_j + c_j\right)\frac{H}{\sin\beta} = W\cos\beta\tan\phi_j + \frac{c_jH}{\sin\beta} \tag{7-4}$$

则稳定性系数 η 为

$$\eta = \frac{F_R}{F_S} = \frac{W\cos\beta\tan\phi_j + c_jH/\sin\beta}{W\sin\beta} = \frac{\tan\phi_j}{\tan\beta} + \frac{c_jH}{W\sin^2\beta} \tag{7-5}$$

综合式（7-3）与式（7-5）得

$$\eta = \frac{\tan\phi_j}{\tan\beta} + \frac{2c_j}{\gamma_m H}\cdot\frac{\sin\alpha}{\sin\beta\sin(\alpha-\beta)} \tag{7-6}$$

若忽略滑动面上的内聚力，即 $c_j=0$，则

$$\eta = \frac{\tan\phi_j}{\tan\beta} \tag{7-7}$$

式（7-6）与式（7-7）表明，当 $\beta<\phi_j$ 时，$\eta>1$，边坡恒稳定。否则，边坡可能不能稳定（$\eta<1$）。式（7-6）中的 c_j 与可能滑动面的粗糙度密切相关，也正是因为岩石的粗糙性，使得边坡岩体在 $\beta\geqslant\phi_j$ 的情况下也能保持稳定。研究表明，可能滑动面粗糙度 *JRC* 越大，极限平衡时的 β 角越大。

另外，从式（7-6）还可看出，其他条件不变，坡高越大，稳定性越差。当边坡岩体维持极限平衡时（$\eta=1$），由式（7-6）可求得滑动体高度的最大值 H_{max}

$$H_{max} = \frac{2c_j}{\gamma_m}\cdot\frac{\sin\alpha}{(\tan\beta-\tan\phi_j)\cos\beta\sin(\alpha-\beta)} \tag{7-8}$$

当坡面角 α 较大时，边坡的危险程度并不是随 β 的增加而单调上升，而是存在一个最危险的 β_c 值，当边坡岩体维持极限平衡时（$\eta=1$）最大 c_j 值对应的 β 值即为 β_c。

考虑 $\eta=1$，式（7-6）整理后，得

$$c_j = \frac{\gamma_m H}{2}\left(1-\frac{\tan\phi_j}{\tan\beta}\right)\frac{\sin\beta\sin(\alpha-\beta)}{\sin\alpha} \tag{7-9}$$

要使 $\dfrac{dc_j}{d\beta}=0$ 的条件是

$$\tan(\beta-\phi_j) = \tan(\alpha-\beta) \tag{7-10}$$

由此得到最危险 β_c 为

$$\beta_c = \frac{1}{2}(\alpha+\phi_j) \tag{7-11}$$

岩质边坡失稳前，坡顶地表通常出现近于直立的张裂缝，其相应的计算图如图 7-6b 所示。设张裂缝距边坡顶线的距离为 b，裂缝深入达滑动面，深为 z，由图 7-6b 得

$$W = \gamma_m (S_{\triangle ABC} - S_{\triangle CEF}) = \frac{\gamma_m H^2}{2}(\cot\beta - \cot\alpha) - \frac{\gamma_m z}{2}\cot\beta \tag{7-12}$$

$$z = b'\tan\beta, b' = H(\cot\beta - \cot\alpha) - b$$

式中　$S_{\triangle ABC}$，$S_{\triangle CEF}$——$\triangle ABC$ 及 $\triangle CEF$ 的面积。

边坡处于极限平衡时，c_j 应为

$$c_j = \frac{W}{\overline{AF}}(\sin\beta - \cos\beta\tan\phi_j) = \frac{W}{(H-z)/\sin\beta}(\sin\beta - \cos\beta\tan\phi_j)$$

$$= \frac{W}{(H-z)}\sin\beta(\sin\beta - \cos\beta\tan\phi_j) \tag{7-13}$$

将式（7-12）代入上式，整理后得

$$c_j = \frac{\gamma_m H}{2}\left(\frac{\cos\beta - \cot\alpha - \left(\frac{z}{H}\right)^2\cot\beta}{1 - \left(\frac{z}{H}\right)}\right)\sin\beta(\sin\beta - \cos\beta\tan\phi_j) \tag{7-14}$$

c_j 关于 $\left(\frac{z}{H}\right)$ 微分 $\mathrm{d}c_j/\mathrm{d}\left(\frac{z}{H}\right)=0$ 时，c_j 值取得极值，则满足该条件时有

$$\frac{z}{H} = 1 - \sqrt{\frac{\tan\beta}{\tan\alpha}} \tag{7-15}$$

从而

$$\frac{b}{H} = \sqrt{\frac{1}{\cot\beta\cot\phi_j}} - \cot\alpha \tag{7-16}$$

此时的 b 值即为最危险值 b_c。

若坡顶直立张裂缝充水时，且水压作线性分析，如图 7-6b 所示，抗滑力为

$$F_R = \frac{W\cos\beta - u_w - u_v\sin\beta}{W\sin\beta + u_v\cos\beta}\tan\phi_j + \frac{c_j\,\overline{AF}}{W\sin\beta + u_v\cos\beta}$$

$$= \frac{W\cos\beta - u_w - u_v\sin\beta}{W\sin\beta + u_v\cos\beta}\tan\phi_j + \frac{c_j(H-z)}{(W\sin\beta + u_v\cos\beta)\sin\beta} \tag{7-17}$$

其中，滑动面中的水压力为 $u_w = \frac{1}{2}\gamma_w z_w\,\frac{(H-z)}{\sin\beta}$，坡顶直立张裂缝中的水压力为 $u_v = \frac{1}{2}\gamma_w z_w^2$，$z_w$ 为张裂缝中的水深，其他符号意义同前。

由式（7-17）可见，u_w 减少了滑动面上的法向应力，u_v 既减少了法向力又增加了下滑动力。两者均使抗滑力 F_R 下降。

若要考虑地震力时，则将式（7-17）中的 u_v 用 $\left(u_v+\frac{W}{g}a\right)$ 替代即可，地震作用的加速度 a 也是使 F_R 减少的因素。

平面破坏计算方法力学模型与计算公式均相对简单，主要适用于顺层岩质边坡以及沿基岩产生平面破坏的边坡稳定性分析计算，要求滑动体为整体刚体运动，对于滑动体内产生剪切破坏的岩质边坡稳定性分析计算误差相对较大。

3. 楔形体破坏计算方法

岩质边坡经常由两组及两组以上节理相交而被切割成一个个楔形体。如图7-7中垂直边坡由两组节理面切割而成一个四面体 $ABCD$。设四面体 $ABCD$ 的重量为 W，滑动面 $\triangle ABD$ 及 $\triangle BCD$ 相交的倾斜线 BD 的倾角为 α。滑动面 $\triangle ABD$ 定义为 F_1 滑动面，抗剪强度指标为 c_{j1} 与 ϕ_{j1}。滑动面 $\triangle BDC$ 定义为 F_2 滑动面，抗剪强度指标为 c_{j2} 与 ϕ_{j2}。

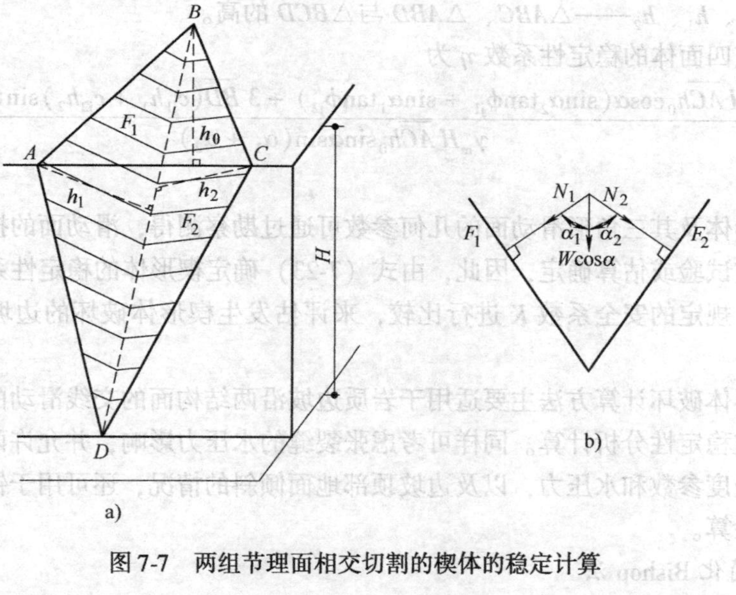

图7-7 两组节理面相交切割的楔体的稳定计算

四面体 $ABCD$ 的滑动力为 $F_S = W\sin\alpha$

抗滑力为滑动面 $\triangle ABD$ 及 $\triangle BCD$ 上抗滑力之和

$$F_R = (N_1\tan\phi_{j1} + c_{j1}S_{\triangle ABD}) + (N_2\tan\phi_{j2} + c_{j2}S_{\triangle BCD}) \tag{7-18}$$

式中 N_1、N_2——作用于 F_1 滑动面与 F_2 滑动面上的法向力，即 $W\cos\alpha$ 作用于滑动面 F_1 和 F_2 的垂直分量（见图7-7b）；

$S_{\triangle ABD}$、$S_{\triangle BCD}$——$\triangle ABD$ 及 $\triangle BCD$ 的面积。

则，该四面体 $ABCD$ 的稳定性系数为

$$\eta = \frac{F_R}{F_S} = \frac{(N_1\tan\phi_{j1} + c_{j1}S_{\triangle ABD}) + (N_2\tan\phi_{j2} + c_{j2}S_{\triangle BCD})}{W\sin\alpha} \tag{7-19}$$

其中

$$N_1 = \frac{W\cos\alpha\sin\alpha_2}{\sin(\alpha_1+\alpha_2)};N_2 = \frac{W\cos\alpha\sin\alpha_1}{\sin(\alpha_1+\alpha_2)} \tag{7-20}$$

式中 α_1、α_2——两滑动面交界的法线与 F_1 和 F_2 滑动面法线的夹角。

四面体 $ABCD$ 的重量为

$$W = \gamma_m V_{ABCBD} = \gamma_m \frac{1}{3} S_{\triangle ABC} \cdot H = \frac{\gamma_m H}{6}\overline{AC}h_0 \tag{7-21}$$

两个滑动面$\triangle ABD$ 及$\triangle BCD$ 的面积为

$$S_{\triangle ABC} = \frac{1}{2}\overline{BD}h_1, S_{\triangle BCD} = \frac{1}{2}\overline{BD}h_2 \tag{7-22}$$

式中 h_0、h_1、h_2——$\triangle ABC$、$\triangle ABD$ 与$\triangle BCD$ 的高。

则该四面体的稳定性系数 η 为

$$\eta = \frac{\gamma_m H\overline{AC}h_0\cos\alpha(\sin\alpha_2\tan\phi_{j1} + \sin\alpha_1\tan\phi_{j2}) + 3\overline{BD}(c_{j1}h_1 + c_{j2}h_2)\sin(\alpha_1+\alpha_2)}{\gamma_m H\overline{AC}h_0\sin\alpha\sin(\alpha_1+\alpha_2)} \tag{7-23}$$

楔形体及其三角形滑动面的几何参数可通过勘察测得，滑动面的抗剪强度指标可通过试验或估算确定，因此，由式（7-23）确定楔形体的稳定性系数后，通过与设计规定的安全系数 K 进行比较，来评估发生楔形体破坏的边坡岩体的稳定性。

楔形体破坏计算方法主要适用于岩质边坡沿两结构面的交线滑动的楔形体破坏的边坡稳定性分析计算。同样可考虑张裂缝的水压力影响，并允许两结构面有不同的强度参数和水压力，以及边坡顶部地面倾斜的情况，还可用于锚固边坡的稳定性验算。

4. 简化 Bishop 法

对于滑动面为圆弧或近似圆弧的滑动破坏，可采用简化 Bishop 法进行边坡稳定分析计算，其力学模型如图 7-8 所示。圆弧滑动面的圆心为 O，圆弧半径为 R。将滑动体划分为 n 个条状块体（岩柱），条块宽度为 b_i，第 i 条块滑动面的倾角为 α_i，并约定竖直方向为 y 轴、水平方向为 x 轴。

根据简化 Bishop 法的假定，滑动面为圆弧形或近似圆弧形，忽略条块间的竖直方向剪力 Y_i、Y_{i+1}作用，并规定了滑动面上的切向力 T_i。

由图 7-8 可知，滑动体的条块上作用力包括岩柱的重量 W_i，作用在条块上的地面荷载 Q_i，作用在条块上的水平作用力（如地震力）Q_{Ai}；条块间作用力的水平分量 X_i、X_{i+1}；条块间作用力的垂直分量 Y_i、Y_{i+1}；条块底面的抗剪力（抗滑力）T_i；条块底面的法向力 N_i。根据静力平衡原理，由条块竖直方向的平衡条件 $\Sigma Y=0$，得

$$W_i - N_i\cos\alpha_i + Y_i - Y_{i+1} - T_i\sin\alpha_i + Q_i = 0 \tag{7-24}$$

根据库仑破坏准则，得

$$T_i = \frac{1}{\eta}[c_{ji}l_i + (N_i - u_i l_i)\tan\phi_{ji}] \tag{7-25}$$

式中 c_{ji}，ϕ_{ji}——第 i 条块滑动面的内聚力与内摩擦角；

l_i——第 i 条块滑动面的长度，其中 $l_i \approx b_i/\cos\alpha_i$；

u_i——作用于第 i 条块滑动面上的空隙水压力。

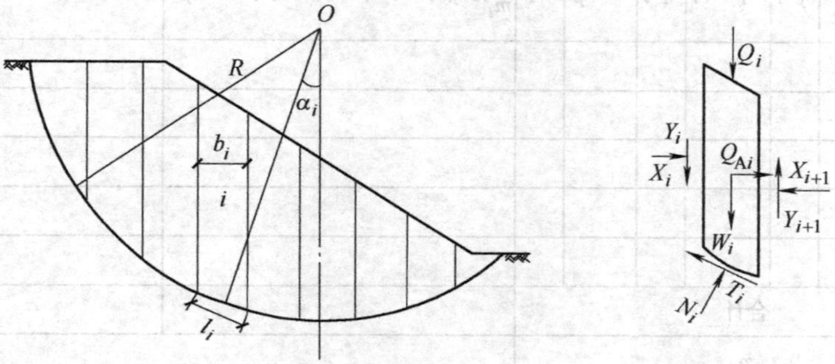

图 7-8 简化 Bishop 法力学模型

由式（7-24）和式（7-25）可得

$$N_i = \frac{1}{m_i}\left[W_i + Q_i - \frac{1}{\eta}c_{ji}l_i\sin\alpha_i + Y_i - Y_{i+1} + \frac{1}{\eta}u_i l_i\tan\phi_{ji}\sin\alpha_i\right] \tag{7-26}$$

其中，$m_i = \cos\alpha_i + \frac{1}{\eta}\tan\phi_{ji}\sin\alpha_i$。

根据静力平衡原理，由滑动体绕圆弧中心 O 点力矩平衡条件 $\Sigma M_O = 0$，得

$$\Sigma(W_i + Q_i)R\sin\alpha_i - \Sigma T_i R + \Sigma Q_{Ai}R\cos\alpha_i = 0 \tag{7-27}$$

取 $l_i = b_i/\cos\alpha_i$，联合式（7-26）与式（7-27），可求得稳定性系数 η 为

$$\eta = \frac{\sum_{i=1}^{n}\frac{1}{m_i}[c_{ji}b_i + (W_i + Q_i - u_i b_i)\tan\phi_{ji} + (Y_i - Y_{i+1})\tan\phi_{ji}]}{\sum_{i=1}^{n}(W_i + Q_i)\sin\alpha_i + \sum_{i=1}^{n}Q_{Ai}\cos\alpha_i} \tag{7-28}$$

根据简化 Bishop 法的假设，$(Y_i - Y_{i+1}) = 0$，则

$$\eta = \frac{\sum_{i=1}^{n} \frac{1}{m_i}[c_{ji}b_i + (W_i + Q_i - u_i b_i)\tan\phi_{ji}]}{\sum_{i=1}^{n}(W_i + Q_i)\sin\alpha_i + \sum_{i=1}^{n} Q_{Ai}\cos\alpha_i} \tag{7-29}$$

简化 Bishop 法采用迭代法计算（见表 7-3），考虑了条块间作用力，是对条分法的改进，计算较准确。该方法适用于评价均质粘性及碎石堆土等斜坡形成的圆弧形或近似圆弧形滑动滑坡。当 $m_i \geqslant 0.2$ 时计算误差较小，当 $m_i < 0.2$ 时，计算误差大。

表 7-3　边坡稳定性分析计算表

条块序号	α_i	l_i	$c_{ji}b_i$	W_i+Q_i	u_ib_i	$\tan\phi_{ji}$	m_i	$\frac{1}{m_i}[c_{ji}b_i+(W_i+Q_i-u_ib_i)\tan\phi_{ji}]$	$(W_i+Q_i)\sin\alpha_i$	$Q_{Ai}\cos\alpha_i$
1										
2										
3										
⋮										
n										
合计										
η										

思考与练习

1. 名词解释：边坡，自然边坡，人工边坡，楔形体滑动，平面滑动，曲面滑动，多平面滑动，倾覆破坏，滑动面。
2. 岩质边坡破坏类型有哪些？
3. 试分别阐述双平面滑动破坏与平面滑动破坏的特征。
4. 试论述边坡岩体稳定性影响因素。
5. 试阐述边坡岩体稳定性分析方法及其分类。
6. 块体极限平衡法的基本思路是什么？分析步骤如何？

第 8 章

岩石地基工程

8.1 概述

建、构筑物以岩体作为持力层的地基统称为岩石地基。由于岩体具有比土体更高的抗压、抗拉和抗剪强度，这就使得岩石地基上能够修建更多类型的结构物，如易产生倾斜荷载的大坝和拱桥、需要提供抗拔力的悬索桥以及同时具有抗压和抗拉性能的嵌岩桩基础等。

岩石地基不同于土质地基，往往能承担相对大得多的外荷载。岩体强度较高的岩石地基一般能满足承载力的要求，完整的中等强度岩体的承载力便足以承受高楼或大型构筑物产生的荷载。因此，岩石地基上的基础通常不会存在沉降与失稳等问题。然而，地基岩体大多数情况下都是不完整的岩石，其中存在各种不良地质结构面以及不同程度的风化层，甚至有岩溶、洞穴等不良岩层。岩体中的软弱结构面往往导致地基发生滑动破坏并产生较大的地基沉降。同时，岩体中各种缺陷的存在使得岩体强度远小于岩石强度，也使得岩体强度的变化范围大（5～200*MPa*）。这些充分说明研究岩石地基工程的必要性。目前，针对岩石地基研究较多的包括软岩地基、倾斜岩石地基以及破碎岩层地基等问题。

为了保证岩石地基建、构筑物的正常安全使用，其设计与施工应满足以下三个方面的要求：

1）足够的地基岩体承载能力，以保证在外荷载作用下上部结构稳定与安全。

2）在外荷载作用下的岩石地基沉降值应该满足建（构）筑物安全与正常使用的要求。

3）应确保外荷载作用下的较弱岩性岩石地基不发生滑动破坏。

岩石地基包含各种结构面的特性，因此岩石地基除应满足强度和变形要求，还应满足稳定性要求。裂隙岩体地基、含软弱夹层岩石地基属较弱岩性岩石地基，其中的交错结构面或软弱夹层形成的岩石块体或结构体在外荷载作用下容易发生滑动破坏，造成岩石地基与上部结构的不稳定性，高陡岩石边坡上的基础工程往往可能发生这类情况。

岩石地基承载力高且变形小，基础形式一般较为简单。根据上部建筑荷载的大小和方向以及工程地质条件，岩石地基也可以采取多种基础形式，如墙下无大放脚基础、预制柱直接插入岩体、锚杆基础、嵌岩桩基础等。

若岩石地基的岩石单轴抗压强度较高，且裂隙不太发育，对于砌体结构承重的建筑物，可在清除基岩表面风化层上直接砌筑，而不必设基础大放脚；对于以预制柱承重的建筑物，若其荷载及偏心距均较小，且岩体强度较高、整体性较好时，可直接在岩石地基上开凿杯口，承插上部结构预制柱。

对于承受上浮力的结构物，当其自身重力不足以抵抗上浮力时，需要在结构物与岩石之间设置抗拉灌浆锚杆提供抗拔力，该类基础称为抗拔基础。当上部结构传递给基础的荷载存在较大弯矩时，可采用锚杆基础，锚杆主要承受上拔力以平衡基底可能出现的拉应力。

嵌岩桩可以承受竖向压力和拉力、水平荷载以及力矩等各种不同形式的荷载。嵌岩桩的承载力由桩侧摩阻力、端部支承力和嵌固力提供。当浅层岩体的承载力不足以承担上部建筑物荷载，或者沉降值不满足正常使用要求时，就需要使用嵌岩桩将上部荷载直接传递到深层坚硬岩层。既有建筑物不具备修建扩展基础时，也可以考虑设置嵌岩桩。

本章主要阐述岩石地基的应力分布特征、基础沉降及其计算以及岩石地基承载力的确定。

8.2 岩石地基中的应力分布特征

大部分岩体表现出的线弹性性质说明，可以利用弹性理论计算岩石地基中的应力分布。研究表明，弹性理论解答与现场测试得到的应力水平基本相符，但不同地质条件下岩石地基中的应力分布特征不同。其中，选取适当的边界条件进行弹性分析，可以得到比较可靠的解答。研究岩石地基中的应力分布特征，可以通过比较岩石地基中的应力水平与岩体强度判断地基岩体破坏与否；同时可根据岩石地基中的应力分布计算地基沉降值。

8.2.1 均质各向同性岩石地基应力分布

1. 竖向集中荷载作用

对于集中荷载作用下均质各向同性岩石地基的应力分布问题，可视为弹性半无限空间作用有垂直集中荷载的情形，则该类情形下岩石地基中的应力分布与变形，可由弹性半无限空间的布辛奈斯克（Boussinesq，1885年）应力和位移理论解求得（见图8-1）。其应力分量可表示为

$$
\left.\begin{aligned}
\sigma_z &= \frac{3P}{2\pi}\cdot\frac{z^3}{R^5} = \frac{3P}{2\pi z^2}\left[1+\left(\frac{r}{2}\right)^2\right]^{-\frac{5}{2}} \\
\sigma_r &= \frac{P}{2\pi}\left[\frac{3zr^2}{R^5} - \frac{1-2\mu}{R(R+z)}\right] \\
\sigma_\theta &= \frac{P(1-2\mu)}{2\pi}\left[\frac{1}{R(R+z)} - \frac{z}{R^3}\right] \\
\tau_{rz} &= \frac{3P}{2\pi}\cdot\frac{z^2 r}{R^5} \\
\tau_{\theta r} &= \tau_{r\theta} = 0
\end{aligned}\right\} \tag{8-1}
$$

式中 P——竖向集中荷载；

(r,z,θ)——弹性半无限空间任一点的柱坐标（见图8-1）；

R——弹性半无限空间任一点与坐标原点间的距离；

其他符号意义同前。

特别要指出的是，式（8-1）中不计地基岩体的自重，应力值均为附加应力值。考虑地基岩体的自重作用时，各应力分量应是上述应力分量与自重引起的应力值的叠加。

对于均布荷载作用下岩石地基中的应力分布，则可基于集中荷载作用下的应力解答，通过积分求得。例如，利用角点法就可以计算出圆形、矩形基础均布荷载作用下的竖向附加应力。

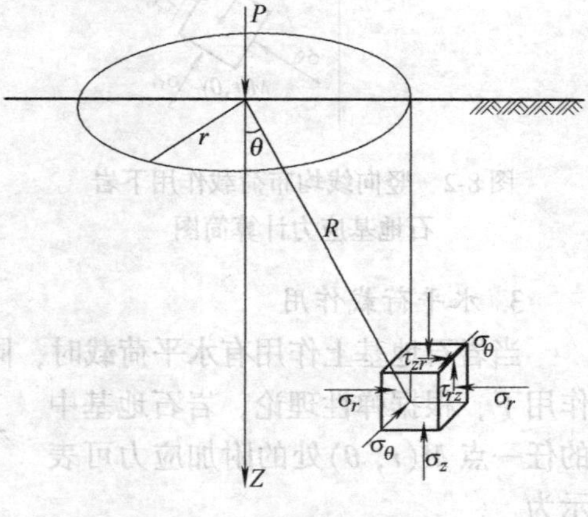

图8-1 竖向集中荷载作用下岩石地基应力计算简图

2. 竖向线均布荷载作用

对于竖向线均布荷载，则可简化为典型的平面应变问题。建立图8-2所示极坐标，原点为 O，向径为 r，极角为 θ，竖向线均布荷载为 p。根据弹性理论，岩石地基中的任一点 $M(r,\theta)$ 处的附加应力为

$$
\left.\begin{aligned}
\sigma_r &= \frac{2p}{\pi r}\cos\theta \\
\sigma_\theta &= 0 \\
\tau_{r\theta} &= \tau_{\theta r} = 0
\end{aligned}\right\} \tag{8-2}
$$

式中 σ_r、σ_θ——$M(r,\theta)$ 点的径向正应力与切向正应力（MPa）；

$\tau_{\theta r}$、$\tau_{r\theta}$——$M(r,\theta)$ 点的切应力（MPa）；

其他符号意义同前。

由式（8-2）可知，由于 $\tau_{\theta r}=\tau_{r\theta}=0$，$\sigma_\theta=0$，则 σ_r 为最大主应力，σ_θ 为最小主应力。当 r 值一定时，最大主应力 σ_r 随着 θ 值的变化而变化，σ_r 等值线为相切于原点 O 的圆，圆心为 $O'(p/\pi\sigma_r,\ 0)$，半径为 $r_0=p/\pi\sigma_r$。同时，不同的 r 值，对应不同的等值圆 $\sigma_{ri}=p/\pi r_{0i}$，这些等值圆通常称之为压力泡（见图 8-3），压力泡的形态表明了荷载在岩石地基中的扩散过程。

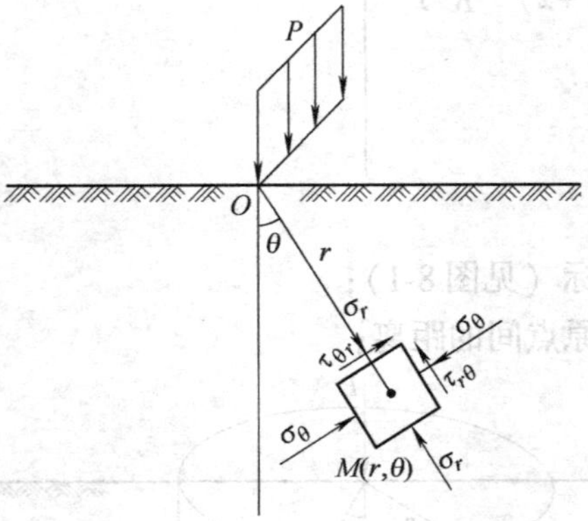

图 8-2　竖向线均布荷载作用下岩石地基应力计算简图

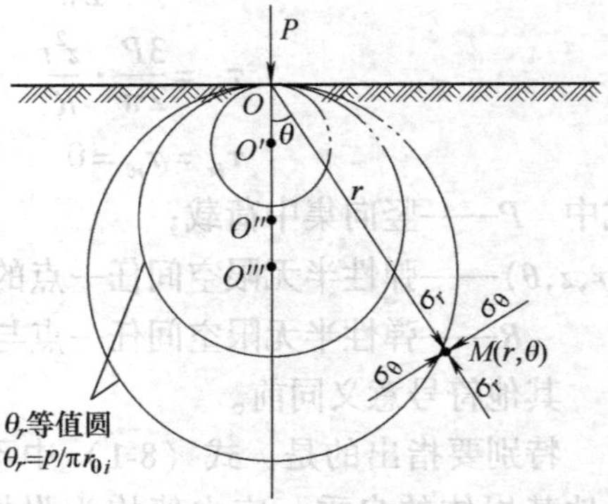

图 8-3　竖向荷载时岩石地基中的压力泡

3. 水平荷载作用

当岩石地基上作用有水平荷载时，同样建立图 8-4 所示极坐标。水平荷载 Q 作用下，根据弹性理论，岩石地基中的任一点 $M(r,\ \theta)$ 处的附加应力可表示为

$$\left.\begin{aligned}\sigma_r&=\frac{2Q}{\pi r}\sin\theta\\ \sigma_\theta&=0\\ \tau_{r\theta}&=\tau_{\theta r}=0\end{aligned}\right\}\qquad(8\text{-}3)$$

式中符号意义同前。

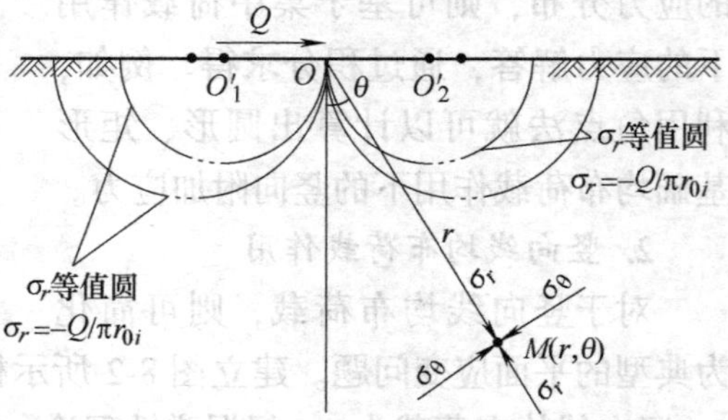

图 8-4　水平荷载作用下岩石地基的应力等值圆

式（8-3）说明，σ_r 等值线为相切于原点 O 的两个半圆，圆心分别为 $O_1'(Q/\pi\sigma_r,\ 0)$ 与 $O_2'(Q/\pi\sigma_r,\ \pi)$，半径为 $r_0=Q/\pi\sigma_r$。其中，两个等值半圆对应的 σ_r 值为一正一负，即一个为压应力，一个为拉应力（见图 8-4）。同样，不同的 r 值，对应不同的等值半圆。

4. 倾斜荷载作用

倾斜荷载作用时的情形，可视为水平荷载与竖向荷载作用下附加应力的叠加。如图8-5所示，极坐标条件下，受到倾斜荷载 R 作用的岩石地基中的任一点 $M(r,\ \theta)$ 处的附加应力为

$$\left.\begin{aligned}\sigma_r&=\frac{2R}{\pi r}\cos\theta\\ \sigma_\theta&=0\\ \tau_{r\theta}&=\tau_{\theta r}=0\end{aligned}\right\}\tag{8-4}$$

式中符号意义同前。

其中，σ_r 等值线为圆心位于 R 作用线上且相切于原点 O 的两个圆上的两段圆弧（见图8-5），两段等值圆弧也分别对应一正一负的 σ_r 值，分别为压应力与拉应力。

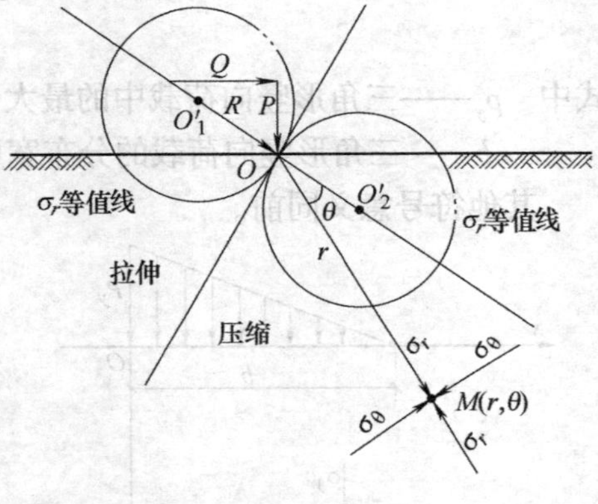

图8-5 倾斜荷载作用下岩石地基的应力等值半圆

5. 三角形分布荷载作用

基础中的倾斜荷载通过一定尺寸的基础底面作用于岩石地基时，岩石地基表面的等效荷载为梯形分布荷载（见图8-6），往往可分解为梯形分布的竖向荷载与水平荷载，进而分解为不同的三角荷载（见图8-7）。因此，研究三角荷载作用下的岩石地基的应力分布具有一定的代表性。

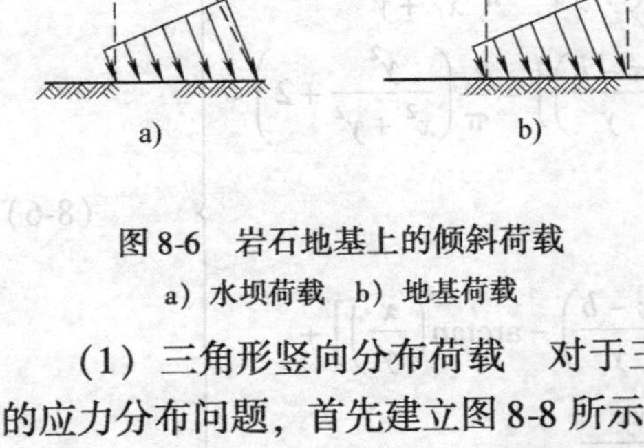

图8-6 岩石地基上的倾斜荷载

a）水坝荷载 b）地基荷载

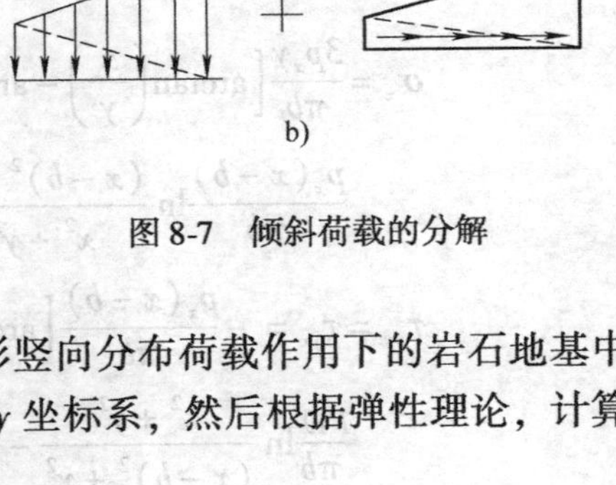

图8-7 倾斜荷载的分解

（1）三角形竖向分布荷载 对于三角形竖向分布荷载作用下的岩石地基中的应力分布问题，首先建立图8-8所示的 x-y 坐标系，然后根据弹性理论，计算岩石地基中的任一点 $M(x,\ y)$ 处的附加应力

$$
\left.\begin{aligned}
\sigma_y &= \frac{p_y(x-b)}{\pi b}\left[\arctan\left(\frac{x-b}{y}\right)-\arctan\left(\frac{x}{y}\right)\right]+\frac{p_y}{\pi}\frac{xy}{x^2+y^2}\\
\sigma_x &= \frac{p_y(x-b)}{\pi b}\left[\arctan\left(\frac{x-b}{y}\right)-\arctan\left(\frac{x}{y}\right)\right]-\frac{p_y}{\pi}\frac{xy}{x^2+y^2}+\frac{p_y y}{\pi b}\ln\frac{x^2+y^2}{(x-b)^2+y^2}\\
\tau_{xy} &= \tau_{yx}=\frac{p_y y}{\pi b}\left[\arctan\left(\frac{x}{y}\right)-\arctan\left(\frac{x-b}{y}\right)\right]-\frac{p_y}{\pi}\frac{y^2}{x^2+y^2}
\end{aligned}\right\} \tag{8-5}
$$

式中　p_y——三角形竖向荷载中的最大值（MPa）；

b——三角形竖向荷载的分布宽度（m）；

其他符号意义同前。

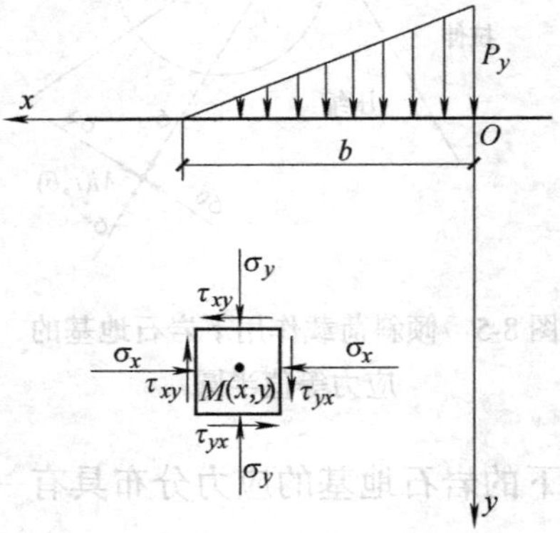

图 8-8　三角形竖向荷载作用下岩石地基应力计算简图

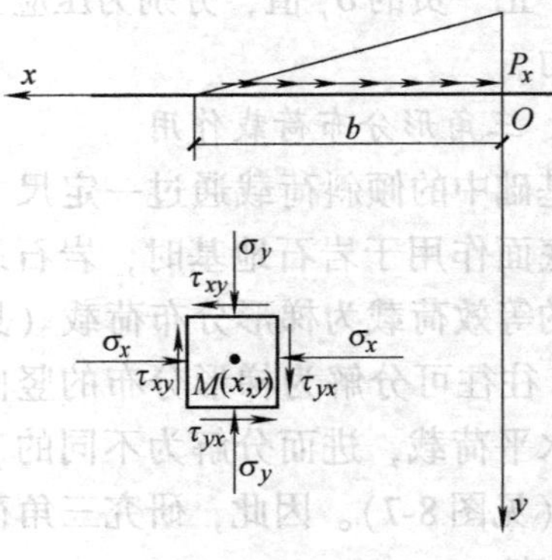

图 8-9　三角形水平荷载作用下岩石地基应力计算模简图

（2）三角形水平分布荷载　三角形水平分布荷载作用下的岩石地基中的应力分布计算类似，如图 8-9 所示，根据弹性理论，岩石地基中的任一点 $M(x, y)$ 处的附加应力为

$$
\left.\begin{aligned}
\sigma_y &= \frac{p_x y}{\pi b}\left[\arctan\left(\frac{x-b}{y}\right)-\arctan\left(\frac{x}{y}\right)\right]+\frac{p_x}{\pi}\frac{y^2}{x^2+y^2}\\
\sigma_x &= \frac{3p_x y}{\pi b}\left[\arctan\left(\frac{x}{y}\right)-\arctan\left(\frac{x-b}{y}\right)\right]-\frac{p_x}{\pi}\left(\frac{y^2}{x^2+y^2}+2\right)-\\
&\quad \frac{p_x(x-b)}{\pi b}\ln\frac{(x-b)^2+y^2}{x^2+y^2}\\
\tau_{xy} &= \tau_{yx}=-\frac{p_x(x-b)}{\pi b}\left[\arctan\left(\frac{x-b}{y}\right)-\arctan\left(\frac{x}{y}\right)\right]+\\
&\quad \frac{p_x y}{\pi b}\ln\frac{x^2+y^2}{(x-b)^2+y^2}-\frac{p_x}{\pi}\frac{xy}{x^2+y^2}
\end{aligned}\right\} \tag{8-6}
$$

式中 p_x——三角形水平荷载中的最大值（MPa）；

b——三角形水平荷载的分布宽度（m）；

其他符号意义同前。

为了方便计算岩石地基中的应力值，往往根据式（8-5）与式（8-6），编制三角形竖向与水平荷载中的最大值为单位荷载（$p_y = p_x = 1\text{MPa}$）时的相应应力分布曲线（见图8-10、图8-11），该类曲线采用了相对坐标，即 m-n 坐标，其中 $m = x/b$，$n = y/b$。计算岩石地基中某点的应力时，先将该点坐标转化为相对坐标，然后根据上述应力分布曲线确定应力系数，最大荷载与应力系数的乘积即为所求的应力分量。

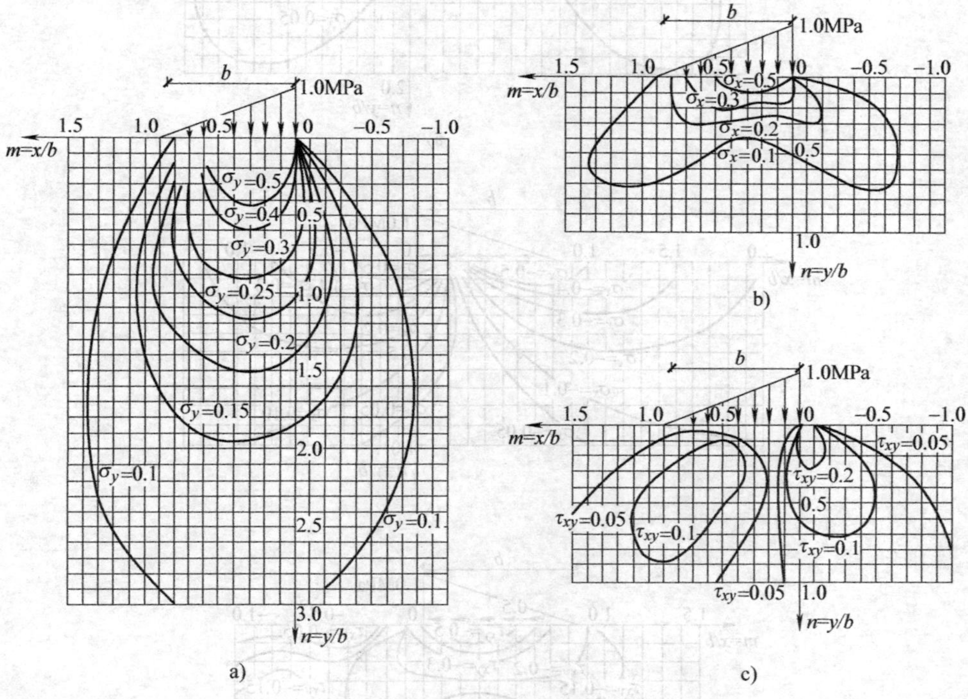

图8-10 三角形竖向荷载作用下岩石地基应力分布图

a）竖直应力分量 b）水平应力分量 c）剪切应力分量

利用图8-10b与图8-11b的水平应力分布，可绘制图8-12所示的三角形竖向与水平分布荷载作用下的水平应力的分布曲线（见图8-12）。对比两组曲线发现，在坝踵或基础下面相同深度处，三角形水平分布荷载所产生的拉应力大于竖向荷载所产生的压应力，因此，当两种荷载同时作用在岩石地基上时，坝踵或地基最小荷载侧地基部位将出现拉应力。辛柯维奇（O. C. ZienKiewicz）采用有限元法对重力坝、拱坝以及支墩坝的坝基进行了数值分析，验证了上述情形。

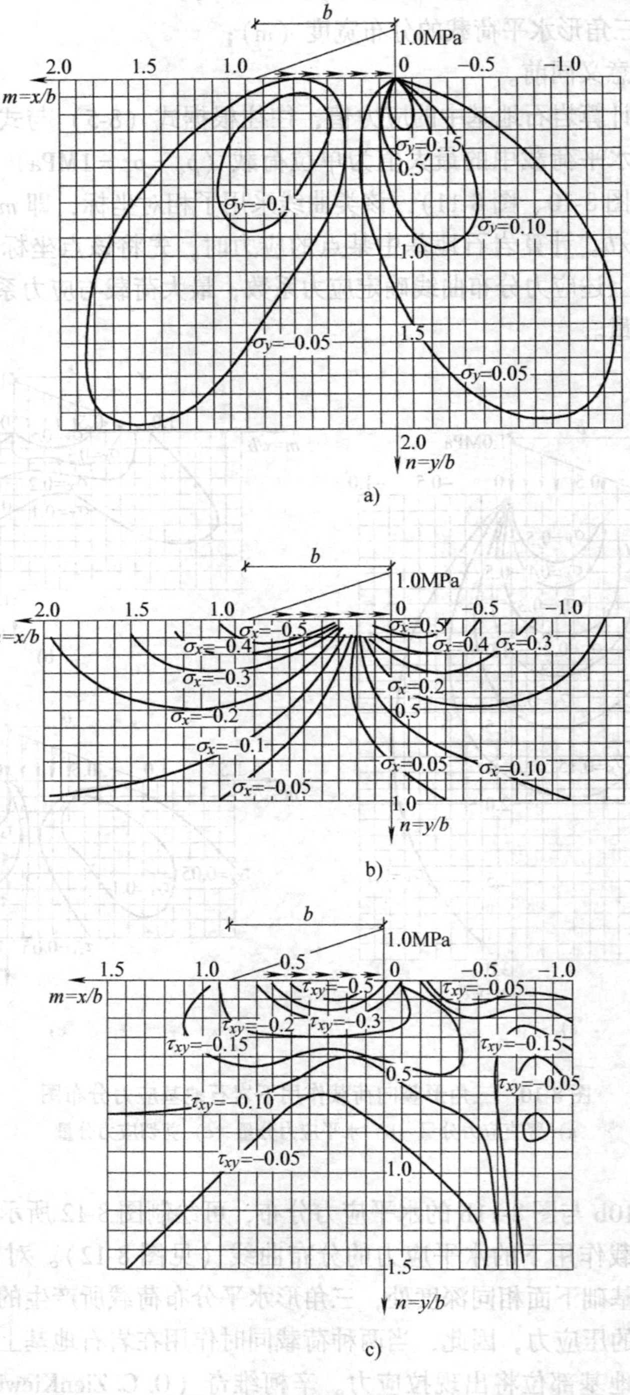

图 8-11 三角形水平荷载作用下岩石地基应力分布图

a）竖直应力分量 b）水平应力分量 c）切应力分量

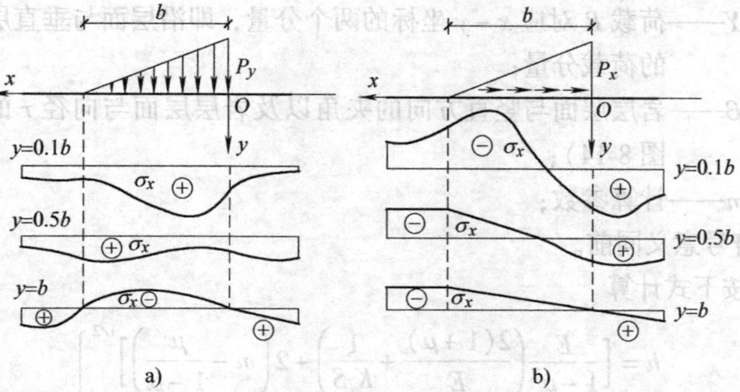

图 8-12　三角形荷载作用下不同深度岩石地基水平应力分布图

a）三角形竖向荷载　b）三角形水平荷载

8.2.2　层状岩石地基应力分布

层状岩石地基中的应力分布要相对复杂一些，其中的外荷载作用下的附加应力等值线呈不规则形状（见图 8-13）。

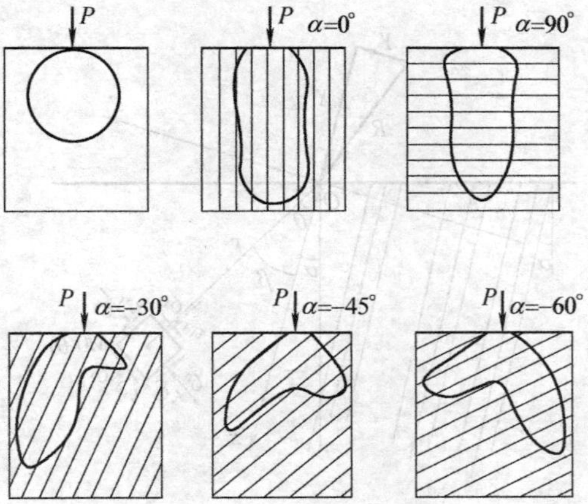

图 8-13　层状岩石地基应力等值线（据 Bray，1977 年）

博雷（J. W. Bray，1977 年）对倾斜荷载作用下的倾斜层状岩体的附加应力进行了研究，如图 8-14 所示，作用有集中力 R 的倾斜层状岩体中任一点 $M(r,\theta)$ 的附加应力值可表示为

$$\left.\begin{aligned}\sigma_r &= \frac{2h}{\pi r}\left[\frac{X\cos\beta + Ym\sin\beta}{(\cos^2\beta - m\sin^2\beta) + h^2\sin^2\beta\cos^2\beta}\right]\\ \sigma_\theta &= 0\\ \tau_{r\theta} &= \tau_{\theta r} = 0\end{aligned}\right\} \tag{8-7}$$

式中 X、Y——荷载 R 对应 $x-y$ 坐标的两个分量，即沿层面与垂直层面方向的荷载分量；

α、β——岩层层面与竖直方向的夹角以及岩层层面与向径 r 的夹角（见图 8-14）；

h、m——计算参数；

其他符号意义同前。

h, m 按下式计算

$$\left.\begin{aligned} h &= \left[\frac{E}{1-\mu^2}\left(\frac{2(1+\mu)}{E}+\frac{1}{K_s S}\right)+2\left(m-\frac{\mu}{1-\mu}\right)\right]^{1/2} \\ m &= \left(1+\frac{E}{1-\mu^2}\frac{1}{K_n S}\right)^{1/2} \end{aligned}\right\} \tag{8-8}$$

式中 E、μ——岩石的变形模量（MPa）与泊松比；

K_s、K_n——岩层层面的法向刚度与剪切刚度（MPa/cm）；

S——岩层层面厚度（m）。

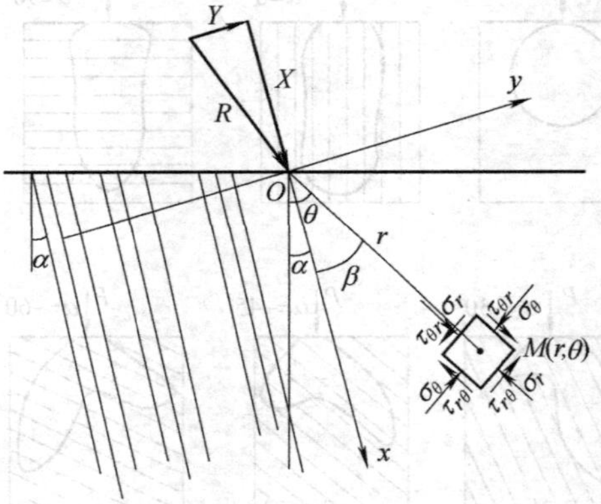

图 8-14 倾斜层状岩石地基应力计算简图

图 8-13 为博雷（J. W. Bray，1977 年）根据式（8-8）计算得到的不同产状的层状岩石地基在竖直荷载 p 作用下的径向附加应力等值线，图中取值为 $\mu=0.25$，$m=2.0$，$h=4.45$，以及

$$\left.\begin{aligned} \frac{E}{1-\mu^2} &= K_n S \\ \frac{2(1+\mu)}{E} &= \frac{1}{5.63K_n S} \end{aligned}\right\} \tag{8-9}$$

8.3　岩石地基基础沉降

岩石地基基础沉降主要由以下三个方面的地基沉降引起。其一是，由岩体本身的变形、结构面的闭合与变形以及少量泥质夹层的压缩三个部分组合形成的地基沉降；其二是，由于岩体沿结构面剪切滑动产生的地基沉降；其三是，与时间有关的地基沉降。第二个方面的情形大多发生在基础位于岩石边坡顶部，且边坡岩体中存在有潜在滑动的块体。第三个方面的情形则主要发生在软弱岩石地基或脆性岩石地基以及存在一定厚度的软弱夹层岩石地基中。

同时，刚性与柔性基础的沉降与基底压力分布不同，刚性基础基底沉降相同，但基底压力不同，一般表现为中心小周边大。柔性基础则相反，其基底沉降不同，但基底压力相同。

当岩石地基视为均质、各向同性弹性材料时，可以利用弹性理论计算地基的沉降值。此时，上部荷载作用下地基沉降不计时间效应。对于层状岩石地基或层状各向同性弹性岩石地基也可采用弹性理论计算。沉降值的大小主要取决于各层岩体的变形模量和泊松比、岩层的分布情况和厚度、基础形式与基底压力等。通常情况下，由于岩石地基的变形模量很难准确测定，往往根据现场岩体变形模量的变化范围来确定地基沉降的可能变化范围。

1. 集中荷载作用下的弹性岩石地基基础沉降

如前所述，对于该类垂直集中荷载作用下弹性半无限空间问题，其应力分布与变形，可由布辛奈斯克（Boussinesq，1885 年）的应力和位移理论解求得，基础的沉降即岩石地基地表处的沉降

$$s=\frac{P(1-\mu^2)}{\pi Er} \tag{8-10}$$

式中　s——基础沉降量（m）；

P——基础中心施加于岩石地基的集中荷载（10^6N）；

r——沉降量计算点与集中荷载作用点之间的距离（m）；

其他符号意义同前。

2. 分布荷载作用下的弹性岩石地基基础沉降

通过一定尺寸的基础施加在岩石地基上的荷载往往是分布荷载，相应的沉降值可基于集中荷载作用下的沉降计算结果通过积分方法求得。岩石地基表面上任一点 $M(x,\ y)$ 处的沉降量 $s(x,\ y)$ 可表示为

$$s(x,\ y)=\frac{1-\mu^2}{\pi E}\iint_F \frac{p(\xi,\eta)\,\mathrm{d}\xi\mathrm{d}\eta}{\sqrt{(\xi-x)^2+(\eta-y)^2}} \tag{8-11}$$

式中 $p(\xi, \eta)$——与基础形状与尺寸相关的分布荷载（见图8-15）；

F——荷载 $p(\xi, \eta)$ 的作用范围（见图8-15）；

其他符号意义同前或如图8-15所示。

式（8-11）的求解与基础刚度、形状与尺寸以及计算点的位置等因素有关。对于圆形柔性基础，分布荷载 p 作用下其基础中心与边缘的沉降量不同，基础中心的沉降量为

$$s_0 = \frac{2(1-\mu^2)pr_0}{E} \tag{8-12}$$

式中 r_0——圆形基础半径（m）；

其他符号意义同前。

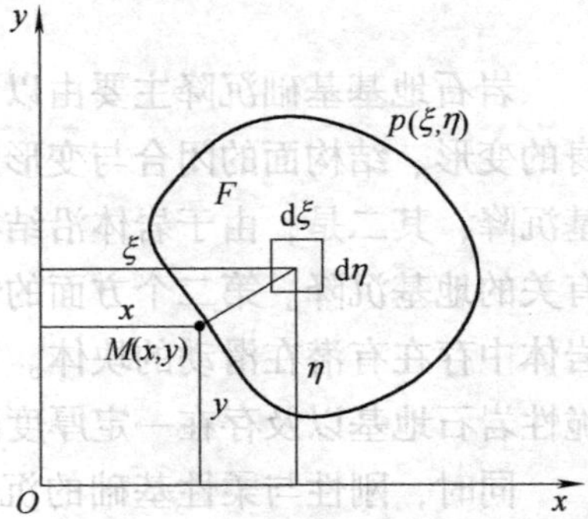

图8-15 半无限体表面分布荷载示意图

圆形柔性基础边缘的沉降量为

$$s_{r=r_0} = \frac{4(1-\mu^2)pr_0}{\pi E} \tag{8-13}$$

因此，对于圆形基础，式(8-11)的求解一般可表示为

$$s = \frac{2(1-\mu^2)pr_0}{E}\omega \tag{8-14}$$

式中 ω——基础沉降影响系数，见表8-1。

同样，对于矩形或方形基础，式(8-11)的求解一般可表示为

$$s = \frac{(1-\mu^2)pb}{E}\omega \tag{8-15}$$

式中 b——矩形或方形基础的宽度（m）；

ω——基础沉降影响系数，见表8-2与表8-3，其中矩形基础的长度表示为 l。

表8-1 圆形基础沉降影响系数 ω

基础类型	中心点	周边点	平均值
柔性基础	1.00	0.64	0.85
刚性基础	0.79	0.79	0.79

表8-2 矩形柔性基础沉降影响系数 ω

长度/宽度(l/b)	中心点	角点	短边中点	长边中点	平均值
1.5	1.36	0.67	0.89	0.97	1.15
2	1.52	0.76	0.98	1.12	1.30
3	1.78	0.88	1.11	1.35	1.52

（续）

长度/宽度(l/b)	中心点	角点	短边中点	长边中点	平均值
5	2.10	1.05	1.27	1.68	1.83
10	2.53	1.26	1.49	2.12	2.25
100	4.00	2.00	2.20	3.60	3.70
1000	5.47	2.75	2.94	5.03	5.15
10000	6.90	3.50	3.70	6.50	6.60

表8-3 方形基础沉降影响系数 ω

基础类型	中心点	角点	边长中点	平均值
柔性基础	1.12	0.56	0.76	0.95
刚性基础	0.99	0.99	0.99	0.99

实际岩石地基工程中，往往是倾斜层状岩石地基，地基岩体表现出非均质与各向异性，甚至是非弹性，很难利用弹性理论计算地基沉降值，可考虑使用有限元法、有限差分法等数值分析方法进行计算。

8.4 岩石地基承载力

岩石地基承载力是指岩石地基单位面积上承受荷载的能力，一般分为极限承载力和允许承载力。地基处于极限平衡状态时，所能承受的荷载即为极限承载力。在保证地基稳定的条件下，建筑物的沉降量不超过允许值时，地基单位面积上所能承受的荷载即为设计采用的允许承载力。地基承载力特征值是指地基载荷试验压力-变形曲线线性变形段内规定的变形所对应的压力值。

如前所述，岩石地基的特点是强度高、抗变形能力强，其承载力远大于土体，因此，通常情况下岩石地基的承载力能满足要求。然而，岩石地基的承载力通常与场地地质构造紧密相关，对于破碎风化岩体、缓倾结构面岩体、成层岩体及岩溶地基等，均会因软弱结构面的存在而导致岩体结构的不均一性，进而造成地基岩体的不均一性与强度弱化，局部承载力不能满足要求问题显现，往往造成岩石地基不均匀沉降、应力集中引起的局部破坏以及沿软弱结构面或夹层的剪切滑移等，因此，研究各种地质条件下的岩石地基承载力非常必要。

8.4.1 岩石地基承载力特征值的确定

根据《建筑地基基础设计规范》（GB 50007—2002），岩石地基承载力特征值可根据岩基载荷试验确定。岩基载荷试验适用于确定完整、较完整、较破碎岩基作为天然地基或桩基基础持力层时的承载力，试验采用直径为300mm圆形刚性承压板，当岩体埋藏深度较大时，也可采用钢筋混凝土桩，但桩周需采取措施以消除桩身与周边介质之间的摩擦力。岩基载荷试验测量、读数、加卸载以及岩石地基承载力特征值确定等基本要点如下：

1）测量系统的初始稳定读数观测。加压前，每隔10min读数一次，连续三次读数不变可开始试验。

2）加载方式。单循环加载，荷载逐级递增直到破坏，然后分级卸载。

3）荷载分级。第一级加载值为预估设计荷载的1/5，以后每级为1/10。

4）沉降量测读。加载后立即读数，以后每10min读数一次。

5）稳定标准。连续三次读数之差均不大于0.01mm。

6）终止加载条件。当出现下述现象之一时，即可终止加载：①沉降量读数不断变化，在24h内，沉降速率有增大的趋势；②压力加不上或勉强加上而不能保持稳定。同时，若限于加载能力，荷载也应增加到不少于设计要求的两倍。

7）卸载观测。每级卸载为加载时的两倍，如为奇数，第一级可分为三倍。每级卸载后，隔10min测读一次，测读三次后可卸下一级荷载。全部卸载后，当测读到半小时回弹量小于0.01mm时，即认为稳定。

8）岩石地基承载力的确定。①对应于压力-沉降量曲线（*p-s*曲线）上起始直线段的终点为比例界限，符合终止加载条件的前一级荷载为极限荷载，将极限荷载除以安全系数3，所得值与对应于比例界限的荷载相比较，取小值；②每个场地载荷试验的数量不应少于3个，取最小值作为岩石地基承载力特征值；③岩石地基承载力不进行深宽修正。

对于完整、较完整和较破碎的岩石地基承载力特征值，也可根据室内岩石饱和单轴抗压强度试验确定。岩石饱和单轴抗压强度试验岩样可用钻孔的岩石或坑、槽探中采取的岩块，岩样尺寸一般为ϕ50mm×100mm，岩样数量不应少于6个，并进行饱和处理。统计计算一组试样试验值的平均值、标准差、变异系数，以确定岩石饱和单轴抗压强度的标准值f_{rk}

$$\left.\begin{aligned} f_{rk} &= \psi f_{rm} \\ \psi &= 1-\left(\frac{1.704}{\sqrt{n}}+\frac{4.678}{n^2}\right)\delta \end{aligned}\right\} \tag{8-16}$$

式中 f_{rm}——岩石饱和单轴抗压强度平均值（kPa）；

ψ——统计修正系数；

n——试样个数；

δ——变异系数。

然后，根据岩石饱和单轴抗压强度标准值f_{rk}计算岩石地基承载力特征值

$$f_a = \psi_r f_{rk} \tag{8-17}$$

式中　f_a——岩石地基承载力特征值（kPa）；

f_{rk}——岩石饱和单轴抗压强度标准值（kPa）；

ψ_r——折减系数。

折减系数根据岩体完整程度以及结构面的间距、宽度、产状和组合，由地区经验确定。无经验时，对完整岩体可取0.5；对较完整岩体可取0.2~0.5；对破碎岩体可取0.1~0.2。上述折减系数值未考虑施工因素及建筑物使用后的风化作用。对于粘土质岩，在确保施工期及使用期不致遭水浸泡时，也可采用天然湿度的试样，不进行饱和处理。

对破碎、极破碎的岩石地基承载力特征值，可根据地区经验取值，无地区经验时，可根据平板载荷实验确定。

8.4.2　破碎岩体的地基承载力

破碎岩体的地基承载力计算，可将基底下地基岩体划分为主动和被动楔形体，然后进行极限平衡分析以确定相应的地基承载力。若存在由结构面形成的优势滑动面，则主要考虑结构面的强度参数；若不存在由结构面形成的优势滑动面，抗剪强度参数参考破碎岩体的强度参数取值。

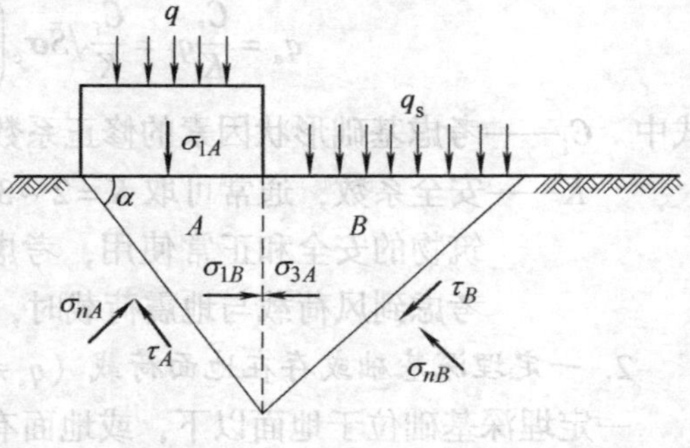

图8-16　破碎岩石地基承载力计算简图

如图8-16所示，将基底下地基岩体划分为A、B两个楔形体（主动区与被动区），并假定基础在纵向无限延伸，A楔形体最大主应力为基底压力q，最小主应力为B楔形体对A楔形体的水平约束力σ_{3A}；B楔形体最大主应力为A楔形体的水平推力σ_{1B}，B楔形体上部无荷载作用且基础位于地面以上时，最小主应力为零，一定埋深基础下B楔形体最小主应力为基底以上岩石自重q_s。同时，极限平衡分析时不计楔形体自重。在一定的上部建筑物荷载作用下，A、B楔形体两个滑动面上的切应力同时达到各自抗剪强度，地基岩体处于极限平衡状态，作用荷载即为极限荷载，基底压力即为极限承载力。

1. 基础位于地面以上且无荷载作用（$q_s=0$）的情况

由上面分析可知，A楔形体的最小主应力σ_{3A}与B楔形体的最大主应力σ_{1B}大小相等，方向相反，即A楔形体的最小主应力是由B楔形体约束使其受压所致，极限条件下其大小应为岩体的单轴抗压强度σ_{cm}。

根据霍克和布朗（E. Hoek, E. T. Brown）导出的岩石和岩体破坏时主应力关

系（式(4-51)），对于 A 楔形体，有

$$\sigma_{1A}=\sigma_{3A}+\sqrt{m\sigma_c\sigma_{3A}+S\sigma_c^2} \tag{8-18}$$

其中 m、S 为与岩性及结构面情况有关的常数（表 4-10）。

而极限条件下 A 楔形体的最小主应力 σ_{3A} 大小可由式（4-52）求得

$$\sigma_{3A}=\sigma_{cm}=\sqrt{S}\sigma_c \tag{8-19}$$

将式（8-19）代入式（8-18），得

$$\sigma_{1A}=\sqrt{S}\sigma_c\left(1+\sqrt{\frac{m}{\sqrt{S}}+1}\right) \tag{8-20}$$

极限条件下，作用于 A 楔形体的最大主应力 σ_{1A} 即破碎岩体的三轴抗压强度 σ_{1m}，也就是地基极限承载力 q_f，即

$$q_f=\sigma_{1m}=\sigma_{1A}=\sqrt{S}\sigma_c\left(1+\sqrt{\frac{m}{\sqrt{S}}+1}\right) \tag{8-21}$$

同时，上述主应力关系（式(4-51)与式(8-18)体现了主应力的非线性关系，在此则说明增大围压可大大提高有些破碎岩石地基的极限地基承载力。

确定地基极限承载力 q_f 后，则可计算岩石地基的允许承载力 q_a

$$q_a=\frac{C_f}{K}q_f=\frac{C_f}{K}\sqrt{S}\sigma_c\left(1+\sqrt{\frac{m}{\sqrt{S}}+1}\right) \tag{8-22}$$

式中 C_f——考虑基础形状因素的修正系数；

K——安全系数，通常可取 $K=2\sim3$，以保证地基沉降不会影响到建、构筑物的安全和正常使用，考虑恒载与最大活载时，可取 $K=3$，当考虑到风荷载与地震荷载时，可取 $K=2$。

2. 一定埋深基础或存在地面荷载（$q_s\neq0$）时的情况

一定埋深基础位于地面以下，或地面有荷载作用（$q_s\neq0$）时，则必须考虑基底以上岩体自重和地面荷载对被动区 B 楔形体的约束作用。在分析 B 楔形体的受力条件时，其最小主应力 $\sigma_{3B}=q_s$，因此，通过修正式（8-22）即可得具有埋深基础下破碎岩石地基的允许承载力

$$q_a=\frac{C_f}{K}\sqrt{m\sigma_c\sigma_3'+s\sigma_c^2} \tag{8-23}$$

其中

$$\sigma_3'=\sqrt{m\sigma_c q_s+s\sigma_c^2}+q_s \tag{8-24}$$

8.4.3 较为完整的软弱岩体地基承载力

对于较为完整的软弱岩体，可以利用 Bell 解计算其地基允许承载力。Bell 解的计算方法与上述计算方法类似，不同的是其考虑了楔形体自重。同时，Bell 解

也可以计算具有埋深基础或地面有荷载的情况。Bell 解表达公式为

$$q_{a}=\frac{1}{K}\left(C_{f1}cN_{c}+C_{f2}\frac{B\gamma}{2}N_{\gamma}+\gamma DN_{q}\right) \tag{8-25}$$

式中　B、D——基础宽度与埋深（m）；

γ——岩地基体重度（N/m^3）；

c——地基岩体内聚力（N/m^2）；

C_{f2}、C_{f1}——考虑基础形状因素的修正系数。

N_c、N_γ、N_q——承载力系数，其中

$$\left.\begin{aligned}N_{c}&=2N_{\phi}^{\frac{1}{2}}(N_{\phi}+1)\\N_{\gamma}&=N_{\phi}^{\frac{1}{2}}(N_{\phi}^{2}-1)\\N_{q}&=N_{\phi}^{2}\\N_{\phi}&=\tan^{2}\left(\frac{\pi}{4}+\frac{\phi}{2}\right)\end{aligned}\right\} \tag{8-26}$$

式中　ϕ——地基岩体内摩擦角。

当基础底面在地表位置且 $q_s=0$，同时，忽略滑动楔形体自重时，式（8-25）可简化为

$$q_{a}=\frac{C_{f1}cN_{c}}{K} \tag{8-27}$$

思考与练习

1. 名词解释：岩石地基，岩石地基承载力，极限承载力，容许承载力，地基承载力特征值。
2. 岩石地基设计应满足哪些原则？
3. 根据完整岩石和结构面的性质，可以将岩石地基的沉降分为哪三种类型？
4. 你所理解的岩石地基承载力确定方法有哪些？

附录　岩体力学室内常规试验指导书

试验一　岩石单轴抗压试验

一、试验目的

测定岩石的单轴抗压强度 σ_c。当无侧限岩样在纵向压力作用下出现压缩破坏时，单位面积上所承受的载荷称为岩石的单轴抗压强度，即岩样破坏时的最大载荷与垂直于加载方向的截面积之比。

本次试验主要测定天然状态下岩样的单轴抗压强度。

二、岩样制备

1）试料可用钻孔岩芯或坑槽探中采取的岩块。在取料和岩样制备过程中，不允许人为裂隙出现。

2）本次试验采用正方形柱体作为标准岩样，边长为 5*cm*，允许变化范围为 4.8～5.4*cm*，高度为 10*cm*，允许变化范围为 9.5～10.5*cm*。

3）对于非均质的粗粒结构岩石，或取样尺寸小于标准尺寸者，允许采用非标准岩样，但高径之比宜为 2.0～2.5。

4）制备岩样时采用的冷却液，必须是洁净水，不许使用油液。

5）对于遇水崩解、溶解和干缩湿胀的岩石，应采用干法制样。

6）岩样数量：每组须制备 3 个。

7）岩样制备的精度：①在岩样整个高度上，边长误差不得超过 0.3*mm*；②两端面的不平行度，最大不超过 0.05*mm*；③端面应垂直于岩样轴线，最大偏差不超过 0.25。

三、岩样描述

试验前的描述，应包括如下内容：

1）岩石名称、颜色、结构、矿物成分、颗粒大小、风化程度、胶结物性质等特征。

2）节理裂隙的发育程度及其分布，并记述受载方向与层理、片理及节理裂隙之间的关系。

3）量测岩样尺寸，检查岩样加工精度，并记录岩样加工过程中的缺陷。

试件压坏后，应描述其破坏方式。若发现异常现象，应对其进行描述和解释。

四、主要仪器设备

1）钻石机、切石机、磨石机或其他制样设备。

2）测量平台、角尺、放大镜、游标卡尺。

3）压力机，应满足下列要求：

①压力机应能连续加载且没有冲击，并具有足够的吨位，使能在总吨位的10%～90%之间进行试验。

②压力机的承压板，必须具有足够的刚度，其中之一须具有球形座，板面须平整光滑。

③承压板的边长应不小于岩样边长，且也不宜大于岩样边长的两倍。如压力机承压板尺寸大于岩样尺寸两部以上时，需在岩样上下两端加辅助承压板。辅助承压板的刚度和平整度应满足压力机承压板的要求。

④压力机的校正与检验，应符合国家计量标准的规定。

五、试验程序

1）根据所要求的岩样状态准备岩样。

2）将岩样置于压力机承压板中心，调整有球形座的承压板，使岩样均匀受载。

3）以0.5～0.8MPa/s的加载速度加荷，直到岩样破坏为止，并记录最大破坏载荷及加荷过程中出现的现象。

4）描述岩样的破坏形态，并记下有关情况。

六、成果整理和计算

1）试验记录填入表1。

表1　岩石单轴抗压强度试验原始记录表

试验编号______　仪器编号______　试验日期______

岩石名称	含水状态	岩样编号	岩样边长/mm		岩样高度/mm		试件横截面积/mm²	破坏荷载/N	抗压强度/MPa	备注
			测定值	平均值	测定值	平均值				
试件描述										

试验______　记录______　校核______

2）按下式计算岩石的单轴抗压强度

$$\sigma_c = \frac{P}{A}$$

式中 σ_c——岩石单轴抗压强度（MPa）；

P——最大破坏载荷（N）；

A——垂直于加载方向的岩样横截面积（mm^2）。

3）计算值取3位有效数据。

试验二 岩石抗拉强度试验（劈裂法）

一、试验目的

测定岩石的单轴抗拉强度 σ_t。岩样在纵向力作用下出现拉伸破坏时，单位面积上所承受的载荷称为岩石的单轴抗拉强度，即岩样破坏时的最大载荷与垂直于加载方向的截面积之比。

劈裂法试验是测定岩石的单轴抗拉强度 σ_t 的方法之一。该法是在正方形柱体岩样的边长方向上，施加相对的线形荷载，使之沿岩样边长方向破坏的试验。

本试验法可测得各种含水状态下岩样的抗拉强度。

本次试验主要测天然状态下岩样的抗拉强度。

二、岩样制备

1）本次试验采用正方形柱体作为标准岩样，边长为5cm，允许变化范围为4.8～5.4cm，岩样的厚度宜为边长的0.5～1.0倍，并应大于岩石最大颗粒的10倍。

2）其他应与试验一的岩样制备一致。

三、岩样描述

同试验一。

四、主要仪器设备

同试验一。

五、试验程序

1）根据所要求的岩样状态准备岩样。

2）通过试件边长的两端，沿轴线方向划两条相互平行的加载基线。将两根垫条沿加载基线固定在试件两端。

3）将岩样置于压力机承压板中心，调整有球形座的承压板，使岩样均匀受载，并使垫条与试件在同一加荷轴线上。

4）以0.5～0.8MPa/s的加载速度加荷，直到岩样破坏为止，并记录最大破坏载荷及加荷过程中出现的现象。

5）描述岩样的破坏形状，并记下有关情况。

六、成果整理和计算

1）试验记录填入（表2）。

表2　岩石抗拉强度试验（劈裂法）原始记录表

试验编号______　　仪器编号______　　试验日期______

岩石名称	含水状态	岩样编号	岩样边长/mm		岩样高度/mm		破坏荷载/N	抗拉强度 MPa	备注
			测定值	平均值	测定值	平均值			
试件描述									

试验______　记录______　校核______

2）按下式计算岩石的单轴抗拉强度

$$\sigma_t = 2P/\pi a^2$$

式中　σ_t——岩石单轴抗拉强度（MPa）；

P——最大破坏载荷（N）；

a——试件边长（mm）。

3）计算值取3位有效数据。

试验三　岩石直剪试验

一、试验目的

岩石的抗剪强度是岩石对剪切破坏的极限抵抗能力。本试验采用快速直剪试验测定岩石的抗剪强度。此试验一般可测定：

1）岩石胶结面的抗剪强度。

2）岩石软弱结构面（包括夹泥和不夹泥的层面，节理裂缝面和断层带等）的抗剪强度。

3）岩石本身的抗剪强度。

试验时岩石的含水状态可根据需要采用天然含水状态、饱和状态或其他含水状态，本次试验测定天然含水状态下岩石的抗剪强度。

二、岩样制备

1）岩石直剪试验试件的边长应大于或等于5cm，试件高度应与边长相等。

2）岩石结构面直剪试验试件的边长不得小于5cm，试件高度与边长相等。结构面应位于试件中部。

3）每组试验试件的数量不应少于5个。

三、岩样描述

试件描述应包括下列内容：

1）岩石名称、颜色、矿物成分、结构、风化程度、胶结物性质等。

2）层理、片理、节理裂隙的发育程度及其与剪切方向的关。

3）结构面的充填物性质、充填程度以及试件在采取和制备过程中受扰动的情况。

四、主要仪器设备

1）试件制备设备。

2）试件测量设备，如游标卡尺及位移测表。

3）直剪试验仪。

五、试验程序

1. 试件安装

1）将试件置于金属剪切盒内，试件与剪切盒内壁之间的间隙以填料填实，使试件与剪切盒成为一个整体。预定剪切面应位于剪切缝中部。

2）安装试件中，法向荷载和剪切荷载（或两者的合力）应通过预定剪切面的几何中心。若测剪切位移，法向位移测表和水平位移测表应对称布置，各测表数量不宜少于两只。

2. 法向荷载的施加

1）在每个试件，首先应分别施加不同的法向应力，所施加的最大法向应力，不宜小于预定的法向应力。预定的应力或压力，一般是指工程设计应力或压力。在确定试验应力或压力时，还应考虑岩石或岩体的强度、岩体的应力状态以及设备精度。

2）对于岩石结构面中具有充填物的试件，最大法向应力应以不挤出充填物为宜。

3）不需要固结的试件，法向荷载一次施加完毕，即测读法向位移，5min后再测读一次，即可施加剪切荷载。

4）需固结的试件，在法向荷载施加完毕后的第一小时内，每隔15min读数1次，然后每半小时读数1次，当每小时法向位移不超过0.05mm时，即认为固结稳定，可施加剪切荷载。

5）在剪切过程中，应使法向荷载始终保持为常数。

3. 剪切荷载的施加

剪切荷载的施加方法应符合下列规定：每个试验首先应分别施加不同的法向应力，待其稳定后再施加剪切荷载。施加剪切荷载应根据直剪仪的结构选择采用平推式或斜推式。两者均要求法向荷载和剪切荷载（或两者的合力）通过预定剪切面的几何中心。加荷速度应控制在0.5～0.8MPa/s。

4. 试验结束后，资料整理

试验结束后，应对试件剪切面进行描述：

1）准确量测剪切面面积。

2）详细描述剪切面的破坏情况，擦痕的分布、方向和长度。

3）测定剪切面的起伏差，绘制沿剪切方向断面高度的变化曲线。

4）当结构面内有充填物时，应准确判断剪切面的位置，并记述其组成成分、性质、厚度、构造。根据需要测定充填物的物理性质。

六、成果整理和计算

1）试验记录填入表3。

表3　岩石直剪试验原始记录表

试验编号＿＿＿＿＿＿＿＿　　仪器编号＿＿＿＿＿＿＿＿　　试验日期＿＿＿＿＿＿＿＿

岩石名称	岩样描述	岩样编号	岩样边长/mm		岩样高度/mm		剪切面积/mm²	剪切角度/(°)	破坏载荷/N	最大正应力/MPa	最大切应力/MPa	备注
			测定值	平均值	测定值	平均值						

试验＿＿＿＿＿＿＿＿　记录＿＿＿＿＿＿＿＿　校核＿＿＿＿＿＿＿＿

2）试验成果整理应符合下列要求：

①按下列公式计算各法向荷载下的法向应力和切应力：

平推法 $\sigma=\dfrac{P}{A}$，$\tau=\dfrac{Q}{A}$

斜推法 $\sigma=\dfrac{P}{A}+Q\sin\alpha$，$\tau=\dfrac{Q\cos\alpha}{A}$

式中 σ——作用于剪切面上的正应力（MPa）；

τ——作用于剪切面上的切应力（MPa）；

P——作用于剪切面上的法向荷载（N）；

Q——作用于剪切面上的剪切荷载（N）；

A——剪切面积（mm^2）；

α——斜推剪切荷载与剪切面的夹角（°）。

②根据各剪切阶段特征点的切应力和法向应力绘制关系曲线，按库仑表达式确定相应的岩石抗剪强度参数。

试验四　岩石变角剪切试验

一、试验目的

岩石的抗剪强度是岩石对剪切破坏的极限抵抗能力。本试验采用变角剪切试验测定岩石的抗剪强度。岩石抗剪强度表征指标包括内聚力 c 与内摩擦角 ϕ。

试验时岩石的含水状态可根据需要采用天然含水状态、饱和状态或其他含水状态，本次试验测定天然含水状态下岩石的抗剪强度。

二、岩样规格与数量

1）岩石变角剪切试验试件的边长应大于或等于 5cm，试件高度应与边长相等。

2）每组试验试件的数量不应少于 5 个。

3）当取 3 个剪切角度时，每个角度作 3 个试件的剪切试验；当取不少于 5 个剪切角度时，每个角度作 1～3 个试件的剪切试验。

三、岩样描述

同试验三。

四、主要仪器设备

1）试件制备设备。

2）试件测量设备，如游标卡尺及位移测表。

3）材料试验机。

4）变角剪切夹具。

五、试验程序

1）测量试件尺寸，并作好记录。

2）确定剪切角度及组数。

3）调整好变角剪切夹具的角度，安装试件，施加适当荷载固定好试件。

4）施加荷载，直到试件破坏，加荷速度应控制在0.5～0.8MPa/s。

5）试件剪切面进行描述，同试验三。

六、成果整理和计算

1）试验记录填入表4。

表4 岩石变角剪切试验原始记录表

试验编号________ 仪器编号________ 试验日期________

岩石名称	岩样描述	岩样编号	岩样边长/mm		岩样高度/mm		剪切面积/mm^2	剪切角度/(°)	破坏载荷/N	最大正应力/MPa	最大切应力/MPa	备注
			测定值	平均值	测定值	平均值						

试验________ 记录________ 校核________

2）试件剪切破坏面的正应力与切应力按下式计算

$$\sigma = \frac{P\sin\alpha}{A},\ \tau = \frac{P\cos\alpha}{A}$$

式中 σ——作用于剪切面上的正应力（MPa）；

τ——作用于剪切面上的切应力（MPa）；

P——试件剪切破坏时的荷载（N）；

A——剪切面积（mm^2）；

α——试件剪切现与水平面的夹角（°）。

3）根据计算的σ、τ值值拟合出切应力-正应力关系曲线，按库仑准则确定

岩石的内聚力 c 与内摩擦角 ϕ。

试验五　岩石单轴压缩变形试验

一、试验目的

岩石变形试验，是在纵向压力作用下测定岩样的纵向和横向变形，据此计算岩石的弹性模量和泊松比。

弹性模量是纵向单轴压缩应力与纵向应变之比。本次试验用单轴抗压强度的50%作为应力和该应力下的纵向应变值进行计算而得出。

泊松比是横向应变与纵向应变之比。本次试验用单轴抗压强度的50%时的横向应变和纵向应变计算而得之。

本次试验主要测定天然状态下岩样的弹性模量和泊松比。

二、岩样制备

同试验一。

三、岩样描述

同试验一。

四、主要仪器设备

1）制样设备和检查仪器同试验一。

2）压力机、电阻应变仪（也可使用精度能达到0.1%和量距能满足变形测定需要的其他仪表）。使用电阻应变仪应符合仪器说明书的规定。使用时要遵守仪器的工作条件，使用方法及维护中的注意事项。

五、实验程序

1）电阻片的粘贴和防潮处理：

①选择的电阻片，要求电阻丝平直，间距均匀，丝栅与栅板粘贴牢固，质量符合产品要求。电阻丝的长度应大于组成岩样的矿物最大粒径或斑晶的10倍以上，并应小于试件的半径。同一岩样使用的工作片和补偿片的电阻值应不超过 ±0.2Ω；

②电阻片应粘贴在岩样高度的中部。每个岩样粘贴纵向和圆周向电阻片不得少于两片，沿圆周向等距离布置。贴片处应尽量避开显著的裂隙，特大的矿物颗粒或斑晶。

2）将贴好电阻片的岩样置于压力机上，对准中心，接通电源，并调整电阻应变仪。

3）在逐渐对岩样施加载荷的过程中，应不断调整承压板位置，使之均匀受载。检查的方法是，在岩样上施加少许压力之后，观测几个纵向应变片的应变值是否接近，如读数相差较大，应重新调整岩样，直到调好为止。

4）以0.5～0.8MPa/s的加载速度对岩样施加荷载，直至破坏并记录破坏载荷。

5）施加载荷的过程中，记录各级应力下的纵向和横向应变值（见表4）。为了绘制应力-应变关系曲线，观测计录的应力应变值应尽可能多一些，通常不少于10个测值。

6）描述岩样的破坏形态，并记下有关情况。

六、成果整理和计算

1）试验记录（见表5）。

表5　岩石压缩变形记录表

<table>
<tr><td colspan="3">项目编号：</td><td colspan="3">试件编号：</td><td colspan="3">试件边长/mm：</td><td colspan="3">E_{50} =　　MPa</td></tr>
<tr><td colspan="3">仪器编号：</td><td colspan="3">岩石名称：</td><td colspan="3">试件高度/mm</td><td colspan="3">μ_{50} =</td></tr>
<tr><td colspan="3">试验日期：</td><td colspan="3">含水状态：</td><td colspan="3"></td><td colspan="3">σ_c =　　MPa</td></tr>
<tr><td rowspan="3">序号</td><td colspan="2">加　载</td><td colspan="4">纵向应变/10^{-6}</td><td colspan="4">横向应变/10^{-6}</td><td rowspan="3">备　注</td></tr>
<tr><td rowspan="2">载荷
/N</td><td rowspan="2">应力
/MPa</td><td colspan="3">测　量　值</td><td rowspan="2">平均</td><td colspan="3">测　量　值</td><td rowspan="2">平均</td></tr>
<tr><td>1</td><td>2</td><td>3</td><td>1</td><td>2</td><td>3</td></tr>
<tr><td>1</td><td></td><td></td><td></td><td></td><td></td><td></td><td></td><td></td><td></td><td></td><td></td></tr>
<tr><td>2</td><td></td><td></td><td></td><td></td><td></td><td></td><td></td><td></td><td></td><td></td><td></td></tr>
<tr><td>3</td><td></td><td></td><td></td><td></td><td></td><td></td><td></td><td></td><td></td><td></td><td></td></tr>
<tr><td>…</td><td></td><td></td><td></td><td></td><td></td><td></td><td></td><td></td><td></td><td></td><td></td></tr>
<tr><td colspan="12">试 件 描 述</td></tr>
<tr><td colspan="12"></td></tr>
</table>

试验＿＿＿＿＿＿＿　记录＿＿＿＿＿＿＿　校核＿＿＿＿＿＿＿

2）计算各级应力下的应变值。

①将纵向和横向的电阻片读数分别进行平均，求得纵向应变和横向应变。如各电阻片的读数相差较大，则应检查分析原因：若是岩样本身所造成的，应在记录中予以说明；若系测试技术等人为的因素所引起的，试验成果应予以舍弃。

②绘制纵向应变曲线，横向应变曲线和体积应变曲线。

3）计算弹性模量和泊松比。

①在纵向应变曲线上，作通过原点与应力相当于50%抗压强度处的应变点的连线，其斜率即为所求的弹性模量（或称割线模量）。

$$E_{50}=\frac{\sigma_{50}}{\varepsilon_{50}}$$

式中　E——弹性模量（MPa）；

σ_{50}——相当于50%抗压强度的应力值（MPa）；

ε_{50}——应力为抗压强度50%时的应变值（10^{-6}）。

②取应力为抗压强度50%时的纵向应变值和横向应变值计算泊松比

$$\mu_{50} = \frac{\varepsilon_{d50}}{\varepsilon_{150}}$$

式中 μ_{50}——泊松比；

ε_{d50}——应力为抗压强度50%时的横向应变值（10^{-6}）；

ε_{150}——应力为抗压强度50%时的纵向应变值（10^{-6}）。

4）计算岩石的单轴抗压强度

$$\sigma_c = \frac{P}{A}$$

式中符号意义同试验一。

5）计算值取弹性模量取3位有效数字；泊松比取至小数点以后两位；单轴抗压强度取3位有效数字。

参考文献

[1] 刘宝琛. 矿山岩石力学概论[M]. 长沙：湖南科学技术出版社，1982.

[2] 刘佑荣，唐辉明. 岩体力学[M]. 武汉：中国地质大学出版社，1999.

[3] 蔡美峰. 岩石力学与工程[M]. 北京：科学出版社，2002.

[4] 沈明荣，陈建峰. 岩体力学[M]. 上海：同济大学出版社，2006.

[5] 张永兴. 岩石力学[M]. 重庆：重庆大学出版社，2004.

[6] 王文星. 岩体力学[M]. 长沙：中南大学出版社，2004.

[7] 孙广忠. 岩体力学基础[M]. 北京：科学出版社，1983.

[8] 李先炜. 岩体力学性质[M]. 北京：煤炭工业出版社，1990.

[9] 徐志英. 岩石力学[M]. 3 版. 北京：中国水利水电出版社，1993.

[10] 凌贤长，蔡德所. 岩体力学[M]. 哈尔滨：哈尔滨工业大学出版社，2002.

[11] 李兆权. 应用岩石力学[M]. 北京：冶金工业出版社，1994.

[12] 徐志英. 岩石力学[M]. 3 版. 北京：水利电力出版社，1993.

[13] 周维垣. 高等岩石力学[M]. 北京：水利电力出版社，1990.

[14] 李志毅，杨裕云. 工程地质学概论[M]. 武汉：中国地质大学出版社，1994.

[15] 谢和平，陈忠辉. 岩体力学[M]. 北京：科学出版社，2004.

[16] 谭学术，鲜学福，等. 复合岩体力学理论及其应用[M]. 北京：煤炭工业出版社，1994.

[17] 李通林，谭学术，刘传伟. 矿山岩石力学[M]. 重庆：重庆大学出版社，1991.

[18] 肖树芳，杨淑碧. 岩体力学[M]. 北京：地质出版社，1987.

[19] 仟颜卿，张倬元. 岩体水力学导论[M]. 成都：西南交通大学出版社，1995.

[20] 何满潮，景海河，孙晓明. 软岩工程力学[M]. 北京：科学出版社，2002.

[21] 陶振宇，潘别桐. 岩石力学原理与方法[M]. 武汉：中国地质大学出版社，1991.

[22] 张清，杜静. 岩石力学基础[M]. 北京：中国铁道出版社，1997.

[23] 重庆建筑工程学院，同济大学. 岩体力学[M]. 北京：中国建筑工业出版社，1985.

[24] 吴德伦，等. 岩石力学[M]. 重庆：重庆大学出版社，2002.

[25] 徐干成，白洪才，郑颖人，等. 地下工程支护结构[M]. 北京：中国水利水电出版社，2002.

[26] 黄成光. 公路隧道施工[M]. 北京：人民交通出版社，2001.

[27] 覃仁辉. 隧道工程[M]. 重庆：重庆大学出版社，2001.

[28] 钟桂彤. 铁路隧道[M]. 北京：中国铁道出版社，1996.

[29] 韩瑞庚. 地下工程新奥法[M]. 北京：科学出版社，1987.

[30] E-Hoek，J-W-Bray. 岩石边坡工程[M]. 卢世宗，等译. 北京：冶金工业出版社，1983.

[31] E Hoek，E T Brown. 岩石地下工程[M]. 连志升，田良灿，王维德，等译. 北京：冶金工业出版社，1986.

[32] J-C-耶格，等. 岩石力学基础[M]. 中国科学院工程力学研究所，译. 北京：科学出版

社, 1981.
[33] И А 勒热夫斯基,等. 构造应力与井巷工程稳定性[M]. 何修仁, 译. 北京: 煤炭工业出版社, 1984.
[34] E-Hoek. Rock Engineering. Evert Hoek Consulting Engineer Inc. North Vancouver: 2000.
[35] H-卡斯特纳. 隧道与坑道静力学[M]. 同济大学《隧道与坑道静力学》翻译组, 译. 上海: 上海科学技术出版社, 1980.
[36] E-П-叶米里扬诺娃. 滑坡作用的基本规律[M]. 铁道部科学研究院西北所滑坡室, 译. 重庆: 重庆出版社, 1986.
[37] 汝乃华, 姜忠胜. 大坝事故与安全[M]. 北京: 中国水利水电出版社, 1995.
[38] 日本土木学会. 地下構造物の設計と施工[M]. 东京: 土木学会, 1976.